ESG投资

王凯　陈玉琳　著

ESG Investing

在全球经济飞速发展和社会持续进步的当下，ESG（环境、社会和治理）投资理念受到全球瞩目。在此背景下，本书全面介绍了ESG投资的相关知识、理论和实践方法。全书从ESG投资概论入手，阐述了ESG投资的一般理论，之后对ESG投资的投资政策与原则、投资流程以及投资策略进行了梳理，再进一步介绍了常见的ESG投资产品，并分析了ESG投资的市场收益与社会影响，最后概述了我国ESG投资现状并进行展望。本书旨在为广大投资者提供一份系统、全面、实用的ESG投资指南，同时为对ESG投资领域怀揣浓厚兴趣的读者提供一个深入探索的窗口。

图书在版编目（CIP）数据

ESG投资 / 王凯，陈玉琳著. -- 北京 ：机械工业出版社，2024. 11. --（中国ESG研究院文库 / 钱龙海，柳学信主编）. -- ISBN 978-7-111-76989-7

Ⅰ. X196

中国国家版本馆CIP数据核字第2024BK6233号

机械工业出版社（北京市百万庄大街22号　邮政编码100037）

策划编辑：朱鹤楼　　责任编辑：朱鹤楼　戴思杨

责任校对：郑　婕　王　延　　责任印制：刘　媛

北京中科印刷有限公司印刷

2024年12月第1版第1次印刷

169mm×239mm · 15.25印张 · 1插页 · 218千字

标准书号：ISBN 978-7-111-76989-7

定价：79.00元

电话服务　　网络服务

客服电话：010-88361066　　机　工　官　网：www.cmpbook.com

010-88379833　　机　工　官　博：weibo.com/cmp1952

010-68326294　　金　书　网：www.golden-book.com

机工教育服务网：www.cmpedu.com

中国ESG研究院文库
总　序

环境、社会和治理是当今世界推动企业实现可持续发展的重要抓手，国际上将其称为ESG。ESG是环境（Environmental）、社会（Social）和治理（Governance）三个英文单词的首字母缩写，是企业履行环境、社会和治理责任的核心框架及评估体系。为了推动落实可持续发展理念，联合国全球契约组织（UNGC）于2004年提出了ESG概念，得到了各国监管机构及产业界的广泛认同，引起了一系列国际多双边组织的高度重视。ESG将可持续发展的丰富内涵予以归纳整合，充分发挥政府、企业、金融机构等主体作用，依托市场化驱动机制，在推动企业落实低碳转型、实现可持续发展等方面形成了一整套具有可操作性的系统方法论。

当前，在我国大力发展ESG具有重大战略意义。一方面，ESG是我国经济社会发展全面绿色转型的重要抓手。中央财经委员会第九次会议指出，实现碳达峰、碳中和"是一场广泛而深刻的经济社会系统性变革""是党中央经过深思熟虑做出的重大战略决策，事关中华民族永续发展和构建人类命运共同体"。为了如期实现2030年前碳达峰、2060年前碳中和的目标，党的十九届五中全会做出"促进经济社会发展全面绿色转型"的重大部署。从全球范围来看，ESG可持续发展理念与绿色低碳发展目标高度契合。经过十几年的不断完善，ESG已经构建了一整套完备的指标体系，通过联合国全球契约组织等平台推动企业主动承诺改善环境绩效，推动金融机构的ESG投资活动改变被投企业行为。目前联合国全球契约组织已经聚集了1.2万余家领军企业，遵循 ESG 理念的投资机构管理的资产规模超过 100 万亿美元，汇聚成为推动绿色低碳发展的强大力量。积极推广 ESG 理念，建立 ESG 披露标准、完善 ESG 信息披露、促进企业 ESG 实践，充分发挥 ESG 投资在推动碳达峰、碳中和过程中的激励和约束作用，是我国经济社会发展全面绿色转型的重要抓手。

另一方面，ESG 是我国参与全球经济治理的重要阵地。气候变化、极端天气是人类面临的共同挑战，贫富差距、种族歧视、公平正义、冲突对立是人类面临的重大课题。中国是一个发展中国家，发展不平衡不充分的问题还比较突出；中国也是一个世界大国，对国际社会负有大国责任。2021 年 7 月 1 日，习近平总书记在庆祝中国共产党成立 100 周年大会上的重要讲话中强调，中国始终是世界和平的建设者、全球发展的贡献者、国际秩序的维护者，展现了负责任大国致力于构建人类命运共同体的坚定决心。大力发展 ESG 有利于更好地参与全球经济治理。

大力发展 ESG 需要打造 ESG 生态系统，充分协调政府、企业、投资机构及研究机构等各方关系，在各方共同努力下向全社会推广 ESG 理念。目前，国内已有多家专业研究机构关注绿色金融、可持续发展等主题。首都经济贸易大学作为北京市属重点研究型大学，拥有工商管理、应用经济、管理科学与工程和统计学四个一级学科博士学位点及博士后工作站，依托国家级重点学科“劳动经济学”、北京市高精尖学科“工商管理”、省部共建协同创新中心（北京市与教育部共建）等研究平台，长期致力于人口、资源与环境、职业安全与健康、企业社会责任、公司治理等 ESG 相关领域的研究，积累了大量科研成果。基于这些研究优势，首都经济贸易大学与第一创业证券股份有限公司、盈富泰克创业投资有限公司等机构于 2020 年 7 月联合发起成立了首都经济贸易大学中国 ESG 研究院（China Environmental，Social and Governance Institute，以下简称研究院）。研究院的宗旨是以高质量的科学研究促进中国企业 ESG 发展，通过科学研究、人才培养、国家智库和企业咨询服务协同发展，成为引领中国 ESG 研究和 ESG 成果开发转化的高端智库。

研究院自成立以来，在标准研制、科学研究、人才培养和社会服务方面取得了重要的进展。标准研制方面，研究院根据中国情境研究设计了中国特色“1+N+X”的 ESG 标准体系，牵头制定了国内首个 ESG 披露方面的团体标准《企业 ESG 披露指南》，并在 2024 年 4 月获国家标准委秘书处批准成立环境社会治理（ESG）标准化项目研究组，任召集单位；科学研究方面，围绕 ESG 关键理论问题出版专著 6 部，发布系列报告 8 项，在国内外期刊发表高水平学术论文 50 余篇；人才培养方面，成立国内首个企业可持续发展系，率先招收 ESG 方向的本科生、学术硕士、博士及 MBA；社会服务方面，研究院积极为企业、政府部门、行业协会提供咨询服务，为国家市场监督总局、北京市发展和改革委员会等相关部门提供智力支持，并连续主办“中国 ESG 论坛”“教育部国际产学研用国际会议”等会议，产生了较大的社会影响力。

近期，研究院将前期研究课题的最终成果进行了汇总整理，并以“中国 ESG 研究院文库”的形式出版。这套文库的出版，能够多角度、全方位地反映中国 ESG 实践与理论研究的最新进展和成果，既有利于全面推广 ESG 理念，又可以为政府部门制定 ESG 政策和企业发展 ESG 实践提供重要参考。

尚福林

前 言

随着全球经济的飞速发展和社会的不断进步，人类面临着前所未有的挑战与机遇。在这个时代，经济发展与环境保护、社会责任之间的关系愈发密切，如何实现经济效益与社会效益的双赢成了摆在全人类面前的重要课题。在这一背景下，环境、社会和治理（ESG）投资作为一种新型的投资理念与实践，正逐渐在全球范围内引起广泛关注和热烈讨论。

ESG 投资理念的兴起，源于人们对传统投资模式的反思和对可持续发展目标的追求。传统投资模式往往只关注企业的财务表现和短期利益，忽视了企业在环境、社会和治理方面的责任和贡献。然而，随着环境问题、社会责任问题的日益凸显，投资者开始意识到，企业的长期价值不仅取决于财务绩效，更受到其在环境、社会和治理方面表现的影响。由此，ESG 投资应运而生，它强调在投资决策中综合考虑企业的环境保护、社会责任和治理因素，以实现经济效益与社会效益的协调发展。

在我国，随着“双碳”目标与高质量发展等战略的提出，ESG 投资理念得到了更加广泛的关注。系列政策措施陆续出台，鼓励和支持企业积极履行社会责任、改善环境治理、加强公司治理，推动经济社会可持续发展。同时，我国资本市场的逐步完善，也为 ESG 投资提供了更加广阔的空间和舞台。

ESG 投资理念的实践，对于推动中国经济社会的绿色转型和可持续发展具有重要意义。ESG 投资有助于引导资金流向绿色、可持续的领域，推动产业结构优化升级，同时帮助企业提升社会形象和品牌价值。此外，ESG 投资也使得投资者可以更加全面地评估企业的风险和价值，以便做出更加科学、合理的投资决策。

然而，ESG 投资的发展也面临着挑战。目前，全球范围内尚未形成统一的 ESG 投资标准和评价体系，ESG 投资的数据和信息披露不够充分，相关数据往往难以量化和比较。此外，虽然 ESG 投资理念得到了广泛关注和认可，但在实际投资中，投资者对 ESG 因素的关注程度有限，甚至出现“漂绿”等不合规的投资行为，这些问题均有待解决。

为了使读者能够更好地了解 ESG 投资的基本原理与实践情况，本书对相关知识进行了系统性的梳理、分析与讨论。全书共 10 章：第 1 章开启了本书对 ESG 投资的全面介绍；第 2 章从理论视角对 ESG 投资进行解读；第 3 章分析了 ESG 投资的政策与原则；第 4 章与第 5 章分别梳理了 ESG 投资流程及投资策略；第 6 章至第 8 章基于产品特征，分别对债券类、基金类与其他常见的 ESG 投资产品进行了介绍；第 9 章从投资收益与社会影响两个层面，分析 ESG 投资绩效与结果；第 10 章概述我国 ESG 投资现状，并对其未来发展前景进行展望（见图 1）。希望通过本书的讲解，能够让读者更加深入、直观地了解 ESG 投资的理念和实践，掌握 ESG 投资的方法和技巧，为投资者在绿色转型时代中把握机遇提供有力的支持。

本书是在首都经济贸易大学中国 ESG 研究院文库编委会指导下完成的。感谢研究院理事长钱龙海、院长柳学信及其他研究院专家提出的专业建议。丁宁、赵静静、彭驿惠、石庚岩、陈茜、彭梦涵、常璨、李淑婷、许丽等研究生同学为本书的写作提供了支持。本书的创作也得到了首都经济贸易大学学术创新团队项目“中国 ESG 生态体系构建机制研究团队”（项目编号：XSCXTD202404）和“首都经济贸易大学教材建设立项”的支持。在此对所有提供支持的人员和机构表示衷心感谢。

ESG 投资正日益发展壮大，成为推动并实现可持续发展的核心焦点。它不仅契合投资者对长期价值投资的深刻洞察，更是我国达成“双碳”目标、引领经济绿色转型与可持续发展的关键力量。在全球视野下，ESG 投资是各国迈向低碳、环保发展道路的共同选择，它促使我们携手应对气候变化等全球性挑战，共筑人类命运共同体的坚实基石。展望未来，ESG 投资必将成为驱动全球经济发展的新引擎，为实现人类与自然和谐共生的宏伟愿景源源不断地注入动力。

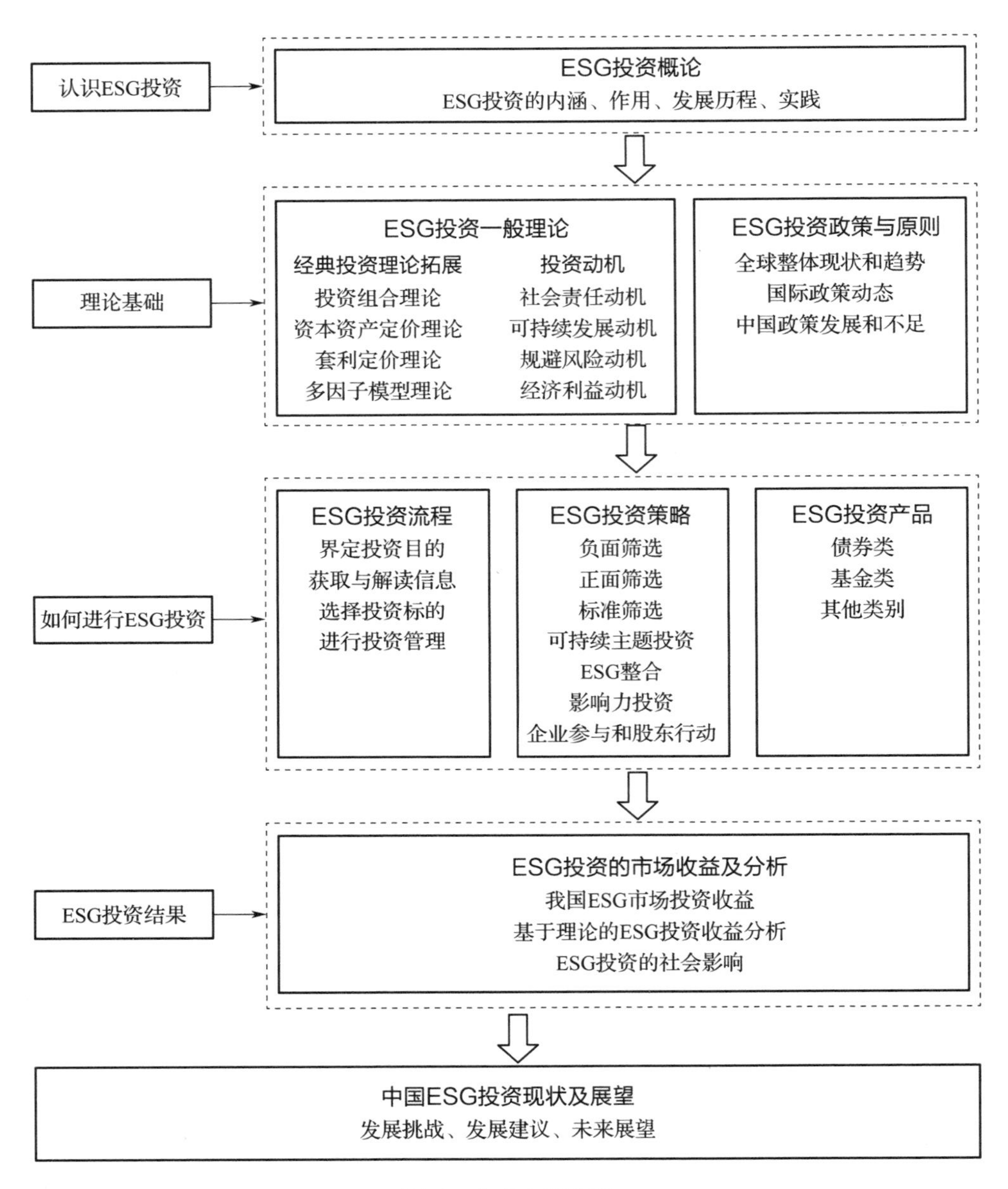
认识ESG投资
ESG投资概论
ESG投资的内涵、作用、发展历程、实践
理论基础
ESG投资一般理论
经典投资理论拓展
投资组合理论
资本资产定价理论
套利定价理论
多因子模型理论
投资动机
社会责任动机
可持续发展动机
规避风险动机
经济利益动机
ESG投资政策与原则
全球整体现状和趋势
国际政策动态
中国政策发展和不足
如何进行ESG投资
ESG投资流程
界定投资目的
获取与解读信息
选择投资标的
进行投资管理
ESG投资策略
负面筛选
正面筛选
标准筛选
可持续主题投资
ESG整合
影响力投资
企业参与和股东行动
ESG投资产品
债券类
基金类
其他类别
ESG投资结果
ESG投资的市场收益及分析
我国ESG市场投资收益
基于理论的ESG投资收益分析
ESG投资的社会影响
中国ESG投资现状及展望
发展挑战、发展建议、未来展望

图 1　本书主要内容

目　录

第 1 章 ESG 投资概论

ESG 投资不仅仅是一种投资策略，更是一种理念的体现，是对环境、社会和治理因素的综合考量与投资决策。本章将深入探讨 ESG 投资的内涵、作用、ESG 的发展历程，以及全球范围内机构投资者的相关实践经验，以期探明 ESG 投资的前沿趋势与价值。

1.1 ESG 投资的内涵

ESG 是三个英文单词首字母的缩写，即环境（Environmental）、社会（Social）和公司治理（Governance），它是一个评估企业运营对可持续发展影响的综合性框架。2004 年，联合国全球契约组织（United Nations Global Compact）在其报告 *Who Cares Wins* 中首次完整提出了 ESG 概念。报告认为，环境（E）与社会（S）向来是公司管理层考虑的问题范围，而完善的公司治理和风险管理体系（G）是公司建立制度和政策来应对环境社会问题的重要前提，三者之间存在高度相关性，因此将环境、社会和治理三方面合称“ESG”。报告同时指出，将 ESG 理念更好地融入金融分析、资产管理和证券交易将有助于构建更有韧性的投资市场。这意味着 ESG 投资理念正式形成。以 ESG 理念为基础的投资超越了传统财务指标的范畴，它要求投资者在做出投资决策时，除了要考虑公司的盈利能力外，还要综合评估其在环境保护、社会责任履行及公司治理结构上的表现。ESG 投资既追求经济效益，又对社会福祉与环境保护有贡献，能推动资本市场健康发展与社会整体进步。

综合来看，ESG 投资是指投资者在分析企业的盈利能力及财务状况等相关指标的基础上，通过 E（Environmental）、S（Social）、G（Governance）三个非财务维度考察企业中长期发展潜力，找到既创造股东价值又创造社会价值、具有可持续成长能力的投资标的的投资方式。在评估企业的盈利能力及财务健康状况的同时，ESG 框架通过环境、社会、治理这三个非财务维度，深入探究企业长期可持续发展的潜力。这一策略旨在发掘那些既能为股东创造价值，又能对社会产生正面影响，展现出综合成长力的投资项目。ESG 代表了一种投资哲学，侧重于企业的非财务成就，即企业在环境保护、社会责任践行及公司治理结构上的表现。作为可持续发展理念的具体应用，ESG 投资鼓励投资者采用一种前瞻性的视角，通过细致分析企业的 ESG 绩效，来判断其在未来经济发展趋势中可能扮演的角色，以及其对社会责任的履行程度。ESG 投资框架为市场参与者提供了一个全面的价值评估体系，使他们能够基于企业的环境保护、社会责任及公司治理质量来决定投资方向。这样的投资决策不仅关乎经济回报，也是对促进全球经济可持续发展、鼓励企业承担社会责任的积极贡献的认可与支持。

ESG 投资作为 ESG 生态体系的关键一环，其内涵深刻体现了现代投资理念与可持续发展观的深度融合。它超越了单纯追求财务回报的传统框架，将环境保护、社会责任和公司治理三大支柱作为评估企业价值和投资潜力的核心标准。这意味着投资者在做出决策时，不仅要考虑企业的盈利能力，更要深入分析其业务活动对自然环境的影响、对社会福祉的贡献以及内部管理的透明度和责任感。在环境（E）方面，投资者关注企业如何减少碳排放、节约资源、处理废弃物，以及是否参与清洁能源、生态保护等项目，以此评估企业对气候变化的适应能力和对环境破坏的规避策略；在社会（S）方面，则侧重于企业与员工、客户、供应商及所在社区的关系，包括劳动条件、人权尊重、产品安全、社区参与及多元化和平等机会的实践，确保企业运营活动能积极促进社会和谐与进步；在治理（G）部分则考察企业的管理架构、董事会独立性、股东权利、反腐败政策、信息披露的透明度等，良好的公司治理机制是确保企业长期稳定发展和保护投资者利益的基础。通过多维度的考量，ESG 投资不仅是一种风险管理和价值发现的工具，更是推动企业向更好的可持续商业模式转型的强大动力。它鼓励企业主动承担起对环境和社会的责任，同时为投资者开辟一条既能获得财务回报又能促进社会正向变革的投资路径。在这个过程中，ESG 投资不断促进资本流向那些致力于解决全球性挑战、构建更加美好的未来的实体，从根本上强化了 ESG 生态体系的正向循环与健康发展。

ESG 投资是一种新兴的投资战略，它具有清晰的逻辑链——如果企业 ESG 表现良好，说明企业在环境保护、社会责任、治理模式和风险控制等方面的能力强，能够实现经济、社会、治理和生态效益的共赢，进而能够稳定、持续地创造长期价值，赢得投资者和客户的信心，从而带来更高的投资回报。

1.2 ESG 投资的作用

ESG 投资不仅追求经济利润，也致力于促进社会的可持续发展和环境的保护，其在宏观层面服务于国家战略，助力经济社会高质量发展；在经济层面加速经济结构转型和资本市场成熟；对企业而言，是提升竞争力和融资能力的关键；对利益相关者而言，它意味着更高的社会责任履行以及更稳定的长期回报。

在宏观层面，ESG 投资是推动经济社会高质量发展的重要驱动力。它通过将环境、社会与公司治理三大非财务因素融入投资决策中，为实现国家可持续发展目标提供强有力的金融支持。ESG 投资响应和服务于国家的绿色发展战略。在低碳发展成为全球共识、多重因素导致全球能源供应不稳定的形势下，我国于 2020 年 9 月明确提出 2030 年实现“碳达峰”、2060 年实现“碳中和”的目标，并相继出台多个政策文件自上而下推动“双碳”战略目标的实现。自此，可持续发展需求与理念不断深入人心，减碳降碳、绿色发展与转型成了经济和社会生活的主旋律。ESG 强调推动全球向低碳、可持续的未来转型，其包含的可持续发展、绿色低碳等理念与“双碳”战略目标高度契合，有利于建立健全绿色低碳循环发展经济体系、促进经济社会发展全面绿色转型，是应对全球气候变化、实现“双碳”目标的有力抓手。ESG 投资通过优先选择在环境保护、节能减排、清洁能源等领域表现突出的企业，为这些关键行业的技术创新和规模化发展提供资金保障，加速经济绿色转型，助力国家实现碳达峰、碳中和等国家战略目标（安国俊，2023）。

在经济层面，ESG 投资对加速经济结构转型和资本市场成熟起到了至关重要的作用。ESG 投资推动经济结构向更加绿色、可持续的方向转型。通过优先投资清洁能源、环保技术、可持续农业等领域的公司，ESG 投资直接促进了低碳经济的发展，加速了传统高耗能、高污染产业的转型升级。这种资本导向作用不仅有助于减少环境污染和生态破坏，还为新兴绿色产业的成长提供了必要的资金支持，形成了经济结构优化的新动能。同时，ESG 投资增强了资本市场的稳定性和成熟度。随着越来越多的投资者和资产管理者采纳 ESG 标准，市场对于企业环境保护、社会责任履行及公司治理结构的关注显著提升。这促使企业增加 ESG 信息披露的透明度，提高了市场信息效率，降低了投资不确定性。同时，ESG 投资的长期视角有助于平抑市场的短期波动，促进资本市场稳定发展，吸引更多长期资本参与，为实体经济提供稳定的资金来源。此外，ESG 投资促进了企业价值评估体系的革新。传统的财务分析逐渐与非财务指标相结合，形成更全面的企业评估框架。这种变化促使企业不仅要追求短期利润最大化，更要关注长期价值创造和社会影响，从而在根本上改变企业和投资者的行为模式，加速经济向更加注重质量与可持续性的方向发展。

对企业而言，ESG 投资的广泛实践是提升企业竞争力和融资能力的关键。当越来越多的投资者关注投资标的的环境、社会、治理绩效时，这将成为企业进行 ESG 实践的外部压力，促使企业投身于 ESG 实践，进而为企业塑造竞争力、提升融资能力。一方面，ESG 表现优异的企业能够有效降低运营风险。环境友好型的生产方式减少了污染和资源浪费，社会层面的责任感确保了良好的劳资关系和社区互动，而健全的公司治理体系则提升了决策质量和透明度，这些都有助于企业避免潜在的法律诉讼、舆论危机和监管惩罚，从而保护企业的声誉，维持业务的连续性和稳定性。另一方面，面对全球气候变化、资源短缺等挑战，企业通过 ESG 实践可以提前布局绿色技术和可持续商业模式，把握未来市场的先机。这不仅有助于企业避免因环境或社会问题导致的“搁浅资产”风险，还能通过创新引领行业变革，增强企业的长期竞争力和生存能力。这些益处是 ESG 投资提升企业竞争力的体现。而 ESG 投资本质上是一种投资行为，能够为企业提供更多资金支持，提升企业的融资能力。随着全球对可持续投资的重视程度不断加深，众多机构投资者、主权财富基金及社会责任投资基金都将 ESG 标准纳入投资筛选流程。这意味着那些在 ESG 方面有卓越表现的企业更容易获得资金支持，融资成本更低，资本结构更优化，从而为企业扩张、研发创新和长期战略实施提供了坚实的资金后盾。

ESG 投资将对利益相关者产生深远的影响，特别是它强调企业在追求经济利益的同时，必须承担更多的社会责任，并致力于为所有利益相关方创造长期、稳定的价值回报。对于投资者而言，ESG 投资意味着在投资决策中融入对环境影响、社会贡献及公司治理结构的考量，这有助于识别和规避潜在风险，如环境违规、社会争议或治理失效等问题，从而保护投资安全，实现资产的长期保值增值。随着可持续发展意识的提升，ESG 表现优异的企业往往能吸引更多的资本流入，带来更为稳定的回报预期。对于员工而言，ESG 投资导向意味着企业将更注重 ESG 实践，从而带来更好的工作环境、更公平的待遇以及更和谐的劳工关系。企业对员工福祉的重视、对供应链中劳工权益的保护，不仅提升了员工的工作满意度和忠诚度，也促进了经济和社会进步，形成了正向循环。从环境角度看，ESG 投资推动企业采用绿色技术和可持续生产模式，减少对自然资源的消耗和环境的破坏，为后代留下宜居的环境。这对于维护地球生态平衡，实现全球气候目标至关重要，体现了对全人类福祉负责的态度。

综上，ESG 投资作为连接经济效益与社会价值的桥梁、构建人类命运共同体的通用语言，正在全球范围内引领一场投资范式的深刻变革。它不仅是一种财务考量，更是一种对未来负责的行动指南，体现了全球经济向更加绿色、包容、可持续方向发展的共同愿景。在国家战略层面，ESG 投资是推动高质量发展、实现“双碳”目标的金融引擎；在经济体系层面，它加速了经济结构的绿色转型，促进了资本市场的成熟与稳定；在企业层面，ESG 是提升竞争力、拓宽融资渠道、实现长远发展的金钥匙；在广大利益相关者层面，ESG 意味着共享价值的创造和社会责任的共担，以及对更加繁荣、可持续的未来的期许。ESG 投资将持续发挥其在引导资本流向、促进环境改善、增强社会福祉等方面的积极作用，为实现全球可持续发展目标贡献力量。

1.3 ESG 投资的发展历程

ESG 投资的起源可追溯至 20 世纪 20 年代的宗教教会投资中的伦理道德原则。此后，在 20 世纪 60 年代，这一理念逐步演变为社会责任投资概念。进入 21 世纪，ESG 投资作为一个综合考量环境、社会与治理绩效的投资框架正式成型。作为可持续投资的一种，ESG 投资成为促进可持续发展的核心驱动力和有效实践。自此，ESG 投资在全球范围内崛起，不仅确立了其作为主流投资策略的地位，而且其在投资界的重要性与日俱增，深刻影响着资本配置的决策过程。

从最初的社会责任投资发展至如今的 ESG 投资，投资管理行业思考问题变得更全面。现在考虑的问题是如何将 ESG 因素整合到资产管理组合中，坚持的原则是将积极促进环境和社会发展的公司纳入可靠的公司治理框架中，并实现更具有可比性或更好的投资业绩（布兰登·布拉德利，2023）。

1.3.1 ESG 投资的历史沿革

ESG 投资的发展历程可以概括为三个阶段：萌芽、中期和快速发展，具体内容如下。

1. 萌芽阶段

ESG 投资的理念最早可以追溯到 20 世纪 20 年代宗教教会的伦理道德投资。宗教团体提出了伦理投资的理念，由于宗教信仰，人们拒绝投资与教义信仰相悖的行业。卫理工会教徒和贵格会教徒为他们的追随者建立了基于信仰的投资指导方针，其他宗教也纷纷制定了类似的投资指导方针。例如不得投资于武器、烟草、奴隶贸易等，通过这些社会标准来约束和规范教徒的投资行为（薛俊和蒋晨龙，2022）。

社会责任投资是ESG投资的前身，其最初主要关注公司的社会责任和道德义务。20世纪30年代，经济大萧条的爆发引发大量企业丑闻，这让投资者将注意力转向了公司治理问题。因此社会责任投资中不再将“社会”定为主要焦点，而是形成了负责任的投资观点。

20世纪60年代，越南战争爆发、南非种族隔离等事件发生，出现了一批环保主义者，他们在著作中将环境污染灾难描写得发人深省，让人们开始关注环保问题。这些民权和反战示威的兴起使得投资者在进行决策、做出一些不利于公司的行为时考虑股东权益，在重要问题上投资者会倾听股东们的意见。例如，越南战争抗议者敦促大学捐赠基金将国防项目承包商排除在投资政策之外（布兰登·布拉德利，2023）。

2. 中期阶段

20世纪70、80年代，人们对环境保护的意识逐渐强烈，各公司开始考虑环境因素对业务的影响，开始注意环境问题。投资者将公司是否履行社会责任作为是否参与投资的一项准则。例如，1971年成立的美国帕斯全球基金（Pax World Funds），拒绝投资利用越南战争获利的公司，并强调劳工权益问题。1971年，第一只可持续共同基金（PAXWX）被推出，该基金也被称为女神基金，直到今天它仍然是一只可投资的基金。该基金希望使投资与投资者的价值保持一致，并通过投资选择敦促公司遵守社会和环境责任标准。[㊀]1988年成立的英国梅林生态基金（Merlin Ecology Fund），只投资注重环境保护的公司。这一时期，世界上也发生了几起环境灾难，包括1989年阿拉斯加港湾的埃克森瓦尔迪兹号油轮的大规模石油泄漏事件，这场灾难促使了环境责任经济联盟（CERES）成立，后者也是全球报告倡议组织（GRI）的发起者之一（薛俊和

㊀ 资料来源：新浪财经，ESG的国际发展简史，详见 https://finance.sina.com.cn/jjxw/2023-11-09/doc-imztzksn4333187.shtml.

蒋晨龙，2022）。

20 世纪 90 年代至 21 世纪初，一些机构投资者开始在投资决策过程中纳入社会和环境因素。社会责任投资开始由道德伦理层面转向投资策略层面，在投资决策中综合考虑公司的 ESG 绩效表现，衡量 ESG 投资策略对投资风险和投资收益的影响。例如，1993 年，由于南非政府的种族隔离政策，投资者向基金管理公司施加压力，要求它们避免投资南非公司（布兰登·布拉德利，2023）。1997 年，全球报告倡议组织（Global Reporting Initiative，GRI）成立，目的是确保公司遵守对环境负责任的行为准则。

3. 快速发展阶段

随着 21 世纪的到来，社会各界对企业负责任行为的要求进一步提高，全球变暖、多元化和包容性以及公司治理原则等问题被纳入分析框架。

2000 年中期至 2010 年初，一些国际组织和机构开始制定一些相关的指南和标准。2006 年，联合国发布了“负责任投资原则”（Principles for Responsible Investment，PRI），这是一组六项投资原则，包括整体风险管理、股东权益、透明度与问责制、社会影响、投资者合作、持续改进，鼓励将 ESG 事项纳入投资实践。目前，来自全球 60 多个国家的 2500 多家机构加入了联合国的“负责任投资原则”组织，成员机构管理的总资产超过 80 万亿美元。2009 年，全球影响力投资网络（Global Impact Investment Network，GIIN）成立，这是一个致力于提高影响力投资有效性的非营利组织。对于影响力投资，GIIN 的定义是：“影响力投资的主要投资对象包括公司、组织和基金。除了追求金钱回报之外，投资者的目标还包括实现社会和环境影响力。”

2011 年，可持续发展会计准则委员会（SASB）成立，它是一个非营利组织，成立目的是制定可持续发展会计准则。2012 年，新版国际金融企业（International Finance Corporation，IFC）可持续发展框架发布，其中包括界定环境和社会风险责任的环境和社会绩效标准。2015 年，联合国可持续发展目标（Sustainable Development Goals，SDGs）确立。2016 年，全球报告倡议组织（GRI）将其报告指南转变为首个可持续发展报告全球标准。2017 年，在一项新出台的欧盟养老金法令中，成员国有义务“允许欧盟养老金机构，即职业退休规定机构（IORP），考虑投资决策对ESG因素的潜在长期影响”。

2020年，新冠疫情危机引发了投资者对社会因素看法的转变，社会因素对长期发展有着关键性的影响。ESG渐渐走进大众视野，ESG投资也逐渐成为人们格外关注的事项。投资者经营的信息环境在过去二十年中发生了巨大变化，在可预见的未来可能会继续变化（Hales，2023）。

在ESG的快速发展阶段中，ESG投资也在不断发展，全球可持续投资联盟（Global Sustainable Investment Alliance，GSIA）的数据显示，2020年全球可持续投资资产规模超过35万亿美元，较2016年增长约55%，占全球总资产管理规模的35.9%。[㊀]

全球环境正在不断变化。许多投资者认为，全球环境问题是投资者面临的ESG首要问题。现如今，温室气体引起的气候变化、污染等问题层出不穷，带来的严重影响可想而知。因此，为了应对气候变化带领全球经济脱碳，人们需要采取行动应对环境问题。现如今是实现联合国可持续发展目标的最后十年，在2030年让世界变得更加安全、更加可持续。为了实现这些远大目标，政策制定者和企业必须承担起保护环境的责任，以应对气候变化。此外，在投资决策中融入ESG理念也并非以放弃投资收益为代价，随着时间的推移，人们发现，注重管理可持续发展风险和机遇的公司往往拥有更强劲的现金流、更低的借贷成本和更高的估值。

在现如今大数据环境背景下，数据和分析也在不断演变。企业可持续发展指标的不断增加促进了ESG投资策略的快速发展。投资者在不断采纳一些ESG指标来作为投资决策的标准，结合人工智能的新技术，可以帮助投资者进行更为强大的分析。随着全球对可持续发展议题的日益重视和ESG理念的深入人心，各大公司已逐步将ESG相关信息的披露纳入其日常管理和对外沟通的重要组成部分，将ESG指标整合在公司年报或单独的可持续发展报告中。

㊀ 资料来源：Global Sustainable Investment Alliance，“Global Sustainable Investment Review 2020”，详见 http://www.gsi-alliance.org/wp-content/uploads/2021/08/GSIR-20201.pdf.

在中国证监会指导下，上海证券交易所、深圳证券交易所和北京证券交易所于 2024 年 4 月正式发布上市公司可持续发展报告指引（试行），标志着上市公司可持续发展信息披露的中国标准正式推出，这将进一步推动更多公司进行 ESG 信息披露，并提升其披露质量。这一举措不仅标志着中国在上市公司可持续发展信息披露领域建立了自己的标准体系，也为我国企业提供了清晰的指导框架，旨在提升报告的透明度、一致性和可比性，确保投资者和其他利益相关者能够获得准确、全面的 ESG 信息，以便做出更加明智的投资和决策。随着该指引的正式发布，预期将有更多上市公司积极响应，不仅提升 ESG 信息的披露比例，也将促进整个市场 ESG 管理水平和信息披露质量的显著提高，加速中国资本市场的绿色化与可持续发展进程。从中国的 ESG 举措可以窥见，未来 ESG 投资仍会是推动全球经济转型、促进可持续发展不可或缺的力量，其影响力将跨越国界，成为全球共识与行动的核心要素。

1.3.2 全球 ESG 投资趋势

近年来，ESG 投资发展迅速。联合国在 2006 年推出了负责任投资原则，自发布以来，每年新增签约机构持续增加，截至 2021 年签署者资产管理规模超过 121 万亿美元，截至 2023 年 6 月签署者数量达到 5372 个（见图 1–1）。

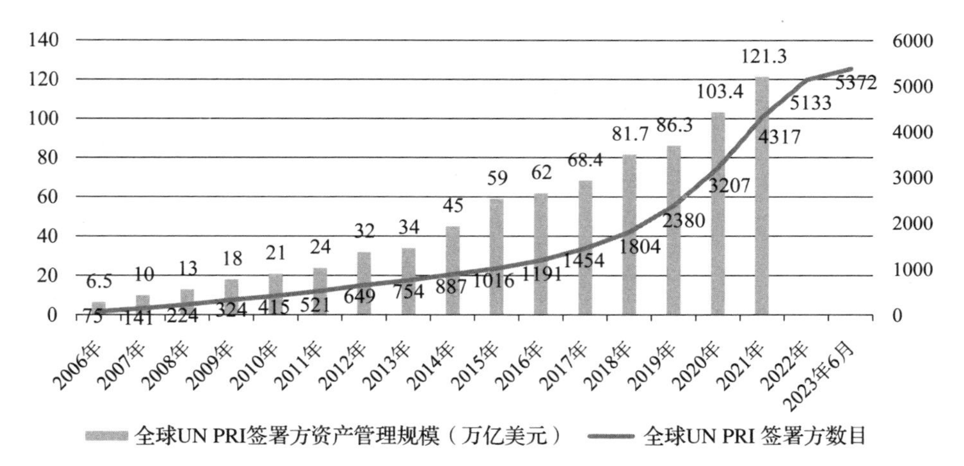

图 1–1 全球 UN PRI 签署者累计数量与管理规模

注：资料来源于 UN PRI 官网、Wind 数据库以及作者整理。

1. 欧洲 ESG 投资趋势

欧洲在 ESG 投资领域处于全球前沿，拥有最为庞大的资产规模，市场的投资者普遍将公司治理作为投资评估的核心要素，并且日益重视将社会与环境因素纳入其投资决策过程中，体现出该地区对全面可持续投资实践的坚定承诺。

2020 年 6 月 22 日，《欧盟官方公报》发表了一项关于建立促进可持续投资框架的条例，并为公司和投资者设定了一个泛欧分类系统（或称“分类法”）。

2020 年，ESG 责任投资在欧洲的总资产管理规模约 13.9 万亿美元，覆盖欧洲 18 个国家。2018 年，欧洲的 ESG 投资为 14.1 万亿美元，占 ESG 领域 30 万亿美元管理总资产的近一半，也占欧洲管理总资产的近一半。根据德意志银行 2019 年 9 月发布的预测，ESG 投资预计将在全球范围内增长，到 2030 年将突破 100 万亿美元大关（布兰登·布拉德利，2023）。另外，有些欧洲厂商正在尝试将新的欧盟分类体系运用到自己的资产组合中，以便尽快掌握业务需要的改变，同时，他们也把自己看作监管者信赖的合伙人，可以在将来改变某些规则。

2. 美国 ESG 投资趋势

美国的 ESG 投资领域近年来展现出显著的增长势头与深化的市场整合。虽然美国监管环境相对分散，但证券交易委员会（SEC）近年来加大了对 ESG 信息披露的要求，提议制定统一的标准，旨在提高企业透明度，帮助投资者基于可靠信息做出决策。投资者需求的高涨是推动 ESG 投资发展的直接动力。从个人投资者到大型机构投资者，对可持续投资策略的兴趣与日俱增。许多养老基金、大学捐赠基金和主权财富基金均公开承诺将 ESG 标准纳入其投资组合管理，这不仅反映了对财务回报与社会责任双重目标的追求，也促使资产管理公司提供更多样化的 ESG 产品与服务。根据美国可持续责任投资论坛（USSIF）在官网发布的《美国可持续责任投资论坛 2020 年执行摘要》（*USSIF Trends Report 2020 Executive Summary*），USSIF 统计下的美国责任投资资产规模已达 17.1 万亿美元，占美国专业金融机构资产管理规模的三分之一。该报告第一次公布是在 1995 年，当时统计的美国责任投资规模仅 0.64 万亿美元，到 2020 年 15 年时间整整翻了近 26.7 倍，复合年化增长率 24.5%（殷子涵和王艺熹，2022）。

3. 亚洲 ESG 投资趋势

亚洲的 ESG 投资正经历着前所未有的增长与变革。近年来，随着环境问题的紧迫性、社会公正的呼吁以及公司治理透明度的提升成为全球共识，亚洲市场对 ESG 原则的采纳呈现出加速态势。在政策层面，多国政府已着手制定或加强 ESG 相关的法律法规，这不仅代表监管趋严，也促使企业向更加可持续的商业模式转型。这种自上而下的推动，配合投资者对长期价值创造与风险缓解的追求，共同构筑了亚洲 ESG 投资的坚实基础。在市场动态方面，亚洲投资者，尤其是机构投资者，愈发倾向于将 ESG 因素纳入其投资决策之中，促进了 ESG 基金和相关产品的蓬勃发展。日本的公司治理改革、中国在碳中和目标下的绿色投资浪潮，以及东南亚新兴市场对可持续基础设施的投资需求，都是这一趋势的有力例证。值得注意的是，亚洲市场的多样性也为 ESG 投资带来了独特挑战与机遇。不同国家和地区在经济发展水平、环境法规和社会文化上的差异，要求投资者进行细致的地域性分析，采取差异化策略。同时，随着对气候变化适应性和减缓策略的重视加深，清洁能源、绿色科技和气候韧性项目正成为热门投资标的，代表亚洲 ESG 投资正向着更加多元化和创新化的方向迈进。

4. 中国 ESG 投资趋势

自 2008 年兴证全球基金成立境内首只社会责任投资（SRI）基金以来，中国责任投资发展迅速。截至 2022 年底，中国责任投资的整体规模已经达到 24.6 万亿元，责任投资基金也从刚开始的寥寥无几增长至 606 只。在世界范围内，可持续投资的增长速度也不容小觑，全球可持续投资联盟（Global Sustainable Investment Alliance，GSIA）统计，2020 年初全球 ESG 投资五大市场（美国、加拿大、日本、大洋洲、欧洲）的可持续投资达 35.3 万亿美元，占全球总资产管理规模的35.9%，比2018年增长15%，比2016年增长55%。[㊀]彭博数据预测，截至2025年，将有超过50万亿美元（占基金总规模1/3以上）投资于ESG基金产品。这些产品致力于实现可持续发展目标，打造可持续发展世界，并致力于提高自身产品的投资回报（拉里·斯威德罗和塞缪尔·亚当斯，2023）。

据Wind统计，截至2023年6月，我国市场ESG公募基金已达464只，资金管理总规模达到人民币5765.84亿元（不包含未成立和已到期），加入联合国责任投资原则组织（UN PRI）的中国内地机构已达140家，其中资产所有者、资产管理者和服务机构数量分别为4、101和35（见图1-2）。

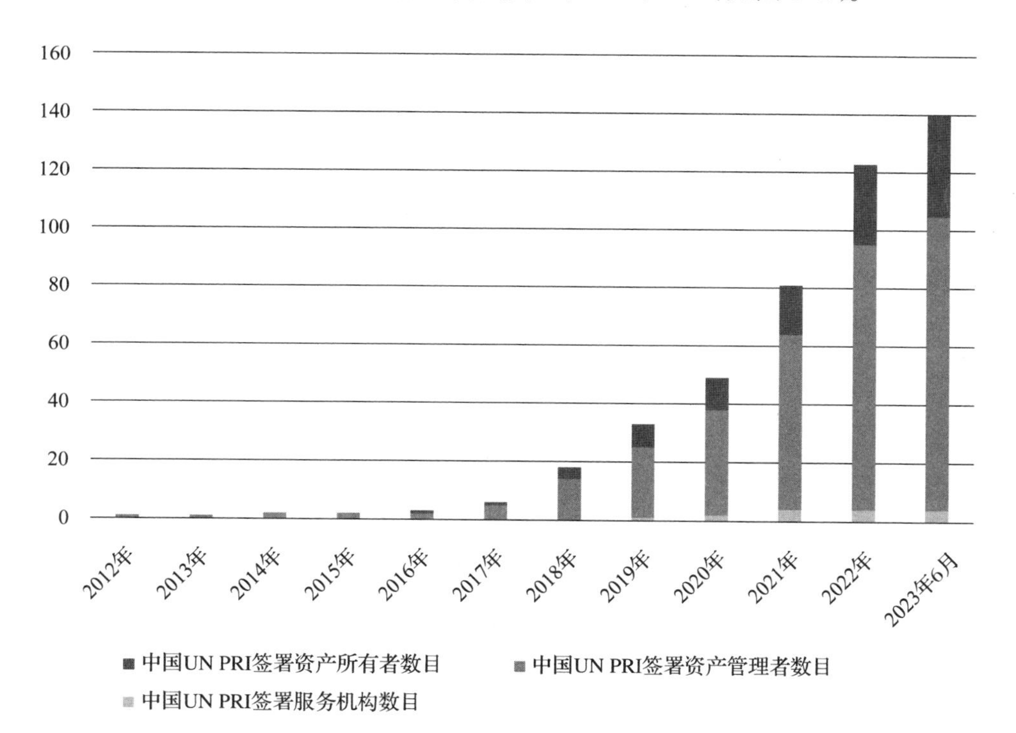

图1-2　中国内地UN PRI签署累计数量

注：资料来源于UN PRI官网、Wind数据库以及作者整理。

㊀ 资料来源：全球可持续投资联盟（GSIA），*Trends Resport 2020*，详见https://www.gsi-alliance.org/trends-report-2020/.

1.4 ESG 投资实践

从企业社会责任（CSR）至社会责任投资（SRI）再至 ESG 投资，人们的思想在不断转变。相较于 CSR，ESG 更具有综合性、战略性和合法性。

近几年，随着诸如遵守“负责任投资原则”“负责任银行原则”和“赤道原则”在内的国际组织纷纷加入投资活动，对投资对象的 ESG 风险和绩效进行了全面的考虑，ESG 投资思想对基金投资组合的影响也在不断深化。在我国，受到环境保护和环境保护观念影响的绿色基金有了显著增长。社会责任绩效是衡量公司绿色发展程度的一项重要指标，受到了投资者的广泛关注，而社会责任绩效与财务回报率之间的关系研究也是 ESG 投资研究的一个热点，国内外大量研究均显示，良好的社会责任绩效能够产生良好的金融收益。

联合国责任投资原则组织（UN PRI）是目前全球 ESG 领域最具影响力的机构投资者联盟。根据 UN PRI 的数据，截至 2023 年 7 月 16 日，全球签署机构数量达到 5378 家，2023 年新签署 254 家，较 2022 年底增长 4.94%，2022 年同比增速 18.69%，2006—2022 年的年均复合增速为 31.66%。虽然增速有所放缓，但是越来越多的国家和企业开始关注可持续投资。[㊀]

1.4.1 海外市场机构投资者的 ESG 投资实践

国外 ESG 发展较早，无论是在实操中还是在理论中，其机构投资者都积累了丰富的经验。截至 2023 年 7 月 16 日，签署 UN PRI 的投资机构数量排名前五的为美国、英国和爱尔兰、法国、德国和奥地利、澳大利亚。此外，日本签署机构数量达 123 家，中国签署机构数量为 139 家，其他国家签署机构数量共计 266 家（王军和孟则，2023）（见图 1–3）。

㊀ 资料来源：UN PRI 官网，详见 https://www.unpri.org.

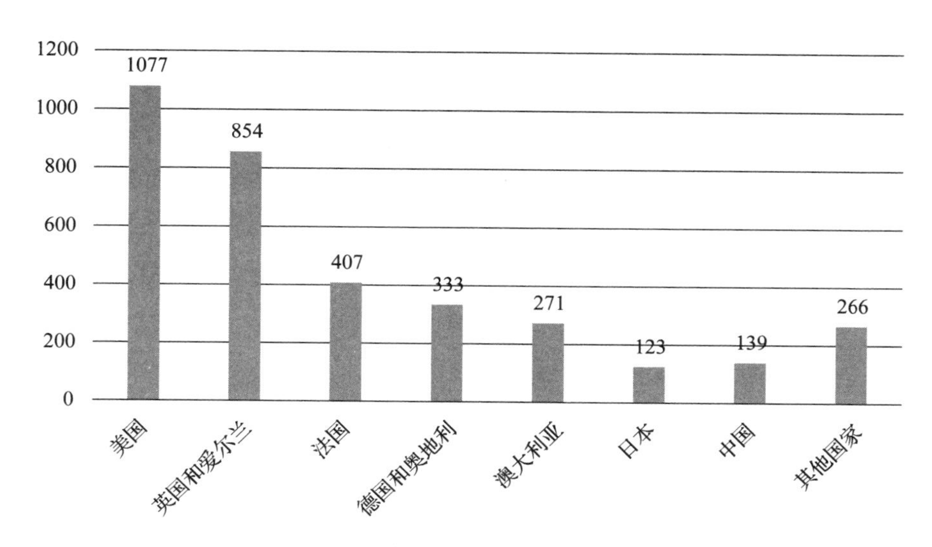

图 1-3 各国 UN PRI 签署数量

注：资料来源于 UN PRI 官网以及作者整理。

一些国际主流并且贯彻可持续投资理念的金融机构主要有先锋领航、摩根士丹利、富达国际、德意志银行、日本政府养老投资基金、挪威政府全球养老基金（王军和孟则，2023）。

1. 欧洲机构投资者 ESG 投资实践

欧洲是 ESG 投资的先行者之一，这得益于欧洲最早开启了 ESG 披露体系的建设。ESG 信息披露作为指导 ESG 投资的基础，为 ESG 投资创造了先行条件，使得 ESG 投资发展迅速。欧洲是最早进行 ESG 披露的地区，要求大型公司强制性披露 ESG 相关信息。欧洲资管机构作为 ESG 投资领域的先行者，积累了丰富的 ESG 投资策略、ESG 风险评估与管理的经验。欧洲在 ESG 净流入做得比较好的可持续基金提供商主要有：贝莱德（Black Bock）、Swisscanto 资产管理公司（Swisscanto）、德意志资产与财富管理公司（DWS）、比利时联合银行（KBC Group）、J.P. 摩根（J.P.Morgan）。在欧洲，以 ESG 主动型产品为主的资产管理公司主要有东方汇理（Amundi）、瑞银（UBS）、法国巴黎资产管理公司（BNP Paribas）（王军和孟则，2023）。

Swisscanto 是瑞士苏黎世银行的资产管理公司，是瑞士的第三大资产管理公司，它的可持续投资在瑞士排名前列。Swisscanto 从 1998 年开始关注可持续投资，该公司认为如果某些公司或者政府在 ESG 方面得分低，那它们在可持续方面就做得不好，进行的投资就会存在很大的无法抵消的风险。截至 2022 年三季度末，Swisscanto 管理资产总规模为 2003 亿瑞士法郎，其中可持续投资规模 124 亿瑞士法郎，负责任投资 918 亿瑞士法郎，合计占比 52.02%，占资产总规模的一半以上。此外，主被动基金大致各占一半，主动基金 1059 亿瑞士法郎，被动基金 943 亿瑞士法郎。[㊀]

此外，Swisscanto 还有 Swisscanto 可持续气候股票基金，该基金为主动基金，通过公司设定的可持续目标和质量评价方法投资全球股票，这些公司的产品、服务或生产方法为脱碳做出了积极贡献。

2. 美国机构投资者 ESG 投资实践

美国的 ESG 投资规模居世界前列。在能源目标方面，美国承诺到 2035 年通过向可再生能源过渡实现无碳发电，到 2050 年，让美国实现碳中和；在投资主题方面，根据美国可持续责任投资论坛（USSIF）调查，基金经理在 ESG 三个议题上投资占比比较均衡，其中社会占 33.56%、治理占 33.23%、环境占 33.21%。投资主题主要有气候变化、碳排放、反腐败、董事会、可持续新能源、智慧农业、高管薪酬等。渐渐地，美国开始关注种族公平投资（Raical Justice Investing，RJI）与性别角度投资（Gender Lens Investing，GLI），旨在帮助存在性别不平、女性歧视等问题的社区。同时，美国加入 UN PRI 的机构组织在全球数量也是最多的。

在 2022 年美国最具可持续性的十大可持续发展投资中，Parnassus 公司、贝莱德和先锋领航公司名列前三位。在它们当中，Parnassus 公司是环境保护机构，对 ESG 的支持率达到 100%；贝莱德（iShares 为其子公司）和先锋领航是更具可持续性的资产管理公司。

Parnassus Investments（下文简称 Parnassus）基金公司于 1984 年成立，是

㊀ 资料来源：Swisscanto 官网，详见 https://www.swisscanto.com/ch/de.html.

一家专注于主动管理共同基金的公司，也是美国最大的纯 ESG 共同基金公司。由于 Parnassus 公司在可持续发展投资中做得比较好，因此以该基金公司为例介绍。Parnassus 公司对 ESG 投资并不陌生，自成立以来，该公司就对 ESG 投资非常关注，并将 ESG 研究纳入旗下所有基金的投资流程中，以识别具备吸引力的估值的优质公司。2008 年，Parnassus 公司签署了联合国负责任投资原则。

Parnassus 公司主动肩负为长期投资者积累财富，承担对社会、对投资者负责的使命，该公司认为具有将基本面做好的优质公司可以提供引人注目的长期投资机会。所谓“优质公司”，是指拥有日益相关的产品或服务、可持续的竞争优势、优质管理团队和积极的 ESG 表现的公司。

Parnassus 公司对公司如何进行 ESG 管理有四项原则，分别是环境的可持续性及气候变化，尊重人权、工人权利和社区权利，发展负责任的产品，坚持道德和透明度，涉及环境、社会、治理三大方面。这也同时是 Parnassus 公司制定 ESG 策略的基础原则。ESG 四原则包括 E：环境的可持续性及气候变化；S：尊重人权、工人权利和社区权利；S：发展负责任的产品；G：坚持道德和透明度。Parnassus 公司提供的每种基金都严格按照 ESG 标准进行管理，实施 ESG 原则。

截至 2023 年第 1 季度末，Parnassus 公司资产管理超过 420 亿美元，Parnassus 公司旗下共计 6 只不同的基金，包括 Parnassus 核心基金股票（Parnassus Core Equity Fund）、Parnassus 大盘成长基金（Parnassus Growth Equity Fund）、Parnassus 价值基金（Parnassus Value Equity Fund）、Parnassus 中盘基金（Parnassus Mid Cap Fund）、Parnassus 中盘成长基金（Parnassus Mid Cap Growth Fund）、Parnassus 固定收益基金（Parnassus Fixed Income Fund）。[1]

3. 日本机构投资者 ESG 投资实践

日本是亚洲主要的可持续投资市场之一，它鼓励公司自愿披露 ESG 信

[1] 资料来源：Parnassus 官网，详见 https://www.parnassus.com/subscribe.

息，近期修订《综合监管准则》以防止公司“洗绿”。日本政府养老投资基金（GPIF）2015年9月签署PRI后，开始高度关注ESG投资理念。在日本，企业的ESG披露信息主要是自愿披露，政府提供指引，鼓励上市公司积极、主动承担可持续发展职责。在UN PRI组织中，日本签署的机构数量略低于中国。

根据Global Sustainable Investment Review 2022报告指出，日本的可持续投资从2020年的2.9万亿美元增加到2022年的4.3万亿美元，可持续投资的市场份额从2020年的24%增长至2022年的34%。[一]

GPIF将ESG因素纳入投资框架，认为在追求长期投资回报的过程中必须减少环境、社会问题带来的负面影响。GPIF的股票投资主要以跟踪ESG指数投资为主。GPIF从2017年开始跟踪ESG指数，目前拥有8只ESG指数，包括4只ESG综合指数和4只ESG主题指数。4只ESG综合指数包括FTSE Blossom Japan Index（富时日本指数）、FTSE Blossom Japan Sector Relative Index（富时日本行业指数）、MSCI Japan ESG Select Leaders Index（MSCI日本ESG精选领导者指数）、MSCI ACWI ESG Universal Index（MSCI ESG全球指数）；4只ESG主题指数包括MSCI Japan Empowering Women Index（MSCI日本赋权女性指数）、Morningstar Developed Markets EX-Japan Gender Diversity［晨星发达市场（日本除外）性别多样性指数］、S&P/JPC Carbon Efficient Index（标普/摩根大通碳效率指数）、S&P Global Large Mid Cap Carbon Efficient Index（标普全球大型中型股碳效率指数）。[二]

鉴于绿色债券在一、二级市场上通常都处于短缺状态，GPIF在2019年提出一个新的建议，即与IBRD、国际金融等机构合作，推出绿色、社会和可持续的绿色债券。全球金融稳定基金对ESG债券的投资在2020年3月从0.4万亿日元上升到了2022年3月的1.6万亿日元。在这些债券中，绿色债券占65%，可持续性债券占19%，社会债券占16%。[三]

[一] 资料来源：Global Sustainable Investment Review 2022，详见https://www.gsi-alliance.org/members-resources/gsir2022/.

[二] 资料来源：https://www.gpif.go.jp/en/.

[三] 资料来源：https://www.gpif.go.jp/en/.

1.4.2 国内市场机构投资者的 ESG 投资实践

ESG 投资理念的推广，也为国内企业应对气候变化的投融资行为提供了有力支持。

中国的金融机构近年来在 ESG 领域的投资热情显著高涨，这一趋势不仅响应了全球可持续发展的号召，也是国内绿色金融政策推动与市场内生需求增长的共同产物。2020~2021 年，泛 ESG 基金的规模显著增长，且其中绿色、环保、碳中和等主题的占比较高。全国社保基金理事会也公开表示，将在积极倡导 ESG 投资中起到更积极的带头作用。监管部门出台了一系列推动绿色金融与 ESG 投资发展的政策。2021 年以来，监管部门统一了绿色债券项目支持目录，将“双碳”政策写入“十四五”规划，并出台了“双碳”顶层设计和碳达峰行动方案。自 2006 年沪深交易所在《上市公司社会责任指引》中要求上市公司定期评估公司社会责任履行情况开始，监管层陆续出台文件确立 ESG 信息披露的基本框架（陈骁和张明，2022）。

截至 2023 年三季度末，中国已成为亚太地区第二大可持续投资市场，未来 30 年，中国对绿色低碳投资的累计需求预计将达到 487 万亿元。细分来看，2022 年，中国是全球发行绿色债券最多的国家。中国在可持续投资领域展现出强劲势头，根据相关报告，中国在亚洲可持续基金资产中占比超过 67%，并在 2023 年第三季度新推出的可持续基金中占据近四成。尽管欧洲领先，中国依然是亚太地区重要的可持续投资市场，特别是在资产管理规模上保持高比例。中国绿色债券市场快速发展，成为全球领先发行国，绿色债券累计发行量及 ESG 产品资金流入均显著增长。[一] 在 ESG 基金中，固定收益类产品表现突出，市场上的 ESG 主题指数基金数量及管理总额亦呈现上升趋势。同时，众多国内金融机构已将 ESG 纳入管理体系，推动 ESG 产品多样化，[二] 提升了

[一] 资料来源：摩根资产管理全球可持续投资主管吴兰君和摩根资产管理中国 ESG 业务总监张大川发布《中国的可持续投资之路：如今身在何处，未来奔向何方？》，详见 https://www.cifm.com/sy/sybanner/202311/P020231115540648659637.pdf.

[二] 资料来源：中金 ESG 手册（5）：金融机构 ESG 投资，详见 https://mp.weixin.qq.com/s/fwmsTo2L8-ODfWsf28byUA.

行业对 ESG 的关注和实践水平，标志着中国在可持续金融发展上取得实质性进展。

嘉实基金管理有限公司（以下简称嘉实基金）是国内最早成立的十家基金管理公司之一，也是国内较早投入 ESG 研究和践行 ESG 投资的公募基金，于 2018 年加入联合国负责任投资原则组织，并于 2018 年至 2019 年陆续成为气候相关财务信息披露工作组（TCFD）联署支持机构、全球环境信息研究中心（CDP）联署投资机构，于 2019 年 10 月加入亚洲公司治理协会（ACGA），积极践行 ESG 理念。

全面 ESG 整合、公司参与和尽责管理、可持续主题投资是嘉实基金践行可持续投资的三大方式，嘉实基金将对财务有重大影响的关键 ESG 风险和机遇纳入基本面研究和投资决策流程中，通过投票和公司沟通等渠道积极参与公司 ESG 管理，推出可持续投资主题产品并进行影响力投资。为了提升投资成效，嘉实基金在环境（E）、社会（S）和治理（G）维度确定了 8 个议题，23 个重点关注事项，研制了一套 ESG 评分体系，致力于识别中国上市公司所面临的 ESG 风险和机遇，为投资者提供客观的 ESG 投资参考。负向筛选是嘉实基金常用的投资策略之一，通过将自有 ESG 评分体系运用到投资流程中，在投资池筛选阶段将某些争议性业务、公司、行业排除在投资组合之外，进而起到“排雷”的效果，并在投资过程中持续进行投资组合和持仓 ESG 的风险分析和监控，提前预知所持基金的 ESG 风险，以便及时进行调整，降低投资意外。

2019 年 11 月，由中证指数公司编制、嘉实基金定制的“中证嘉实沪深 300ESG 领先指数”正式发布，反映沪深 300 样本股中 ESG 评分较高、表现较好的 100 只股票的整体表现。2019 年 1 月，嘉实基金被全球责任投资独立研究（IRRI）评选为“可持续和责任投资”全球前 50 家最佳资产管理公司；2020 年，嘉实基金 ESG 整合案例入围联合国负责任投资原则组织 2020 PRI Awards，其 2020 PRI Transparency Report（透明度报告）中衡量公司层面 ESG 管理水平的“战略与治理”模块获 PRI 全球最高等级 A+ 评定。

第 2 章　ESG 投资的一般理论

随着全球对可持续发展议题的关注日益增强，ESG 投资已不仅仅是金融业边缘的伦理考量，而是逐步演化为核心的投资策略与市场趋势。本章旨在探索 ESG 理念如何深刻地影响并扩展了传统投资理论的边界，揭示其成为现代投资组合理论、资本资产定价模型（CAPM）、套利定价理论（APT）及多因子模型等经典框架的新维度。此外，还将深入挖掘投资者进行 ESG 投资的深层动机。从履行社会责任、促进可持续发展的崇高理想，到规避潜在的环境与社会风险，乃至寻求长期稳定的经济回报，ESG 投资不仅关乎理论的拓展，更是实践中的道德与智慧的双重体现。本章力图构建一个全面而深刻的理论框架，旨在证明 ESG 投资不仅是顺应时代潮流的选择，更是资本市场逻辑进化中不可或缺的一环。它要求我们超越短期利益的局限，以更加广阔的视野审视投资行为的长远影响，为全球更加繁荣、公正与可持续的发展贡献力量。

2.1　ESG 对经典投资理论的拓展

ESG 理念的核心在于促进企业多维度均衡发展，它汇聚了与可持续发展相关的各种理念，是企业可持续发展相关理念的集大成者，其涉及经济学、法学、管理学、社会学、政治学等多个学科领域。ESG 的发展为许多经典理论带来了新的视角，特别是对经典投资理论进行了拓展。作为 ESG 生态体系的重要组成部分，ESG 投资将 ESG 投资因子融入经典投资理论，对投资组合理论、资本资产定价理论、套利定价理论、多因子模型理论等进行了延伸。通过将 ESG 因素纳入投资过程，进一步推动投资者关注非财务因素的价值。

2.1.1 ESG 对投资组合理论的拓展

将投资组合理论与 ESG 投资相结合，可以创造一个更加可持续和长期的投资组合。ESG 投资组合是符合投资者价值观和风险承受能力的投资集合，考虑了所投资公司或资产的环境、社会和治理各个方面。通过在投资决策过程中纳入 ESG 因素，投资者可以选择那些在 ESG 方面表现良好的企业，同时通过适当的资产配置和风险管理策略来构建均衡的投资组合。这种投资方法可以帮助投资者实现财务目标，同时对社会和环境产生积极影响。

投资组合理论是一种关于如何在风险和收益之间做出最佳选择的理论框架。其核心概念是通过在不同资产之间分散投资来降低整体风险，并在预期收益率上获得平衡。投资组合理论由 Markowitz（1952）首次提出，为现代投资领域的研究奠定了基础。投资组合理论中引入了风险回报和投资组合有效边界概念。根据该理论，投资者可以通过构建多样化的投资组合来实现风险管理和收益优化。该理论研究指出，由于部分投资资产之间存在负相关关系，因此采用分散性投入有助于降低投资组合的总体风险；如果任意两种证券采用了分散性投入，就可以在一定程度上控制风险。投资组合理论的经济学含义是，在单只证券收益率确定的情形下，能够通过调节各种证券在整体投资组合中的比例来降低整体投资组合的风险。而当投资证券的期望收益发生变化时，投资组合中与之相对应的最小方差就会变化，而这样一一相对应的函数关系就构成了投资组合的有效边界。

Markowitz 提出和建立的现代证券投资组合理论，其核心思想是解决长期困扰投资活动的两个根本性问题。第一个问题是，虽然证券市场上客观存在着大量的证券组合投资，但为何要进行组合投资，组合投资究竟具有何种机制和效应，在现代证券投资组合理论提出之前，谁也无法给出令人信服的回答。针对这一问题，现代证券投资组合理论给出了逻辑严密并能经得起实践检验的正确答案，即证券的组合投资是为了实现风险既定条件下的收益最大化或收益既定条件下的风险最小化，具有降低证券投资活动风险的机制。投资组合理论不仅告诉人们“不要把所有的鸡蛋都放在同一个篮子里”，更重要的是告诉人们“不要把所有的鸡蛋放在同一个篮子里”为什么是真理而不是谬误。

第二个问题是证券市场的投资者除了通过证券组合来降低风险之外，应该如何根据有关信息进一步实现证券市场投资的最优选择。针对这一问题，Markowitz 的投资组合理论运用数理统计方法全面细致地分析了何为最优的资产结构和如何选择最优的资产结构，为投资组合的研究奠定了基础。

通过纳入 ESG 因素，投资者可以更全面地评估公司或资产的长期价值和风险，从而构建体现可持续理念、更加稳健的投资组合。环境因素包括公司的碳足迹、资源利用和环境管理实践等方面，社会因素涉及公司与利益相关方的关系、员工福利和社区责任等，治理因素则包括公司的透明度、独立性和管理质量等。投资者通过构建均衡的 ESG 投资组合，可以实现投资组合的多样化和稳健性。这意味着投资者可以选择那些在 ESG 方面表现良好的企业，并根据其 ESG 评级和表现来调整投资组合。运用 ESG 因素与投资理论相结合的方法进行投资，投资于符合 ESG 标准的公司或项目，这不仅有助于投资者实现财务目标，还可以推动这些公司改善其在环境和社会责任方面的表现，促进经济社会可持续发展。

2.1.2 ESG 对资本资产定价理论的拓展

投资者可以通过投资组合理论来构建多样化的投资组合，以降低风险并实现更稳定的回报；而资本资产定价模型则可以帮助投资者估计资产的合理价格，并判断其是否被低估或高估。对于投资者来说，ESG 因素应该被视为投资决策的一个重要考虑因素。投资者可以将 ESG 因素纳入投资组合构建和资本资产定价模型（Capital Asset Pricing Model，CAPM），从而更全面地评估资产风险和收益。同时，ESG 因素也可以帮助投资者发掘那些具有良好环境、社会和公司治理实践的公司，从而寻找更长期的投资机会。

资本资产定价模型是一种用于确定资产预期收益的理论模型。它是以Sharpe（1964）、Lintner（1965）为代表的经济学家提出的。CAPM的核心思想是，资产的预期回报应该与整个市场组合的回报以及风险无关的利率之间存在着线性关系。具体来说，CAPM认为资产的预期回报由以下三个因素决定：①无风险利率：代表投资者可以获得的无风险回报，通常用国债收益率来表示；②市场组合的回报：代表市场整体的表现，通常用股票市场指数的回报来表示；③资产相对于市场的风险（β值）衡量了资产相对于整个市场组合的波动性。

CAPM通过将资产的预期回报与上述三个因素联系起来，提供了一个简单而强大的框架来评估资产定价和投资组合构建。它被广泛用于金融领域，尤其是在资产定价、风险管理和投资组合管理方面。然而，CAPM也受到了一些批评，包括对其基础假设的质疑以及在实际市场中的一些偏差。一些学者提出了改进的模型，如三因子模型和五因子模型，以更准确地解释资产回报的变化。尽管如此，CAPM仍然是理解资产定价和投资组合管理的重要理论基础之一。

CAPM虽然没有直接考虑ESG因素，但可以通过对资产定价模型进行扩展，将ESG因素纳入风险调整后的预期回报计算中。这种做法有助于投资者更准确地评估ESG因素对资产定价的影响，并在投资组合构建中考虑ESG因素，从而实现更为全面的风险管理和长期价值的追求。ESG因素与投资绩效之间存在一定的关联，良好的环境、社会和公司治理实践可以降低企业的经营风险，提高其长期竞争力，从而可能对资产的预期回报产生积极影响。同时，不良的环境记录或不良的公司治理可能增加企业的风险，从而影响资产的预期回报。

2.1.3 ESG对套利定价理论的拓展

套利定价理论（Arbitrage Pricing Theory，APT）是CAPM的拓宽，与

CAPM 一样都是均衡状态下的模型，不同的是 APT 的基础是多因素模型，其假设资产价格的波动是由多种因素共同决定的，如经济因素、市场因素等。根据 APT，资产的价格应该反映这些因素的影响，而投资者可以通过寻找未被市场有效定价的机会来实现套利收益。

ESG 因素可以被视为一个重要的因子，影响企业的预期回报。这意味着投资者可以将 ESG 因素纳入 APT 模型中，以更全面地评估资产回报和风险。套利定价理论提供了一个框架，可以帮助投资者更全面地评估 ESG 因素对资产回报的影响，并寻找套利机会。通过将 ESG 因素纳入 APT 模型中，投资者可以更好地管理风险和追求长期价值，实现可持续的投资目标。

APT 由 Ross（1976）提出，它基于三个基本假设：因素模型能描述证券收益；市场上有足够的证券来分散风险；完善的证券市场不允许任何套利机会存在。APT 认为，套利行为是现代有效率市场形成的一个决定因素。如果市场未达到均衡状态，市场上就会存在无风险套利机会。资产的预期回报可以通过多个因素的组合来解释，而不仅仅是市场风险因子。根据 APT，资产的预期回报可以通过以下公式进行描述：

$$R=R_f+\beta_1F_1+\beta_2F_2+\cdots+\beta_nF_n+\varepsilon \tag{2-1}$$

其中，R 是资产的预期回报，R_f 是无风险利率，F_1，F_2，…，F_n 是影响资产回报的因子，β_1，β_2，…，β_n 是对应的因子载荷，ε 是随机误差项。

APT 认为，资产的预期回报受到多个因子的影响，这些因子可以是宏观经济变量、行业特征、公司财务指标等。不同资产可能对这些因子的敏感性（即因子载荷）不同，从而导致其预期回报的差异。与 CAPM 不同，APT 并不依赖于市场均衡的假设，也不需要假设投资者的风险厌恶程度。APT 更加灵活，适用于不同市场和资产类型。套利定价理论的核心思想是，如果存在一种投资组合，它的预期回报高于其风险所应得到的回报，那么投资者可以通过套利操作获得超额收益。套利定价理论认为，在市场没有形成有效价格时，套利机会会吸引投资者进行交易，从而推动资产价格向均衡水平调整。

当投资者将 ESG 因素纳入 APT 模型时，投资者可以从专业的 ESG 评级机构、公司报告以及其他可靠的数据源获取与ESG因素相关的数据，接着利用统计和量化方法对这些数据进行分析，以识别ESG因素与资产回报和风险之间的关系。基于对ESG数据的分析，投资者可以确定与资产回报和风险相关的关键ESG因子。这些因子涵盖环境因素（如碳排放、资源利用）、社会因素（如劳工关系、社区影响）以及公司治理因素（如董事会结构、透明度）。然后，投资者可以将这些ESG因子作为APT模型的因子之一，构建一个更全面的资产定价模型。这种方法不仅有助于投资者更好地理解ESG因素对投资表现的影响，还能够帮助他们制定更有效的投资策略，实现长期的投资目标。

2.1.4 ESG对多因子模型理论的拓展

多因子模型是指一类基于多个因子来解释资产回报的模型，这些因子可以是市场因素、公司规模、价值因子、动量因子等。多因子模型可以帮助投资者更全面地理解资产回报的来源，并优化投资组合。

多因子模型理论是资产定价理论的一种扩展，它认为资产的预期收益可以由多个因子来解释。最经典的多因子模型之一是Fama and French（1993）提出的三因子模型，它包括市场风险、市值因子和账面市值比因子。根据这个模型，资产的预期收益不仅取决于整体市场的风险（β因子），还受到与市值和账面市值比相关的因子的影响。除了Fama-French三因子模型外，还有其他一些流行的多因子模型，如Carhart四因子模型和Barra多因子模型等。这些模型通过引入不同的因子，试图更准确地解释资产的预期收益，从而帮助投资者进行风险管理和资产配置。多因子模型理论的核心思想是，资产的预期收益不仅受到市场整体风险的影响，还受到其他特定因子的影响。通过识别和利用这些因子，投资者可以更好地理解资产价格的形成机制，提高投资组合的效率和风险调整后的回报。

多因子模型理论可以为ESG投资提供一种可行的评价框架。具体而言，ESG因子可以被视为多因子模型中的一个或多个因子。例如，环境因素可以被视为一个单独的因子，社会因素可以被视为第二个单独的因子，公司治理因素可以被视为第三个单独因子。通过将这些因子与其他因子（如市场风险、市值因子等）结合起来，可以构建一个综合的多因子模型，用于评估资产的预期收益。利用多因子模型理论进行 ESG 投资可以帮助投资者更好地理解 ESG 因子对特定资产价格形成的影响，同时也有助于投资者更好地评估资产的风险和回报。例如，在 Fama-French 三因子模型中，市值因子可以用来衡量公司规模，而账面市值比因子可以用来衡量公司的盈利能力和价值（包括公司治理因素）。因此，投资者可以使用这些因子来评估 ESG 因素对资产价格的影响，并根据这些因子的权重来优化投资组合，以获得更好的风险调整后的回报。

2.2 投资动机

在现代金融市场中，投资者不再局限于利润最大化的单一目标。随着 ESG 标准日益受到重视，投资者的动机开始包含更广泛的责任和长期可持续性。他们希望通过其资本配置不仅要推动经济发展，还要解决气候变化、社会不平等和治理不善等全球性问题。本小节将深入探究驱动投资者进行 ESG 投资的多维动机，包括社会责任、可持续发展、规避风险以及经济利益等方面。

2.2.1 社会责任动机

当前全球面临诸多环境和社会挑战的背景下，投资者越来越认识到金融资本的力量可以在促进可持续发展方面发挥关键作用。ESG 投资的社会责任动机不仅有道德和伦理上的考量，而且与投资者自身价值观和长远利益紧密相连。

从道德和伦理承诺方面来说，投资者认为，作为社会成员，特别是在拥有资本资源的情况下，他们有责任确保其投资不仅仅追求经济上的回报，同时也要在社会和环境层面产生积极影响。这些投资者将 ESG 投资视为一种实践道德和伦理标准的方式，利用资金支持那些在环境保护、社会正义和良好治理方面表现出色的企业。

当投资者具有践行社会责任的责任感与价值观时，通过投资活动支持那些在环境保护、社会公正和治理透明度方面表现优异的企业会成为其实现个人理想和社会责任的途径之一。这些投资者相信，长期而言，一个健康的环境和公正的社会将为所有人带来更好的生活品质和更稳定的发展环境。因此，他们选择将资金投向那些能够产生积极社会影响的企业，以推动整个社会向着更加可持续的方向发展。

同时，投资者通过 ESG 投资实施尽责管理，积极参与企业的决策过程，这也是投资者贯彻自身 ESG 理念的表现。在履行积极所有权的过程中，投资者能够践行自身价值观，这就成了投资者进行 ESG 投资的社会责任动机。例如，投资者可能会要求企业采取减少温室气体排放的措施、提高供应链的透明度、改善工作条件或增强多样性和包容性。通过这种积极的所有权实践，投资者不仅展示了其对 ESG 原则的承诺，也帮助企业建立起更强的社会信誉和更好的长期业务前景。

2.2.2 可持续发展动机

联合国认为，可持续发展是既满足当代人的需求，又不损害后代人利益的发展。2015 年，联合国 193 个成员国通过可持续发展目标（SDGs），旨在到 2030 年实现可持续、多样化和包容性的社会。可持续发展目标同时兼顾消除贫困、社会发展和环境发展三个维度，并为此设定了促进经济增长、教育、卫生、就业机会、气候变化和环境保护等领域的 17 项目标和 169 项具体指标。联合国呼吁全球所有的发达国家、中等收入国家和贫困国家、地方政府、企业、社会组织和公民一起行动起来，实现可持续发展目标，在促进经济繁荣的同时保护地球。

随着全球气候变化和社会不平等问题的加剧，越来越多的投资者认识到短期利益与长期生存发展之间的张力。对于投资者来说，他们受可持续发展动机的驱使，更青睐在环境、社会和公司治理方面表现更好的公司，因为这些公司往往具有较高的可持续性。投资者会更偏好 ESG 表现好的公司的投资组合产品，例如，他们不太可能在业绩不佳或出现负面新闻后卖出这些股票。拥有投资者的选择和支持，ESG 表现较好的企业将不仅仅追求短期利益，而是更加关注长期可持续性和整体绩效。这些企业在环境保护、社会责任和良好治理方面做出了实质性的改变和创新，最终投资者将基于可持续发展动机，对这些企业进行投资，促成 ESG 投资。

ESG 倡导企业在环境、社会和治理等多维度均衡发展，是可持续发展理念在企业界的具象投影。ESG 投资将环境、社会和治理因素纳入投资决策，并在财务分析的基础上综合考虑 ESG 相关的风险和机遇，有利于推动企业的环境、社会和治理变革，进一步助力实现可持续发展目标。在环境保护方面，ESG 投资着重考虑环境因素，例如气候变化、资源利用和污染排放等。通过投资支持环境友好型企业，可以减少对自然资源的消耗、减少碳排放和其他环境污染，促进生态平衡，并为未来的可持续发展创造更好的环境条件。在社会责任方面，ESG 投资强调社会因素，关注企业与员工、社区和利益相关者的关系。通过投资符合社会责任标准的企业，可以改善员工福利、推动社会公正和包容，促进社会稳定和人类福祉的提升。在治理规范方面，ESG 投资注重企业治理的规范性和透明度。良好的治理结构和实践有助于防止腐败、维护股东权益、确保信息披露的准确性。通过投资符合良好治理标准的企业，可以提高公司的运营效率、降低操纵风险，并增加投资者对企业的信任。

可持续发展目标和 ESG 存在诸多联系。可持续发展目标和 ESG 都旨在推动经济、环境和社会的可持续发展。可持续发展目标是全球迈向可持续发展的阶段性目标，而 ESG 则是企业实现可持续发展目标的方法和路径。ESG 理念和框架充分纳入可持续发展目标的内容。更重要的是，基于可持续发展动机进行的 ESG 投资能推动企业的环境、社会和治理变革，有助于企业实现可持续发展目标。

2.2.3 规避风险动机

从市场投资的角度来看，如何规避投资风险是每个投资者都会关注的核心问题之一。ESG 除了可以辅助投资者开展投资决策、做投资回报的“加法”外，还可以帮助投资者做风险规避的“减法”。投资者通过采用 ESG 投资理念，选择 ESG 表现较好、评级较高的公司，这样能够有效规避投资风险。

对于企业出现的“爆雷”现象，不能将其看作偶发的“黑天鹅”事件，应该看到其实质上暴露了企业存在长期治理漏洞、社会责任缺失等严重问题，而很多问题难以从企业财务数据中找到，甚至财务数据本身就存在造假与欺诈，因此就有必要从非财务信息的角度来评估企业风险。ESG 通过对企业打分并进行公开披露，可以满足投资者避险的需要。例如，在 ESG 框架中涉及的公司治理方面，通过将公司组织架构、内部利益矛盾、是否存在财务欺诈、高管个人道德和贪污腐败等因素纳入投资考量范围，可以有效排查公司风险事件，剔除存在问题的公司。

ESG 投资考虑了企业在环境、社会和公司治理方面的表现，这使得投资者能够更全面地评估企业的长期可持续性和绩效。首先，环境因素考虑了企业在减少碳排放、资源利用、能源效率等方面的表现。这有助于企业规避与环境相关的风险，如气候变化、自然资源短缺和环境事故。其次，社会因素关注企业对员工、供应商、客户和社区的影响。良好的社会绩效有助于减少劳工纠纷、提高品牌声誉，并提升消费者忠诚度。最后，公司治理因素考虑了企业的决策过程、透明度、董事会结构等方面。强大的公司治理能力有助于预防内部腐败、管理风险，并确保投资者的权益得到保护。通过综合考虑这些因素，ESG 投资提供了更全面、更长期的视角，帮助投资者识别那些具备较低风险且可持续发展的企业。这有助于降低投资组合的风险水平，并提高长期回报能力。

此外，ESG 投资还有利于减少管理风险、市场风险和品牌声誉风险，这构成了投资者进行 ESG 投资的规避风险动机。首先，ESG 投资着重考虑企业的治理水平和实践，包括透明度、董事会结构、内部控制等方面。通过投资那些具备良好治理实践的企业，可以降低腐败、内部操纵和违规行为等风险。这有助于提高企业运营效率，降低不良资产和法律诉讼的风险，从而减少投资组合的潜在损失，降低管理风险。其次，ESG 投资关注环境和社会因素，如气候变化、资源利用和社会抗议等。这些因素可能对企业的经营和市场前景产生重大影响。通过选择对关注环境和社会风险的企业进行投资，可以减少因环境灾害、政策变化或社会压力引起的市场风险。这有助于提高投资组合的稳定性，降低投资者所面临的系统性风险。最后，ESG 投资强调企业的社会责任和可持续经营。通过投资那些积极履行社会责任、具备良好声誉的企业，可以减少品牌和声誉风险。这有助于维护企业的声誉和品牌形象，减少潜在的消费者抵制、投诉和负面报道带来的损害，保持企业的竞争力和市场地位。

2.2.4 经济利益动机

需要指出的是，经济利益是投资的重要动机之一。ESG 投资的目标是为长期投资者创造可持续、稳定的回报。社会责任投资基金也要关注其股票业绩，但 ESG 责任投资者相较于共同基金或对冲基金，更关注长期收益。由于金融机构往往更加关注公司短期业绩，容易忽视可能带来金融风险或影响投资收益的因素，ESG 责任投资者希望通过对这些因素进行有效识别，并将相关信息纳入估值模型，从而挑选具有真正长期收益的公司股票。通过关注环境、社会和治理因素，ESG 投资有助于降低投资组合的风险，并在长期内提供更好的回报。这种长期可持续的经济利益符合投资者的长远利益追求，也就构成了投资者进行 ESG 投资的经济利益动机。

据全球可持续投资联盟的报告显示，2022 年全球 ESG 投资管理的市场规模为 30.3 万亿美元，除了美国市场以外，自 2020 年起，其他国家和地区的 ESG 投资管理规模增长 20%。[㊀]ESG 正被纳入主流投资决策框架，以增加长期投资可持续性。全球多数的投资机构，特别是主要国家养老金的投资策略逐步向 ESG 投资倾斜，甚至部分机构投资决策 100% 以 ESG 为衡量标准。ESG 投资具有长期风险调整下改善投资回报率的效果，不仅用于排雷和风控，更

㊀ 资料来源：全球可持续投资联盟官网，详见 gsi-alliance.org/wp-content/uploads/2023/12/GSIA-Report-2022.pdf.

是长期投资的新标准，投资机构不断把 ESG 因素融入分析和投资的框架之中。ESG 投资可以理解为投资机构旨在通过将环境、社会和公司治理等非财务信息纳入投资决策，促使投资者和公司行为改变，减少社会的负外部性，同时增加长期投资的可持续性。

学界与业界就 ESG 对企业投资价值的影响进行了理论与实证研究，结果显示，ESG 对企业投资价值具有正向的影响。国内外很多学术研究发现，ESG 评价结果与公司财务绩效、投资业绩具有较强的关联性。Giese et al.（2019）指出，ESG 评分高的公司业绩通常受宏观经济影响比同行更小，而更强的应对系统性风险的能力可以为公司带来更低的融资成本，进而享受到更高的估值溢价。然而，对投资者来说，相关性并不等同于因果关系，很多投资者不清楚 ESG 的作用机制，很难做出投资决策。这也是很多机构投资者和个人投资者难以践行 ESG 投资的重要原因。

ESG 表现好有利于提升企业竞争力，从而带来更高回报。关于 ESG 盈利改善机制的研究可以追溯到 Gregory et al.（2014）的研究。相比同类企业，具有较高 ESG 水平的上市公司具有较好的竞争力。这种竞争力来自其对原材料、能源和人力资源的高效运用，以及较好的风险管理和公司治理能力。这种相对同业的竞争优势，使得上市公司本身具有较强的盈利能力进而产生较高的股利水平，最终使投资者获益。国际上很多研究表明，在境外市场上市公司中，ESG 高评分组相对于低评分组，具有相对较高的利润率以及股利水平。

ESG 表现好有利于提升企业抗击系统性风险能力，降低投资风险。对于系统风险传导机制，Eccles et al.（2014）研究认为具有良好 ESG 状况的公司不易受到系统性风险冲击的影响，因此展现出较低的风险。例如，在能源或商品方面使用效率高的公司比效率低的公司更不容易受到能源或商品价格变化的影响，因此其股价受相关系统性市场风险的影响较小。

ESG 表现好有利于提升企业经营风险管控能力，降低尾部风险。ESG 对企业自身经营管理风险的传导机制，诸多研究对其经济学原理进行了解释，如 Godfrey et al.（2009）、Jo and Na（2012）、Oikonomou et al.（2012）。传导机制的原理可以总结为：①具有较强 ESG 特征的公司通常在公司管理和供应链管理中具有高于平均水平的风险控制能力与合规标准；②拥有更高的风险控制能力，ESG 高评级的公司遭受欺诈、贪污、腐败或诉讼案件等负面事件的影响会更小，这些负面事件可能会严重影响公司的价值，进而影响公司的股价；③风险事件的减少最终降低了公司股价的尾部风险。

此外，越来越多的 ESG 策略与产品也有助于提升投资回报。在 ESG 投资策略方面，投资者逐渐从被动排除罪恶企业，转变为积极选择符合 ESG 标准的公司，如选择保护环境、产品安全、劳动力多元化及治理良好的公司等。在 ESG 产品方面，市场开发出越来越多与 ESG 相关的指数、基金、ETF 等新产品。有了丰富的 ESG 投资策略与产品选择之后，投资者更加容易遵循 ESG 原则进行长期资产配置。

第 3 章　ESG 投资政策与原则

随着可持续发展议程的深化，ESG 投资不再是道德层面的自我标榜，而是转化为实打实的政策导向与市场准则。本章旨在描绘一幅全球 ESG 政策的宏图，解析其整体现状、未来趋势，特别是聚焦于欧盟、美国与中国这三大关键区域的政策经纬，剖析其进展与面临的挑战。本章为读者提供了一幅详尽的 ESG 投资政策导航图，不仅展示全球共识与地区特色，也深挖政策背后的逻辑与影响。

3.1　全球 ESG 投资政策整体现状和趋势

ESG 投资政策在引导和规范 ESG 投资行为方面发挥着重要作用，本节将对全球 ESG 投资政策的整体情况进行概括性描述，发掘 ESG 政策的基本趋势，以期能够从更全面的视角，展现全球 ESG 政策发展概况。

3.1.1　全球 ESG 投资政策整体现状

在全球化的今天，环境、社会和治理（ESG）已经成为全球投资的重要指标。自 2005 年负责任投资原则组织（UN PRI）成立开始，全球 ESG 投资政策逐渐完善，各国都认识到 ESG 投资的重要性，鼓励、引导企业进行 ESG 责任投资。欧洲、美国和亚洲等地的 ESG 政策法规都在不断发展和完善，呈现出各自的特点和趋势。在这个过程中，政府主管部门牵头，多机构协同推动 ESG 政策法规的制定和实施，以期实现可持续发展目标。本节将探讨全球 ESG 投资政策的发展现状、特点和趋势，以及政府主管部门在推动 ESG 政策法规方面的作用。

1. 全球 ESG 投资政策逐渐完善

2005 年初，联合国前秘书长科菲·安南牵头发起负责任投资原则（以下简称 PRI）及相关倡议，2006 年 PRI 在纽约证券交易所发布。PRI 将 Environmental（环境）、Social（社会）和 Governance（治理）相结合，旨在为全球投资者提供一个投资原则框架，鼓励签署方贯彻落实负责任投资六项原则：

原则 1：把 ESG 问题纳入投资分析和决策过程；
原则 2：成为积极所有者，将 ESG 问题纳入所有权政策和实践中；
原则 3：要求被投资实体对 ESG 问题进行合理披露；
原则 4：促进投资行业对负责任投资原则的接受和实施；
原则 5：共同努力增强负责任投资原则的实施效果；
原则 6：报告负责任投资原则的实施和进展情况。

整体来看，进入 21 世纪以来，尤其是负责任投资原则被确立以后，全球范围内 ESG 政策法规都趋于完善，各国都认识到 ESG 投资的重要性，鼓励、引导企业进行 ESG 责任投资。

欧洲因国家数量多且以发达经济体为主，在负责任投资政策数量方面先于其他地区，且增速长期保持稳定，而 2020 年出现较大增幅，这在很大程度上要归功于欧洲绿色新政关联的诸多法规的生效，如《可持续经济活动分类方案》《可持续金融披露规定》等。

美国以市场主导和企业自治为主要立法模式，以“软法”治理为主，联邦政府与州政府对于 ESG 立法态度呈二元对立态势。联邦政府和大部分的州政府倾向于推动有关环境、工作场所安全以及职场歧视和骚扰、最低工资、环境污染和劳动保护等ESG相关领域的立法，全面提倡绿色金融和零碳政策，将ESG理念嵌入公共部门和私营机构的投资决策，严格落实相关市场主体的信息披露义务，不断建立健全自身的ESG规则体系。

亚洲ESG政策法规则在过去五年中增加趋势显著。随着中国“十四五”规划的环境提案以及五部委联合发布的《关于促进应对气候变化投融资的指导意见》形成法规，日本绿色增长战略、转型金融准备情况工作组以及可持续金融专家组等组织逐步成立生效，东盟国家逐步形成发展可持续金融的集体共识和竞合格局，亚洲在ESG制度建设方面的表现有望取得新的突破。

2. 政府主管部门牵头，多机构协同推动ESG政策法规出台

环境、社会与治理三大议题不仅涉及实体企业与金融体系的发展，还有广泛的外部影响，与本国可持续发展目标密切相关。因此，ESG政策法规的制定呈现如下特点。

第一，ESG政策法规制定主体呈现跨行业、跨领域的特点，推动ESG投资的发展需要多部门合作。ESG政策法规的制定机构主要包括法律制定机构、政府主管部门、金融监管机构、中央银行、行业机构等。尽管各国公共治理体制不同，但法律制定机构一般是指议会、人民代表大会等国家法律制定机构，金融监管机构特指证券监督管理局、金融管理局等。例如，欧盟委员会通过了欧洲可持续发展报告标准（European Sustainability Reporting Standards，ESRS）授权法案，这是一项旨在统一和提高公司可持续性报告质量的法规。此外，欧盟还通过了一系列ESG新规，以引导ESG投资规则从参差不齐转向统一可靠。这些举措不仅涉及金融监管机构，还包括法律制定机构、政府主管部门等多个部门，它们共同推动ESG投资的发展。

第二，ESG政策法规制定呈现出与本国法治体制和公共管理模式深度结合的特征，政策侧重点根据国情有所差异。法律体系比较完备的国家，相对于出台引导性政策，更倾向于针对ESG的部分议题或全部议题制定详细的法律标准。对解决环境问题比较迫切的国家，由法律制定机构和环境部门牵头制

定相关政策。在规范公司治理方面需求更为突出的国家，则由财政部门、公司事务管理部门、金融或证券机构部门主导来提升公司治理水平。例如，中国的ESG监管框架将绿色金融和普惠金融囊括进来，出台了一系列政策引导，如推动商业银行、公募基金等金融机构开发绿色贷款、绿色债券和绿色基金等产品。这些政策旨在促进环境保护和可持续发展，体现了中国的政策侧重点。

3.1.2 全球ESG投资政策基本趋势

2023年全球ESG投资政策和市场更加规范，随着ESG投资实践增多，政策制定部门看到了出现的问题，解决方式也有了新的发展，各国政府更加了解本国ESG投资特性，倾向出台更具有引导性或强制性的适合本国国情的ESG投资政策。

ESG投资政策最早可追溯到为规范企业生产造成的环境污染、气候变化相关政策，后来各国开始对上市公司的公司治理、ESG信息披露做出进一步规范，全球ESG投资政策呈现出聚焦化的特点，倾向于从根本上优化ESG投资。未来，全球ESG整体投资政策将伴随相关领域的政策有序出台，实现“1+1>2”的目标。

ESG监管法规的完善和引导在ESG投资的发展过程中扮演着十分重要的角色。ESG监管发展脉络呈现特征：联合国引领，因地制宜、殊途同归。[㊀]

2006年，UN PRI发布的责任投资原则（PRI）将社会责任、公司治理与环境保护相结合，首次提出ESG理念和评价体系，这推动了ESG投资在全球的迅速发展。联合国的PRI为后续各国制定相关政策提供了框架和方向。欧盟长期以来在ESG政策体系领域一直属于先行者，其自上而下建立起了一套较为完善及统一的ESG监管体系。在中国，ESG实践的发展呈现出“自上而下”的特点，监管部门要求企业进行ESG实践，政策在促进ESG发展中起到了重要的作用。中国的“双碳”目标与ESG高度契合，这进一步推动了ESG

㊀ 资料来源：ESG投资系列（5）：ESG监管：因地制宜、殊途同归，详见 https://research.cicc.com/frontend/recommend/detail?id=2326.

在中国市场的发展。在“双碳”目标的驱动下，ESG 实践在中国得到了极大的发展。沪深北交易所结合国情和上市公司实际情况，已正式发布相应的《上市公司可持续发展报告指引》，并于 2024 年 5 月 1 日起实施。综上，联合国在 ESG 监管发展脉络中的引领作用体现在其提出的 ESG 评价体系被全球范围内的国家和地区所采纳，并根据各自的实际情况进行了本地化的调整和发展。这一过程不仅体现了全球共识的形成，也展示了不同国家和地区在实现可持续发展目标方面的努力和进步。

联合国持续推动全球 ESG 监管发展，ESG 国际组织和交易所进一步完善 ESG 披露标准。全球主要成熟市场 ESG 监管政策的发展路径虽有差异，但均从信息披露、资金引导方面推动 ESG 监管。从趋势看，国际权威 ESG 标准或框架制定者正不断开展紧密合作。未来，全球可持续标准将持续走向整合，以实现全球重要 ESG 标准的一致性。

3.2 国际 ESG 投资政策动态

本节将系统梳理国际 ESG 投资政策动态。通过探讨欧盟、美国等不同国家与地区的 ESG 投资政策，我们不仅能够洞察到各市场的特色和 ESG 投资前进轨迹，还可以理解各国如何通过政策框架应对全球化的挑战并促进经济的绿色转型。

3.2.1 欧盟 ESG 投资政策基本趋势

作为积极响应联合国可持续发展目标和负责任投资原则的区域性组织，欧盟较早地在政策和立法层面推动将 ESG 理念转为实践。2014 年 10 月，欧盟颁布《非财务报告指令》，首次正式将 ESG 三要素系统地纳入法规条例，针对企业明确提出一系列 ESG 治理约束。自 2016 年，欧盟开始注重金融在可持续发展中的重要影响，制定并出台各类 ESG 政策法规及战略规划以推动可持续金融发展（见表 3–1）。欧盟最早表明了支持态度和付诸行动，更在近五年来密集推进了一系列与ESG相关条例法规的修订工作，从制度保障上加速了ESG投资在欧洲资本市场的成熟。

表3-1 欧盟ESG投资政策表

时间	文件	主要内容
2007	《股东权指令》	强调了良好的公司治理和有效的代理投票的重要性
2014	《非财务报告指令》	首次将ESG列入法律条例的法律文件。指令遵循“不遵守就解释”的原则，规定雇员超过500人的大型企业对非财务信息内容进行披露并要求覆盖ESG议题，且对环境议题的具体要求与SDGS中多项目标有较高重合度
2016	《职业退休服务机构的活动及监管》	提出在对IORP活动的风险进行评估时应考虑到气候变化、资源和环境有关的风险。本政策强调对于环境和气候因素的关注
2017	《股东权指令》修改	实现了ESG三项议题的全覆盖，改变了2007年仅对公司治理的侧重。此外，规定资产管理公司需要参与被投资公司，包括制定高管薪酬政策的一系列事务，需要公开披露具体参与政策，资产管理公司需要对被投资公司的非财务业绩进行考量
2018	《可持续发展融资行动计划》	将资本引向更具可持续性的经济活动，建议为可持续性的经济活动建立一个欧盟分类体系，将未来的欧盟可持续性分类方案纳入欧盟法律
2019	《可持续金融信息披露条例》	聚焦金融服务业，以“不遵守就解释”要求市场参与主体、服务和产品进行相关的ESG信息披露。根据产品对气候和社会的影响将其分为深绿色、浅绿色和不可持续三类
2019	《欧洲绿色新政》	提出了到2050年欧盟实现“碳中和”的宏大目标，并公布了实现这一目标的行动路线图和政策框架
2019	《可持续金融分类方案》	明确了欧洲地区在实现可持续发展目标下经济活动必须符合的标准。它提供了一个有效的分类清单，包含了关于67项经济活动的技术筛选标准，用于识别和构建促进实现六项环境目标的绿色经济活动
2020	《欧盟分类法》	对“绿色”概念做出了基本定义；列出六大环境目标，明确了三种有助于实现上述环境目标的经济活动；提出了可持续的经济活动必须满足的三个标准

（续）

时间	文件	主要内容
2021	《〈企业可持续发展报告指令〉征求意见稿》	拟取代 NFRD，将可持续发展报告的披露主体扩大到欧盟的所有大型企业和上市公司，中小企业拥有三年的过渡期。强制企业必须按照统一标准进行报告，要使报告信息数字化、可机读，并要求对可持续发展报告进行认证
2021	《欧盟分类气候授权法案》	对分类法案进行补充，将特定的核能和天然气活动纳入欧盟分类法
2023	《企业可持续发展报告指令》（CSRD）	欧盟所有的大型企业和上市公司必须定期披露完整的可持续发展报告，在可持续发展报告中披露必要的环境、社会和治理议题

注：资料来源于作者整理。

值得注意的是，2021 年 6 月 30 日通过的《欧洲气候法》规定，关于碳排放，2030 年减排至少 55%，到 2050 年实现净零排放。《欧洲气候法》还要求欧盟委员会在 2024 年提出 2040 年的气候目标。

2023 年 10 月，欧盟新任气候专员 Wopke Hoekstra 带着“在 2040 年将温室气体排放削减 90%”的承诺而来。虽然承诺目前并未形成法律约束力，但欧洲委员会在 7 月的意见中主张将 2040 年减排目标定在 90%~95%。欧盟委员会在 2024 年一季度正式提出了 2040 年气候目标计划（减排 90%），并交由各成员国和欧洲议会批准。

1. 关注气候变化，积极投入环境保护

欧盟率先提出了地区“碳中和”目标和“气候中和”目标，以应对全球气候变化为基本主轴和方向，确定了以应对全球气候变化为引领、以实现能源低碳绿色转型为目标、以大力发展氢能为关键战略内容。

（1）积极应对环境污染与气候变化

欧盟关注到环境污染与气候变化的影响，是相关政策法规制定的先行者。凭借十多年来相关组织的持续跟进、创新，欧盟环境治理政策现阶段发展卓有成效。自 2019 年欧盟提出《欧洲绿色新政》（European Green Deal，以下简称

《绿色新政》)，欧洲的环境与气候变化应对政策全部归入“实现可持续发展目标”的建设。

欧盟在制定环境与气候政策时，始终坚持遵循预警、防范及优先整治污染源头，以及污染者付费这三个原则。

1）预警原则指为了保护环境，欧盟在遇到严重或不可逆转的损害威胁时，可以在“缺乏充分确实的科学证据的情况下，采取措施防止环境恶化”。1995 年美国的转基因产品投入市场后，欧盟认为其损害人体健康、破坏生物多样性，制定了一系列更加严格的转基因产品控制法规。

2）防范及优先整治污染源头原则，核心是环境保护措施应该从避免环境污染入手，治理环境污染应该从源头抓起。依据此原则，2019 年欧盟通过了《关于减少某些塑料制品对环境影响的第 2019/904 号指令》，该指令要求各成员国应采取扩大销售者责任、禁止某些一次性塑料产品的销售、对部分一次性塑料制品设置环保标签、制定回收目标和加强宣传与教育等多种手段的组合，持续性地减少对某些一次性塑料制品的消费；2020 年，在欧盟发布的《循环经济行动计划》（2.0）文件中，要求优先在包装、汽车和建筑材料中设置对塑料使用的减量目标和回收计划。

3）污染者付费原则指环境污染行为或后果的实施者应当承担污染防治、治理及纠正的相关费用，使环境污染成本内部化。这一原则体现了欧盟运用经济手段实现环境保护的政策。近年来欧盟实施的环境税、排污权交易、废旧电器指令均体现了这一原则。

（2）能源低碳绿色转型，不断优化能源战略和政策

目前，在世界范围内，可再生能源已经成为能源发展的核心领域，正在逐步替代传统化石能源的主导地位，而且考虑到环保和经济优势，预计其地位将持续上升。在能源转型领域，欧盟可谓雄心勃勃，制定了一系列战略和政策，要在可再生能源发展领域成为世界的领先者。

2010 年，欧盟公布了《能源 2020 计划》，计划在未来 10 年用 1 万亿欧元建设欧盟国家的能源基础设施，并且设定了未来 10 年能源政策的优先目标。

2011 年，在欧盟发布的《2050 能源路线图》中，提出了大力发展可再生能源等四种路径来实现温室气体减排目标。2013 年，欧盟制定了《2050 年能源技术路线图》，继续突出可再生能源在能源发展和供应中的主体地位。2014 年 1 月，在欧盟《气候和能源 2030 政策框架》中，制定了 2030 年可再生能源占比至少达到 27% 的目标。2019 年 12 月，在《欧洲绿色协议》中，提出通过利用清洁能源等措施实现经济可持续发展的目标，推动经济和社会转型，实现能源向可再生能源转型。2021 年，欧盟提出了“能源系统融合”目标，明确未来新型低碳能源系统的特征是循环高效、高电气化率和燃料低碳化。2022 年 3 月，欧盟推出了“REPowerEU”计划，提出在 2030 年前，逐步摆脱对俄罗斯化石燃料的依赖，大力加速清洁能源转型，提高能源独立性。

作为世界上最大的经济体之一，欧盟将持续大力推动能源绿色低碳转型，推进国际能源合作，分享技术和经验，完善全球能源治理。欧盟将以保障能源安全为核心，通过加速能源转型等手段，提高能源系统的抗风险能力，加快经济和社会发展的绿色低碳转型。

（3）大力发展氢能，节能提效

欧盟明确了氢能的发展方向是可再生能源制氢，也就是所谓的“绿氢”，即主要利用风能和太阳能等可再生能源制氢是战略核心。

目前，法国、德国、荷兰、挪威、葡萄牙、西班牙和意大利等欧盟成员国都已经将氢能战略纳入绿色经济复苏计划，而奥地利、爱沙尼亚、卢森堡、波兰和斯洛伐克等国也加紧制定氢能发展战略。

为进一步支持氢能产业发展，助推可再生能源和绿色经济转型，欧盟将通过充分挖掘自身市场潜力，为可再生能源制氢产业保持全球领先优势提供更好的政策和市场环境，推动欧洲企业在全球氢能市场中发挥主导作用。

2020 年 7 月，欧盟发布了《欧洲气候中性的氢能战略》，制定了长期发展氢能的战略蓝图，成为实现《欧洲绿色协议》和欧洲清洁能源转型的重点措施。

上述氢能战略，预计总投资达到 4500 亿欧元，是欧盟未来 30 年在氢能领域的全面投资计划，包括制氢、储氢、运氢和用氢等各个环节的全产业链投资计划。

2023 年 3 月，欧盟委员会发布了欧洲氢能银行计划，欧洲氢能银行正式成立，目的在于为氢能产业发展提供融资服务，助力欧盟氢能产业快速发展。

目前，欧盟在清洁氢能发展方面已经制定了三个阶段性目标：在 2020—2024 年期间，将安装至少 6 吉瓦的可再生能源制氢的电解槽，可再生能源制氢能力达到 100 万吨 / 年；在 2025—2030 年期间，将安装至少 40 吉瓦的可再生能源制氢的电解槽，可再生能源制氢能力达到 1000 万吨 / 年；在 2030—2050 年期间，可再生能源制氢技术基本成熟，通过大规模部署，氢能应用场景覆盖到所有难以脱碳的产业领域。

提高能源效率是能源领域永恒的主题之一，长期以来一直是全球能源发展的最优先议题，无论何时都是能源发展战略的重点内容。在历史上，欧盟不断推出能效提升计划。2007 年，欧盟理事会确立了《中期能源与气候变化目标》，提出了 2020 年能源利用效率提高 20% 的目标。2014 年 1 月，在《2030 气候和能源框架》中，欧盟提出了 2030 年能源利用效率至少提高 27% 的目标。2019 年 12 月，在《欧洲绿色协议》中，欧盟提出通过多种措施提高资源利用效率。

从现实情况来看，欧洲在能源效率领域一直走在世界的前沿，长期处于全球领先地位，备受世界各国普遍赞赏。但是，欧洲在节能提效方面并没有满足于现状，更没有止步不前，而是持续推进和实施节能提效的战略方向，信奉“没有最好只有更好”这一重要理念。

2. 促进社会平等

在促进就业、改善雇员工作生活条件、提供充分的社会保护并消除歧视等社会问题的改善中，欧盟通过制定统一的原则及规定，为各成员国提供社会议题治理的政策框架和支持。这些政策一般是成员国自身的权限和责任，但随着欧盟各成员国的不断融合，区域性协同的重要性更为凸显，欧盟也加强了这方面政策法规的制定与监管工作。

在反歧视与平等方面，2000年6月，欧盟理事会发布第2000/43/EC号指令，施行对不同种族与族裔的平等待遇原则，也称“种族指令”。同年11月，欧盟理事会又颁布了第2000/78/EC号指令，制定了就业和职业平等待遇的总框架。2007年12月欧盟正式签署《里斯本条约》(Treaty of Lisbon)，[㊀]反歧视政策被包含在欧盟的监管范围内，并被纳入欧盟的所有政策和行动（TFEU第10条）。该法案覆盖了性别、种族或族裔血统、宗教或信仰、残疾、年龄或性取向的歧视。2017年11月，欧盟建立了“欧洲社会权利支柱”，强化了欧盟在推动社会发展中的责任。欧洲社会权利支柱建立在20项主要原则之上，重点聚焦进入劳动力市场的机会均等、公平的工作条件及社会保护和包容三个方面。

欧盟也在不断深化倡导两性平等方面的工作。2004年12月欧盟理事会发布指令，要求企业在生产运营和服务中遵守男女平等待遇的原则。欧洲议会和理事会于2006年7月在就业和职业问题上要求落实男女机会平等和待遇平等原则。2010年7月，欧盟通过了适用于以自营职业身份从事活动的男女平等待遇原则。2012年，欧盟委员会推出了“欧洲女性董事会承诺公文”，呼吁欧洲上市公司自愿承诺到2015年将女性在董事会中的任职率提高至30%，到2020年提高至40%。[㊁]

2022年11月22日发布关于公司董事会性别平衡的指令，该指令旨在改善欧盟最大上市公司决策职位的性别平衡。2023年5月，欧盟加入《伊斯坦布尔公约》，这是消除暴力侵害妇女行为的又一个重要里程碑。欧盟将持续关注就业环境中的女性暴力迫害和性骚扰肇事者。

3. 公司治理与ESG信息披露规范

欧盟长期注重公司治理议题，循序渐进地推出了多项政策法规以强化企

㊀ 资料来源：欧洲议会官网，详见 https://www.europarl.europa.eu/factsheets/en/sheet/5/the-treaty-of-lisbon.

㊁ 资料来源：欧盟委员会官网，详见 https://ec.europa.eu/social/main.jsp?langId=en&catId=89&newsId=1720&furtherNews=yes.

业风险管理与信息披露工作。比较有代表性的法规之一是旨在提升企业信息透明度的《透明度指令》(Transparency Directive，2004/109/EC)。2004年，欧盟颁布该指令，要求在欧盟境内受市场交易管制的证券发行方通过定期发布信息，使上市公司的商业行为透明化。要求发布的具体信息包括年度及半年财务报告、拥有表决权的重大变化以及可能影响证券价格的临时内部信息。为了帮助上市公司更好地完成透明的信息披露工作，2005年，欧盟修订了《公司法指令》第4条、第7条，为公司加强风险管理和与关联方交易事件在年度报告里的披露标准提供指导。2013年，欧盟又对上述《透明度指令》进行了修订，以减轻小型发行方的合规负担，针对小型证券发行方取消了发布季度财务报告的要求，但同时强制要求公司披露其主要控股方的相关信息。

规范化的审计流程能够确保公司信息披露的准确性。2006年，欧盟发布了新的第8号公司法指令，即《关于年度财产和合并账户法定审计指令》，规范了公司的外部审计流程，包括审计师任命规则与建立审计委员会。2013年，欧盟针对此法案进行了修订，强化公司治理，如公司审慎报告、审计报告等需遵循“不遵守就解释”原则。

2017年欧盟在对《股东权利指令》(以下简称《指令》)的修订中对公司治理中融入ESG因素做出了明确规定。《指令》要求上市公司股东通过充分行使股东权影响公司在ESG方面的可持续发展；还要求资产管理公司应对外披露参与被投资公司的ESG议题与事项的具体方式、政策、结果与影响，从而反向促进上市公司股东在管理公司时进行ESG相关事项的考量。

为了抑制金融从业者过度冒险，确保金融市场稳定，欧盟于2013年颁布了《资本要求指令》(2013/36/EU)和《资本要求条例》(Regulation No 575/2013)，以规范银行和投资公司的公司治理及薪酬规则。

3.2.2　美国ESG投资政策基本趋势

与欧洲市场ESG“政策法规先行”的发展路径有所不同，美国的ESG投资落实方面体现出市场驱动的特点。联邦政府推出的ESG政策法规数量不多且主要侧重于市场的规范管理方面，反而是一些州政府（较为典型的如加利福尼亚州政府）为实现本地可持续发展在 ESG 政策法规引导方面较为积极。随着市场的发展，美国 ESG 投资政策法规日渐完善（见表 3–2）。

表 3–2　美国 ESG 投资政策表

年份	政策	主要内容
2010	《委员会关于气候变化相关信息披露的指导意见》	要求公司就环境议题从财务角度进行量化披露，公开遵守《环境法》的费用、与环保有关的重大资本支出等，开启了美国上市公司对气候变化等环境信息披露的新时代
2015	《第 185 号参议院法案》	要求美国两大退休基金停止对煤电的投资，向清洁、无污染能源过渡，以支持加州经济脱碳。董事会应建设性地与动力煤公司接洽，以确定公司是否正在转变业务模式适应清洁能源生产
2015	《解释公告 IB2015–01》	就 ESG 考量向社会公众表明支持立场，鼓励投资决策中的 ESG 整合
2016	《解释公告 IB2016–01》	强调 ESG 考量的受托者责任，要求其在投资政策声明中披露 ESG 信息
2018	《实操辅助公告 No.2018–01》	同样强调了 ESG 考量的受托者责任，要求其在投资政策声明中披露 ESG 信息
2018	《第 964 号参议院法案》	进一步提升对上述两大退休基金中气候变化风险的管控以及相关信息披露的强制性，同时将与气候相关的金融风险上升为“重大风险”级别。《法案》强制要求披露与气候相关的财务风险、应对措施及董事会的相关参与活动，以及与《巴黎协定》、加州气候政策目标的一致性等信息
2019	《ESG 报告指南 2.0》	将约束主体从此前的北欧和波罗的海公司扩展到所有在纳斯达克上市的公司和证券发行人，并主要从利益相关者、重要性考量、ESG 指标度量（ESG Metrics）等方面提供 ESG 报告编制的详细指引
2020	《2019 ESG 信息披露简化法案》	强制要求符合条件的证券发行者在向股东和监管机构提供的书面材料中，明确阐述：界定清晰的 ESG 指标，以及 ESG 指标和长期业务战略的联系
2022	《加强和规范服务投资者的气候相关披露》	要求所有在 SEC 注册的公司披露对其业务、运营结果、财务状况以及财报指标可能产生实质性影响的气候相关风险

注：资料来源于作者整理。

1. 联邦和州政府共同推动环境治理

美国的环境保护工作主要由联邦政府和州政府两级来完成，同时也有所辖自治市和县的参与。联邦政府的工作主要包括三个方面：一是颁布联邦环境保护法；二是以环保和产业政策影响市场的环保行为；三是通过发起与组织项目来促进环保目标的实现。州政府的工作则是负责联邦法规在各州的具体实施，同时州政府也保有将联邦法作为最低标准并制定更严格的州法律的权力。

美国联邦政府在20世纪70年代后相继制定或修订了一系列环保法案，法案涵盖内容越来越广，所涉污染物种类越来越多，标准越来越严格。美国先后推出了《清洁空气法案》《国家环境政策法案》《清洁水法案》《综合环境反应、赔偿与责任法案》等，并对其展开了多次修订。近年来，以气候变化为首的环境议题成为美国关注的一大重点，与之相关的政策法规增加了量化和强制性的要求。随着全球可持续发展浪潮的推进，美国环境治理除了继续沿用上述法案外，还出台了其他新的法规文件来强化环境治理。

2017年特朗普执政后，美国联邦政府在环境治理法规制定和推进方面有所延缓和停滞，对于全球已达成普遍共识的气候变化问题的态度出现了一些摇摆。2016年4月，美国签署《巴黎协定》。时隔一年后，2017年6月，美国宣布将退出《巴黎协定》。2020年11月，美国正式退出《巴黎协定》。在此期间，美国联邦政府并未针对《巴黎协定》中预计达成的目标制定实质性的战略方案。

2021年1月，美国宣布正式重新加入《巴黎协定》，并签署了新的针对气候变化和环境保护领域推行全面的战略实施方案和政策法规，将气候变化确立为“美国外交政策和国家安全的基本要素”。

虽然特朗普在位时，美国政府撤销了多项环境和气候政策，但美国低碳发展的整体方向并未发生根本改变，公司、行业、州政府秉持着低碳发展的理念，形成了“自下而上”的低碳发展模式。美国能源部宣布了一系列的低碳与零碳能源技术资助计划，并且制定了《恢复美国的核能源领导地位战略》，旨在推动核能技术发展与出口，与此同时，美国能源部还对碳捕集、利用和封存技术研发项目进行资助。

地方政府层面，一些州政府积极推行气候政策的制定与实施。加利福尼亚州在气候变化与环境保护议题上一直表现得非常积极。因为加利福尼亚州可能面临气候变化带来的灾难性后果：假设升温趋势以目前的速度持续下去，到21世纪末对该州饮用水供应至关重要的塞拉雪堆的供水量将会下降50%~90%，这将严重影响州内居民的生存环境。

时间追溯到2006年，加利福尼亚州州长阿诺·施瓦辛格签署了《全球变暖解决方案法案》（又名《第32号议会法案》）。该法案对全州范围内的温室气体排放量设定了绝对限制，具有里程碑意义。2016年，加利福尼亚州又通过了《第32号参议院法案》，进一步加强了对温室气体排放的限制，要求2030年的温室气体排放量相较1990年减少40%。2018年9月，在美国即将退出《巴黎协定》的情况下，加利福尼亚州州长杰里·布朗签署了《第100号参议院法案》和《行政令B-55-18》[㊀]，要求该州在2045年前实现100%可再生能源发电并达到碳中和。

从21世纪初开始，加利福尼亚州的碳排放量整体呈下降趋势，GDP较2000年增长了近60%。作为全美GDP最高的州，加利福尼亚州通过持续的政策引导和行动向世界展示了如何实施强有力的气候政策并保持稳定的经济增长。

2. 推动社会治理，促进社会平等

20世纪30年开始，美国逐步走上了福利国家的道路，社会福利和救助体系不断完善。

美国的社会保障制度在经历经济大萧条后更加完善。1935年，美国颁布了《社会保障法》，为失业者和老年人提供了救济金和养老金，社会保障逐渐走向法制化和社会化的发展途径。

㊀ 资料来源：《中美能源效率和空气质量战略：建筑、交通和工业的最佳实践回顾》，详见https://ccci.berkeley.edu/sites/default/files/Energy%20Efficiency%20and%20Air%20Quality%20Report_Final%206-29-21_Mandarin%20Translated.pdf.

20 世纪 60 年代，为促进经济繁荣发展、消除族群不平等，美国约翰逊总统推行“伟大社会计划”并进行了大规模的联邦反贫困立法。约翰逊总统建立了联邦医疗保险（Medicare）、医疗补助计划（Medicaid）和食品券（Food Stamps）等制度，公共救助的覆盖面有所扩大，求助的程度都有所提高。此外，美国政府还通过提高穷人的技能水平并增加工作机会来降低贫困率，让 20 世纪初严重的贫富差距问题得到了相当程度的缓解。

20 世纪 80 年代，美国以新自由主义的理念和方式对社会政策进行了重新定位：确立了金融资本对工业资本的支配地位，通过不断减少政府干预，瓦解有组织的劳工力量，实现收入分配由劳动向资本倾斜。

20 世纪 90 年代，克林顿施行以支持开放市场和自由贸易为前提的“第三条道路”福利改革，继续坚持社会保障私有化，用促进就业代替公共救助，对扶贫减贫政策进行了迅速缩减以避免陷入所谓的“福利陷阱”。

除社会保障以外，美国开始打击社会歧视问题，在企业层面，联邦政府比较重视性别平等、种族平等相关的社会平等问题。

2009 年 1 月，奥巴马签署了为少数族裔和妇女争取职场公平薪酬的《莉莉·列得贝塔同工同酬法案》和《公平薪酬法案》。这两项法案的受益者涵盖妇女和所有的工人阶层。这两项法案强调国家经济运作的有效前提是人人平等，公民如因性别、年龄、种族、信仰或残障而不能同工同酬既违反了法律，又会对企业造成损失。

3. 完善公司治理

美国在公司治理方面已经形成了比较完整的管理生态。联邦政府、州政府和非官方组织分别发挥各自的作用。市场突出问题的出现伴随着联邦政府的多次法规变动；州政府因地制宜制定公司法，对具体的公司治理事项进行规定；非官方组织在公司治理层面发挥了鼓励和引导作用。

在联邦法律层面，美国在完善公司治理法案方面经历了罗斯福新政、安然安达信事件、金融危机等。

早在罗斯福新政时期，美国便针对大型上市公司和金融公司的垄断势力出台了相应的反托拉斯法案。这段时期的法案使上市公司的股权不断被分散，股东所有权被弱化，管理层的控制权得以加强。随着股权的分散，股东诉讼的数量大幅增加，为了调和管理层和股东之间的矛盾，美国先后要求上市公司设立独立董事和审计委员会。

20 世纪 80 年代，美国迎来了并购浪潮，大规模的并购交易使得上市公司利益相关者的利益受到损害，为此美国许多州发起了一轮反立法运动，由此美国开始关注上市公司对于利益相关者的社会责任履行。

2002 年，美国国会颁布《萨班斯 – 奥克斯利法案》，该法案要求上市公司强化高级管理人员的责任意识以改善上市公司治理、增强审计的独立性和完善信息披露制度。

2010 年 7 月，美国众议院和参议院通过《多德 – 弗兰克华尔街改革和消费者保护法》（以下简称《保护法》）。《保护法》旨在改善金融体系问责机制、提升金融体制透明度，其对美国金融市场影响深远。其中，该法案的第 1502 条要求上市公司披露其是否使用冲突矿物（银、锡、钨和金），以及这些矿物是否来自刚果民主共和国或邻国，以防止冲突矿产的交易助长刚果所在地区的武装冲突，引发侵犯人权的问题。在特朗普执政期间，该法案虽然部分被废除，但第 1502 条法规被保留，仍具有法律效力。

各州政府制定的公司法也对公司披露层面的一些具体事项进行了规定。2018 年 9 月，加利福尼亚州参议院通过了《第 826 号参议院法案》，对所处加利福尼亚州的公司的女性董事人数的最低标准进行了规定。该法案要求每家总部位于加利福尼亚州的上市公司在 2019 年底之前至少有一名女性担任董事会成员，2021 年底至少有两位甚至三位女性董事。该法案成功地推动了加利福尼亚州企业在公司治理过程中考虑性别平等议题。

4. 证券交易所引导信息披露，证券交易委员会加强监管

美国主要的两个证券交易所为纽约证券交易所（简称“纽交所”）和纳斯达克证券交易所（简称“纳斯达克”），均受美国证券交易委员会（SEC）的监管。

在 ESG 信息披露方面，纳斯达克、纽交所均不强制要求上市公司披露 ESG 信息，本着自愿原则鼓励企业在衡量成本和收益时考量 ESG。2017 年 3 月，纳斯达克推出了首份 ESG 数据报告指南，第一个版本专门针对北欧和波罗的海的公司。2019 年，纳斯达克发布了《ESG 报告指南 2.0》，该“指南”将约束主体从北欧和波罗的海的公司扩展到所有在纳斯达克上市的公司和证券发行人，并主要从利益相关者、重要性考量、ESG 指标度量等方面提供 ESG 报告编制的详细指引。该指南参照了 GRI、TCFD 等国际报告框架，尤其响应了 17 项具体的联合国可持续发展（SDGs）目标中性别平等、负责任的消费与生产、气候变化、促进目标实现的伙伴关系等内容。

SEC 也加强了上市公司信息披露法规建设。2018 年 2 月，SEC 发布了《关于上市公司网络安全信息披露的声明和指导意见》，为上市公司披露网络安全信息提供了操作指引。2023 年 7 月 26 日，SEC 通过了《网络安全风险管理、策略、治理及事件披露》，明确了上市公司对于重大网络安全事件以及网络安全风险管理、策略及治理信息的强制性披露要求。同时，SEC 加强 ESG 基金监管，强化相关法规。2022 年 5 月，SEC 发布“投资公司命名规则”修订案提案，提议对 1940 年《投资公司法》中的第 35d-1 条规则（即基金“命名规则”）进行修订。SEC 对 ESG 概念基金的命名和投资标准信息披露提出新的监管改革方案，意在规范 ESG 基金市场。提案把 ESG 基金分为 ESG 整合基金、专注 ESG 投资的基金、影响力基金三类，并提出了不同的披露要求。同时，要求必须将其资产的至少 80% 投资于 ESG 主题（“80% 投资政策”）才可命名，基金的名称表明其投资策略包含一个或多个 ESG 因素的情形。

5. ESG 发展走向政治化

2022 年，马斯克因特斯拉的 ESG 评级不够高，炮轰 ESG 理念。如今，这一问题更是上升至政治层面。ESG 议题沦为美国民主党和共和党立场之争的“工具”，多数共和党人对 ESG 法规持反对态度。

2017 年，美国政府宣布退出《巴黎协定》；2018 年，其削减了环境保护署的预算和监管。2021 年 6 月，得克萨斯州颁布法律，成为美国首个提出反

ESG法案的州。2023年3月，佛罗里达州州长与美国其他18个州结成联盟，反对劳工部2022年通过的允许在退休金计划中提供气候相关资金的规定，并从投资ESG基金的资产管理公司中撤资；5月，佛罗里达州颁布了全美最严反ESG法律，将国家养老金资产的投资决策限制为“金钱因素”，并禁止考虑“任何社会、政治或意识形态利益”。

关于ESG投资的争论仍在美国政坛上演，反ESG投资风潮或将持续，但就目前来看，并没有得到广泛的认同和支持，美国的反ESG运动对全球ESG投资影响有限。

3.3 中国ESG投资政策的发展和不足

在全球ESG投资的大潮中，中国作为世界第二大经济体，其ESG投资政策的发展不仅反映了国家对可持续发展战略的承诺，同时也揭示了在实践过程中所面临的挑战和短板。随着中国经济的快速发展及其在国际舞台上的影响力日益增强，梳理中国的ESG投资政策发展并分析其ESG投资政策方面的不足，成为理解其在全球治理方面展现大国担当的关键。

3.3.1 中国ESG投资政策的发展

在可持续发展方面，中国有制度和法律保障，并借鉴国际经验积极参与全球治理。现阶段，中国ESG投资相关的政策法规正逐渐完善。与ESG相关的政策可以分为三类，包括环境方面的绿色金融、社会方面的开发性金融以及公司方面的信息披露。不同类别的政策都从引导性出发，再予以细化和规范，最终依托市场机制促使ESG投融资在中国不断发展。中国ESG投资政策如表3-3所示。

表3-3 中国ESG投资政策

年份	政策	主要内容
2005	《关于加快推进企业环境行为评价工作的意见》	提出推进环境行为评价工作并在全国开展试点工作。同时发布《企业环境行为评价技术指南》

（续）

年份	政策	主要内容
2006	《上市公司社会责任指引》	首次将社会责任概念引入上市公司运营监管中
2008	《〈公司履行社会责任的报告〉编制指引》	要求上市公司披露社会、环境和经济的可持续发展实践工作
2015	《生态文明体制改革总体方案》	提出要建立上市公司环保信息强制性披露机制
2016	《关于构建绿色金融体系的指导意见》	强调构建绿色金融体系的重要意义，同时要推动证券市场支持绿色投资
2018	修订《上市公司治理准则》	强调企业需积极履行社会责任、强化信息披露制度
2018	《香港的“环境、社会及管治”（ESG）策略》	提出香港 ESG 生态系统建设
2019	《绿色产业指导目录（2019 年版）》	要求出台投资、价格、金融、税收等方面的政策措施，着力壮大节能环保、清洁生产、清洁能源等绿色行业
2019	《碳排放权交易有关会计处理暂行规定》	规定重点排放企业需设置碳排放权资产科目，并将购入碳排放配额确认为碳排放权资产
2020	《刑法修正案（十一）》	将信息披露造假相关责任人员刑期由 3 年提高至 10 年。进一步明确对“幌骗交易操纵”“蛊惑交易操纵”“抢帽子操纵”等新型操纵市场行为追究刑事责任
2021	《上市公司投资者关系管理指引（征求意见稿）》	将 ESG 内容纳入，要求企业主动向投资者披露 ESG 有关信息
2021	《2030 年前碳达峰行动方案》	提出 2030 年实现碳达峰，并要求完善配套经济政策，拓展绿色债券市场，支持绿色企业上市融资、挂牌融资和再融资，鼓励社会资本市场化，设立绿色低碳产业投资基金
2021	《企业环境信息依法披露管理办法（草案）》	办法指出要建立信息披露内容动态调整机制，强化对企业环境信息披露的监督机制。其中，强调对上一年度因生态环境违法行为被追究刑事责任或受到重大行政处罚的上市公司、发债企业应当定期披露污染物产生、治理和排放信息，监控二氧化碳排放信息，生态环境应急预案与所投项目对气候变化、生态环境影响等信息

（续）

年份	政策	主要内容
2022	《深圳证券交易所资产支持证券挂牌条件确认业务指引第3号——特定品种》	明确了绿色、乡村振兴、“一带一路”、可持续发展领域资产支持债券的要求。同时新增低碳转型与低碳转型挂钩的资产支持债券表示使用和信息披露要求
2023	《关于转发〈央企控股上市公司ESG专项报告编制研究〉的通知》	上市公司要做好ESG专项报告编制工作，鼓励央企控股上市公司在自身可靠性承诺的基础上，引入第三方专业机构，对ESG专项报告进行验证、评价，并且出具评价报告，以增强所披露ESG信息的可信度
2024	《上海证券交易所上市公司自律监管指引第14号——可持续发展报告（试行）》	上证180指数、科创50指数样本公司以及境内外同时上市的公司应当按照《指引》及上海证券交易所相关规定披露《上市公司可持续发展报告》或者《上市公司环境、社会和公司治理报告》。鼓励其他上市公司自愿披露《可持续发展报告》，报告中涉及《指引》规范内容的，需与《指引》的相关要求保持一致
	《深圳证券交易所上市公司自律监管指引第17号——可持续发展报告（试行）》	深证100指数、创业板指数样本公司以及境内外同时上市的公司应当按照《指引》及深圳证券交易所相关规定披露《上市公司可持续发展报告》或者《上市公司环境、社会和公司治理报告》。鼓励其他上市公司自愿披露《可持续发展报告》，报告中涉及《指引》规范内容的，需与《指引》的相关要求保持一致
	《北京证券交易所上市公司持续监管指引第11号——可持续发展报告（试行）》	北京证券交易所上市公司可以按照《指引》及北京证券交易所相关规定自愿披露《上市公司可持续发展报告》或《上市公司环境、社会和公司治理报告》，报告中涉及《指引》规范内容的，需与《指引》的相关要求保持一致

注：资料来源于作者整理。

1. 将可持续发展纳入长期规划

中国制定了各种可续发展的方针政策。通过制定中长期发展规划纲要，确保国家经济社会发展目标和行动方案付诸实施并取得预期的成效是中国经济社会实现可持续发展的重要保证，也是重要的制度特色。其中，中华人民共和国国民经济和社会发展五年规划纲要的制定和实施最具代表性。1996 年全国人大通过的“九五”计划提出“实施可持续发展战略”，此后“十五”规划、“十一五”规划都实施了可持续发展战略。“十二五”规划首次明确了“绿色发展”的主题，要求把建设资源节约型、环境友好型社会作为加快转变经济发展方式的重要着力点。深入贯彻节约资源和保护环境基本国策，节约能源，降低温室气体排放强度，发展循环经济，推广低碳技术，积极应对全球气候变化，促进经济社会发展与人口资源环境相协调，走可持续发展之路。

“十四五”规划和 2035 年远景目标中再次强调了绿色与可持续发展的重要性，提出要尊重自然、顺应自然、保护自然，坚持以节约优先、保护优先、自然恢复为主，深入实施可持续发展战略，完善生态文明领域统筹协调机制，构建生态文明体系，促进经济社会发展全面绿色转型，建设人与自然和谐共生的现代化，并在推动绿色低碳发展、改善环境质量、提升生态系统质量和稳定性、提高资源利用效率四方面提出具体措施。

2. 环境治理与气候相关法规陆续颁布

自 1989 年第一部《环境保护法》颁布以来，中国的环境保护工作已进入了法制化、规范化的新阶段。党的十八大以来，通过积极推动构建“生态文明”，倡导“绿水青山就是金山银山”的理念，生态环境相关的立法得以加快完善。2015 年 1 月 1 日起实施修订通过的《中华人民共和国环境保护法》将环境保护是基本国策写入法律，明确了经济社会发展与环境保护相协调，突出了“保护优先”的立法理念。在《中华人民共和国环境保护法》的基础上，2017 年修改的《中华人民共和国水污染防治法》、2018 年新制定的《中华人民共和国土壤污染防治法》以及 2020 年修订的《中华人民共和国固体废物污染环境防治法》等法律法规共同构成了我国环境保护方面的法律体系。

针对企业生产造成的污染排放，我国也明确进行约束和引导。《中华人民共和国安全生产法》明确在减少生产事故的同时，减少对环境的影响。《关于中央企业履行社会责任的指导意见》也提到央企应做出履行社会责任的表率，使央企在发挥经济作用的同时为可持续发展做出贡献。《公司法》《关于构建绿色金融体系的指导意见》等法律法规针对上市公司提出披露环境信息的要求。

3. 对企业可持续发展与 ESG 信息披露的引导

2001 年，中国证监会出台了《公开发行证券的公司信息披露内容与格式准则第 1 号——招股说明书》，规定发行人应视实际情况，根据重要性原则披露主营业务的情况，如存在高危险、重污染情况，应披露公司针对人身、财产、环境所采取的安全措施。这是我国最早对上市公司招股说明书信息披露的最低要求，但是没有明确且具体地对上市公司环境披露提出要求及相应的披露格式。

随后，对上市公司披露环境相关信息的要求趋于强制性。2008 年，环境保护部出台的《关于加强上市公司环境保护监督管理工作的意见》规定，“发生可能对上市公司证券及衍生品种交易价格产生较大影响且与环境保护相关的重大事件，投资者尚未得知时，上市公司应当立即披露”。进一步地，2010 年出台的《上市公司环境信息披露指南（征求意见稿）》列示了上市公司年度环境报告的编写参考提纲。2016 年出台的《关于构建绿色金融体系的指导意见》要求“建立强制性上市公司披露环境信息的制度”，且在后续分工方案中明确上市公司环境信息披露“三步走”的时间表。

我国的证券交易所不断深化对上市公司的信披引导。上海证券交易所（以下简称“上交所”）和深圳证券交易所（以下简称“深交所”）均已经开始鼓励上市公司披露 ESG 信息，并展开指引和培训工作。根据 Corporate Knights 的数据，截至 2019 年，在上交所和深交所上市的公司中分别有 24.2% 和 18.1% 对 ESG 信息予以披露。

2018 年《上海证券交易所上市公司环境信息披露指引》对上市公司包括环境保护在内的社会责任信息披露提出了具体要求和指引，信息披露规范逐渐出台。2019 年发布的《上海证券交易所科创板股票上市规则》指出“（科创板）上市公司应当在年度报告中披露履行社会责任的情况，并视情况编制和披露社会责任报告、可持续发展报告、环境责任报告等文件。出现违背社会责任重大事项时应当充分评估潜在影响并及时披露，说明原因和解决方案”，要求上市公司切实履行 ESG 责任。

3.3.2　中国 ESG 投资政策的不足

在 ESG 投资政策方面，存在多项挑战。

第一，ESG 投资的相关基础数据仍然薄弱，政策实施有弊端。目前缺乏客观的、结构化、可量化、可考核的统计数据，数据的标准化程度也不高，ESG 信息停留在描述性和定义性的层面，基于这种情况，ESG 投资相关政策的制定和实施面临困难，需要进一步强化 ESG 投资的基础信息披露，使相关部门能够根据披露情况制定可行政策。

第二，政策转型节奏难以把握。一些监管部门会认为 ESG 各组成部分相关的政策已经存在，没有必要再出台整合的监管框架。监管机构对企业 ESG 实践要求过高或者过低、节奏过快或过慢，都会产生相应的问题。

第三，ESG 政策引导力不足，缺乏 ESG 产品方面的政策。如果可持续投资的标准是强制性的，就需要出台相应的鼓励性政策，这些政策涉及标准和考核，包括对于 ESG 投资比较活跃的金融领域的监管政策、结构性的货币政策、MPA 考核、市场准入、审批备案、监管评级等，这是一个系统性问题。完善 ESG 政策的引领，需要学术机构、监管部门将 ESG 作为新的重点研究方向，尽快出台相关的标准和政策性的支持文件。

第四，ESG 监管模式有待明确，生态体系正反馈机制尚未形成。一方面，我国目前没有统一的 ESG 监管机构，ESG 相关法律法规可能出自不同的国家机构和部门，协调成本较高；在监管模式的两个维度上，目前也没有明确的归属。另一方面，基础设施薄弱，ESG 生态体系正反馈机制尚未形成。

第 4 章　ESG 投资流程

随着 ESG 理念在全球范围内兴起，ESG 投资的规模大幅增长，ESG 投资实践在我国市场也逐渐普及。在这一背景下，如何强化 ESG 融入投资流程成为业界和学界关注的重要问题。不同于传统投资，ESG 投资是一种价值投资的方式，其主要基于环境、社会和治理风险做出判断。同时，ESG 投资过程管理的重点在于如何将 ESG 嵌入原来的投资流程里，对投资理念和框架进行升级。接下来，本章将从界定投资的目的、ESG 信息的获取与解读、ESG 投资标的选择、ESG 投资管理这四个阶段入手，简要分析如何将 ESG 融入投资的不同阶段中。

4.1　界定投资的目的

ESG 投资目的在于实现经济、社会、环境方面的价值创造，实现社会的可持续发展，通过投资推动公司采取行为、实现积极的社会和环境影响。因此，许多投资者正考虑如何通过在投资决策中纳入 ESG 因素来规避风险、提高长期回报，如何通过利用有限的资源和能力来发挥更积极的影响。通过综合考虑环境、社会和治理因素，ESG 投资旨在找到既创造股东价值又创造社会价值、具有可持续成长能力的投资标的。这种投资方式不仅有助于实现长期可持续的回报，还有助于推动社会的可持续发展和环境保护。同时，ESG 投资也有助于引导资本流向更加符合社会和环境利益的领域，促进经济、社会和环境的协调发展。

区别于传统投资，对于 ESG 投资而言，高投资回报成为次要目的，对环境和社会产生积极影响被放在首要位置。但 ESG 投资并不与传统的投资冲突或相背离，更多的是传统投资理念框架上的升级。对于投资者而言，选择那些在环境、社会和治理领域表现优秀的公司进行 ESG 投资，能够实现长期的可持续发展目标，同时获得良好的投资回报。然而，不同投资者的投资偏好存在差异。具体而言，注重环境表现的投资者可能希望通过 ESG 投资来支持环境保护和可持续发展，重视企业社会责任表现的投资者可能希望通过 ESG 投资来促进社会责任和公平，关注企业在治理方面表现的投资者可能关注公司的治理结构和实践，以确保公司透明度、责任和合规性。

4.2　ESG 信息的获取与解读

ESG 信息披露、ESG 评级和 ESG 投资相辅相成，ESG 信息披露是 ESG 评级和 ESG 投资的重要基础。因此，在投资流程的最初阶段，投资者需要通过多种渠道了解与 ESG 投资标的有关的信息，通过定性分析和定量分析做出投资决策。随着越来越多的投资者将 ESG 元素纳入评估与投资策略，更多的企业开始披露 ESG 相关信息。投资者不仅可以通过评级机构的评价结果获得相关信息，也可以通过企业独立的 ESG 报告、可持续发展报告或者企业社会责任报告等披露行为获得。同时，企业自身披露的 ESG 信息也是评级机构进行 ESG 评价的重要信息来源。除此之外，评级机构还会通过人工智能等技术搜集媒体报道、政府公告等方面的信息以辅助 ESG 评价，从而为投资者提供更专业的评价结果。接下来，本节将从企业自身的 ESG 信息披露和第三方评级机构两个方面，帮助投资者获取和解读 ESG 信息。

4.2.1　企业 ESG 信息披露

ESG 信息披露是企业向外界展示其 ESG 表现的重要载体，利益相关者可以通过这些信息有效地了解企业 ESG 方面的战略决策和实践情况，同时也能够综合评估企业的非财务表现和对于风险的管理能力。因此，ESG 信息披露在 ESG 投资中扮演着重要角色，ESG 评级不仅能够向利益相关者传递积极的信号以帮助企业获取资金支持，还为投资者进行 ESG 投资决策提供参考和依据。㊀

1. 企业报告发布

企业为披露 ESG 相关信息所发布的报告主要包含 ESG 报告、企业社会责任报告和可持续发展报告，上述报告可以从企业的官网或者巨潮资讯网中获得。但是，如果企业没有公布上述三类报告，投资者也可以在部分企业的年报中搜索到与 ESG 相关的信息。接下来，本部分将从定义、内容和使用者等方面，对这三类报告进行比较和分析。

第一，企业 ESG 报告主要从环境、社会和公司治理三个方面对企业的履行情况进行披露。其与传统财务绩效的区别在于关注了更多长期性的非财务指标，强调双重重要性原则，兼顾了投资的经济效益与社会效益，更好地保护了利益相关者。ESG 评级机构注重考察企业的非财务绩效的表现，通常采用定性和定量相结合的方法对企业进行打分或者评级，并在一定程度上披露上述内容。ESG 报告的主要使用者不仅包括投资者，还包括研究机构、监管机构等。

第二，企业社会责任报告（简称 CSR 报告）同样也会对利益相关方进行披露，但是其更重视企业履行社会责任的情况（包括企业的理念、战略和方法等）。这类报告的编制以 GRI 标准为主，还有其他组织比如 OECD（经济合作与发展组织）发布的相关标准，国内也有《上市公司企业社会责任编制指引》等可供参考。然而，目前影响最大、应用最多还的是 GRI 标准。CSR 报告内容更容易理解，其注重与利益相关方有关的实质性议题，被广泛应用于供应链管理、品牌影响、社区沟通和员工管理等领域。

第三，企业的可持续发展报告注重的是资源和社会的可持续发展性，从

㊀ ESG 投资，势在“毕”行七：ESG 信息披露。详见 https://baijiahao.baidu.com/s?id=1782621222316747624&wfr=spider&for=pc.

可持续发展的角度来体现企业产生的社会价值。该类报告的编制基础与上述两类报告不同，其根据联合国颁布可持续发展目标（SDGs）进行披露，更关注企业在环境和社会方面的贡献度。此外，报告的使用者大多是跨国公司、行业和地区等。

2. 企业 ESG 信息披露情况

根据 Wind 公布的 ESG 相关报告的数据，A 股上市公司从 2016 年到 2022 年 ESG 相关报告发布数量呈逐年上升趋势（见图 4–1）。披露 ESG 相关报告的上市公司从 2016 年的 807 家增加到 2022 年的 1819 家，表明企业越发重视 ESG 实践与 ESG 信息的披露，披露率高达 36%。2022 年，在披露了 ESG 相关报告的公司中，"上证"A 股上市公司共计 1013 家，占披露总数的 55.7%；"深证" A 股上市公司共计 802 家，占披露总数的 44.1%；而 "北证" A 股上市公司共计 4 家，占披露总数的 0.2%。

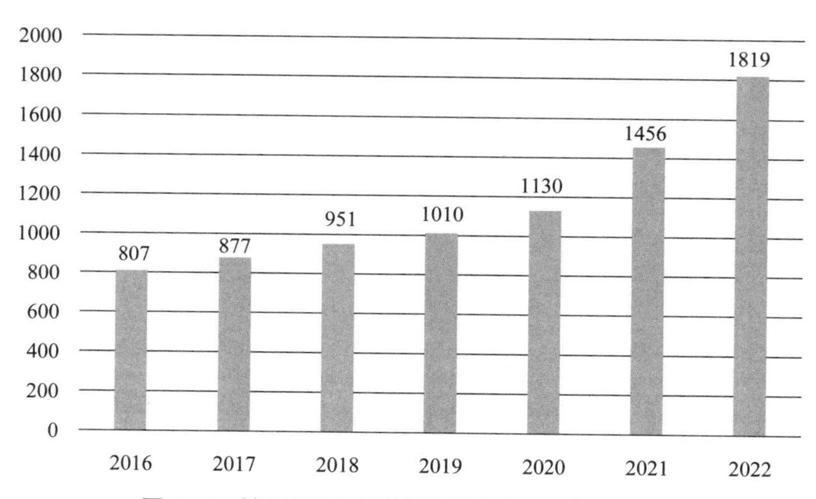

图 4–1　披露 ESG 相关报告的上市公司年度数量

注：资料来源于作者整理。

从报告的类型来看（见图 4–2），A 股中以环境、社会和公司治理 / 管治报告（ESG）命名的报告数自 2020 年开始显著上升，2022 年比 2021 年增长了近两倍，在当年的占比达到了 29.2%；以企业社会责任报告（CSR）命名的报告最多，从2016年以来一直保持在较高的水平，但在2022年有所下降，在2022年的占比仍高达57.6%；以可持续发展报告（SD）命名的报告的数量比较少，但自2016年起略有增加，在2022年有58家上市公司发布可持续发展报告，占当年发布总数的3.2%；此外，有少数公司选择以其他方式命名，在2022年有180家公司采用其他方式命名，占比为9.9%，例如“企业公民报告”“年度报告”“能源报告”等。总的来看，以ESG报告作为名称的公司越来越多，说明ESG理念逐渐得到重视，而CSR报告开始减少，说明公司的报告类型逐渐从CSR报告向ESG报告过渡。

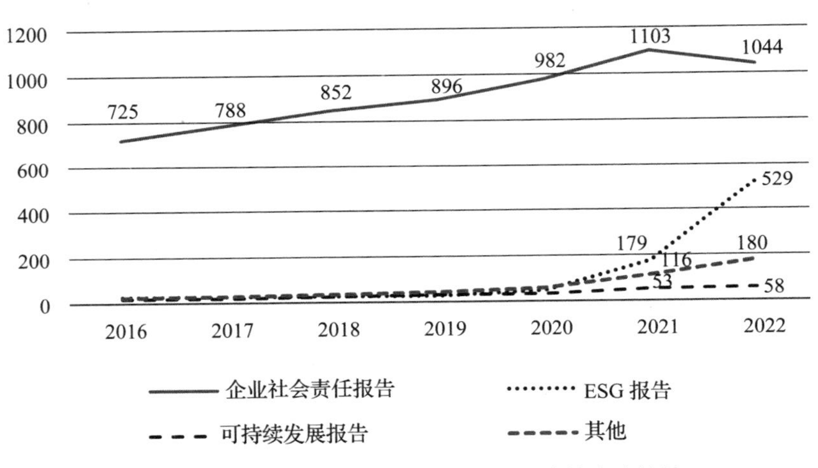

图4-2　2016~2022年ESG相关报告的名称统计

注：资料来源于作者整理。

从行业发布率来看，2022年度A股上市公司行业ESG报告发布率排名前三的分别是金融业，水利、环境和公共设施管理业，以及文化、体育和娱乐业，发布率分别为90.70%、64.70%和61.70%，金融业行业发布率稳居第一（见图4-3）。从行业发布数量来看，排名前三的行业是制造业、信息传输、软件和信息技术服务业及金融行业，分别是1054家、119家、117家，而制造业整体发布率较低的原因主要是制造业的行业基数比较大。总的来说，A股上市公司部分行业的披露表现不错，但是整体而言，行业的ESG报告发布率普遍较低，仍有很大的提升空间。

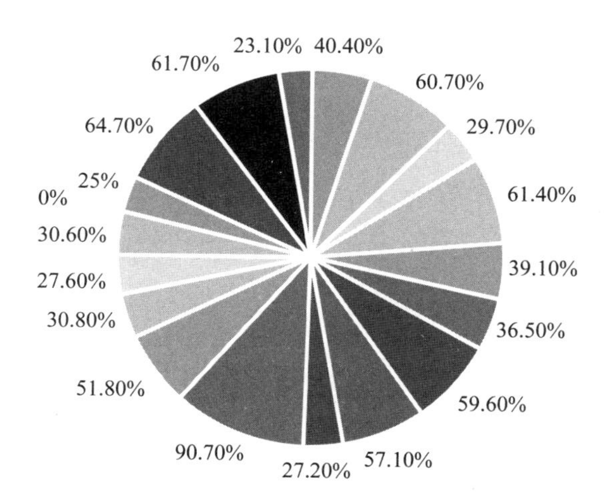

图 4-3　2022 年 ESG 相关报告的行业披露情况统计

注：资料来源于作者整理。

4.2.2　国内外 ESG 评级机构

ESG 评级是第三方评价机构针对企业 ESG 表现做出的综合评价，其提供了对公司可持续性和社会责任表现的客观评估，有助于投资者、利益相关者和企业决策者更好地了解公司的风险和机会，以及企业在可持续性方面的长期表现。因此，ESG 评级在 ESG 投资中扮演着重要的角色，会被投资公司用来筛选或评估各种基金和投资组合中的公司，是投资、并购交易的重要筛选因素。

当前全球有超过 600 家 ESG 评级机构，而中国只有约 20 家。国际上具有代表性的 ESG 评级机构包括 MSCI、S&P Dow Jones Indices、Moody’s、富时罗素（FTSE Russell）、Sustainalytics、Thomson Reuters、ISS ESG和CDP等。国内知名的评级机构有商道融绿、社投盟、嘉实基金、中财大绿金院、华证、润灵环球和中国证券投资基金协会等。其中，社投盟在中国负责孵化和倡导ESG投资，中财大绿金院主要研究绿色金融和ESG风险管理，华证提供ESG指数编制和相关数据服务，润灵环球则专注于ESG评估和咨询服务。接下来，将分别介绍国外和国内ESG评级机构。

1. 国外ESG评级机构

国外ESG信息披露体系的建设起步较早，因而国外ESG评级机构出现时间较早，评级体系和评级框架的发展也相对较为完善，但不同评级机构之间仍存在差异（见表4-1）。

其中，KLD是ESG评级的先驱之一，它的评级方法侧重于公司在环境、社会和公司治理方面的表现，并强调可持续发展的重要性，目前已暂停更新。

MSCI提供广泛的ESG评级和指数，涵盖全球范围内的公司，并为投资者提供ESG分析工具，它的评级方法包括对公司在环境、社会和公司治理方面的综合评估，并强调长期可持续发展的影响。

Sustainalytics提供全球范围内ESG评级和研究，重点关注环境、社会和治理问题，并为投资者提供定制的ESG解决方案，它的评级方法侧重于公司在ESG方面的风险和机遇，并提供个性化的评级和报告。

富时罗素提供全球股票和债券指数，它的评级方法侧重于公司在ESG方面的整体表现，并强调透明度和可持续性。

ISS是全球领先的公司治理、股东投票和代理咨询服务的提供者，早在1985年开始进行ESG评级，它的评级方法包括对公司在环境、社会和公司治理方面的综合评估，并强调公司治理的重要性。

DJSI（Dow Jones Sustainability Indices）由标普道琼斯指数和RobecoSAM合作编制，跟踪拥有领先的ESG表现的公司，并提供相关指数，它的评级方法侧重于公司在可持续发展方面的领导地位和长期表现。

表 4-1　国外 ESG 评级机构

	KLD	MSCI	Sustain-alytics	富时罗素	ISS	DJSI	Moody's	CDP	Refinitiv	Thomson Reuters
开始时间	1991 年	2007 年	2009 年		1985 年	1999 年	2019 年	2000 年	2001 年	2002 年
覆盖范围		全球超过 8500 家公司，其中约 600 只 A 股上市公司	全球超过 9000 家企业，覆盖 A 股和港股 1700 多家上市公司	全球超过 7200 只证券，其中约 800 只 A 股上市公司	评级范围涵盖大约 10000 家发行方	选取 59 个行业内排名前 10% 的公司，覆盖全球市值最高的 3000 家企业	全球超过 5000 家公司	18700 家公司，其中中国（含港澳台）企业达 2700 多家	为全球 10000 多家公司计算 ESG 评分	全球超过 7000 家公司
评级等级划分	9 个最终等级梯度	AAA-CCC 七档评级	分 5 个档位，分数越低说明企业 ESG 表现越好				分为五个等级	从 D 到 A，级别逐步升高，并用 + 号调整	A 到 D 四个等级和 12 个调整等级（用 + 和 - 调整）	A 到 D 四个等级，其中 A 到 C 三个等级（用 + 和 - 调整）
评级分数范围		0–100 分	0–50 分	0–5 分		0–100 分	每项 1–5 分		0–100 分	

（续）

	KLD	MSCI	Sustain-alytics	富时罗素	ISS	DJSI	Moody’s	CDP	Refinitiv	Thomson Reuters
三级指标		33个三级关键指标议题	只有三个计分模块	300+独立评估指标	从800+指标池中选择300+ESG指标	评估80~100个跨行业和特定行业的问题组合	273+指标	暂未公布	450+公司层面的ESG指标	合计178项
数据源	公司、媒体、公开资料、政府和NGO以及国际同行等的信息库	源于100多个专业数据集（政府、非政府组织）、公司披露以及其所监测的1600多个来源	公司事件的跟踪记录、机构化的外部数据、公司报告和第三方研究	仅使用公开资料（包括公司季报、企业社会责任报告等）	企业披露或直接提供的材料，以及来自独立机构的信息，并寻求与被评估公司开展对话	问卷采集和抓取公开信息	发行人的公开披露信息或任何相关第三方来源信息，也可能纳入非公开信息	通过向企业发放CDP问卷，由企业填写后CDP进行数据汇集与应	全球700多个精通当地语言的分析师搜集并加工公开且可用的信息	来源于企业年报、官网、非政府组织网站、证交所备案文件、企业社会责任报告、新闻等
更新时间	暂停更新	年度更新		年度更新		年度更新		年度更新	年度更新	年度更新

注：资料来源于作者整理。

Moody’s 提供 ESG 评级和可持续债券评估，它的评级方法侧重于公司在 ESG 方面的信用风险和可持续发展潜力。

CDP 专注于气候变化相关数据和信息披露，评估公司的环境表现，它的评级方法侧重于公司在气候变化、水和森林方面的风险和机遇。

Refinitiv 提供全球范围内的 ESG 数据和分析工具，帮助投资者了解公司的可持续性表现，它的评级方法侧重于公司在 ESG 方面的综合表现和风险管理。

Thomson Reuters 提供 ESG 数据、新闻和分析，它的评级方法侧重于公司在 ESG 方面的整体表现和风险管理，并提供详细的数据和分析。

上述 ESG 评级机构各有特点，但共同目标是通过评估公司在环境、社会和公司治理方面的表现，帮助投资者识别和评估与 ESG 相关的风险和机遇，促进可持续发展。

2. 国内 ESG 评级机构

自我国倡导企业积极践行 ESG 理念、重视 ESG 信息披露以来，国内 ESG 评级机构数量增幅明显，且机构属性更加多元化。据不完整统计，截至 2022 年 ESG 评级机构数量达到 23 家，这些机构包括专业数据库、学术机构、咨询服务公司、公益性组织以及资管机构等（部分评级机构见表 4-2）。

商道融绿 ESG 数据评级在国际上具备一定认可度，是目前内地第一家登录彭博终端的 ESG 数据供应商，且于 2019 年获得国际评级机构穆迪公司少数股权投资，合作开展 ESG 和绿色金融战略合作。

华证指数参考国际主流方法和实践经验，借鉴国际 ESG 核心要义，结合中国国情与资本市场特点，构建华证 ESG 评级体系。

Wind ESG 评级提供全透明底层数据及评分结果，帮助用户将 ESG 数据与基本面分析、量化分析、风险管理、指数编制等进行深度整合，推动中国可持续投资的落地与发展。

盟浪 ESG 评级结合了企业财务评估和非财务可持续发展价值评估，从经济效益和社会价值一致性角度对企业进行综合评估，除了考虑 E、S、G 三个

表 4-2　国内 ESG 评级机构

	商道融绿	华证	Wind	盟浪	CNRDS	嘉实基金	中财大绿金院	润灵环球	中国证券投资基金协会	中国ESG研究院
开始时间	2015 年	2009 年	2021 年	2018 年	2007 年	2020 年	2019 年	2020 年	2019 年	
覆盖范围	2020 年起覆盖全部 A 股上市公司	全部 A 股上市公司	全部 A 股和港股上市公司	中证 800 指数成分股	全部 A 股上市公司	全部 A 股上市公司	全部 A 股上市公司	2022 年扩大到 A 股所有上市公司	纳入评级的上市公司共 3562 家	涵盖 A 股上市公司
评级等级划分	A+ 到 D 共十个等级	AAA 到 C 九个等级	CCC 到 AAA 七个等级	9 个基础等级及 19 个增强等级	未形成等级区分	未形成等级区分	A+ 到 D- 共十二个等级	CCC 到 AAA 七个等级	ABCD 四个等级	CCC 到 AAA 七个等级
评级分数范围	0–100 分	0–100 分	0–10 分	未披露分数范围	0–100 分	0–100 分	未披露分数范围	0–10 分	0–100 分	0–100 分
三级指标个数	200+	44	300+	300+	39	23		100+		71
数据源	正面信息来自企业自主披露，负面信息来自媒体、监管公告、社会组织调查	大约 78% 来源于企业自主披露，12% 来源于新闻媒体，10% 来源于国家及监管部门	丰富多样数据源的 Wind 数据库	企业公开披露信息	企业公开披露信息及 CNRDS 数据库	公开定量数据	主要来源于公开信息，负面信息来源于环保处罚公告	被评级企业主动公开的信息和数据	主要来源于公开信息	主要来源于公开信息
更新时间	年度更新	季度更新	每日监测，及时更新	季度更新	年度更新			年度更新		

注：资料来源于作者整理。

方面表现外还系统考察了企业商业伦理和价值观（N）、企业的创新发展方式（I）以及企业的财务表现（F）。

中国研究数据服务平台（CNRDS）旨在构建中国特色的研究数据资源，它与国内外学术界、实务界知名教授学者合作开发，基于中国问题推出了一系列特色数据库，紧跟中国热点问题和前沿，可满足不同领域的独特数据需求，其ESG评级范围涵盖了全部A股上市公司。

嘉实基金是国内最早成立的十家基金公司之一，也是国内较早投入ESG研究和践行ESG投资的公募基金，不仅关注投资者的财富增长，更关注增长的财富如何惠及生态环境和社会的可持续发展。

中财大绿金院是国内首家以推动绿色金融发展为目标的开放型、国际化的研究院，它的评级方法侧重于公司在环境、社会和公司治理方面的表现，并强调绿色金融的重要性。

润灵环球是中国企业社会责任权威第三方评级机构，在上市公司社会责任报告评级、中国上市公司ESG可持续发展评级、社会责任投资者服务三大领域开展专业工作，遵循以ESG风险管理能力为核心的评估原则。

中国证券投资基金协会是证券投资基金行业的自律性组织，侧重于基金管理公司和基金的ESG表现，并推动行业的可持续发展。

首都经济贸易大学中国ESG研究院构建ESG形式与实质兼顾、国际标准与中国情境兼容、结构化定量数据与非结构化定性数据兼具、一般指标与特色指标兼并的ESG评价指标体系，并利用该指标体系对中国企业ESG表现进行分项评价与综合评价，建立中国ESG评价数据库。

这些机构在ESG评级和研究领域有着各自的专长和影响力，为投资者和企业提供了多样化的ESG解决方案和服务。

除了上述提到十个评级机构外，国内还有其他ESG评级机构，它们也形成了自身的评级体系（见表4-3）。但是，由于目前缺乏较为权威且得到市场广泛认可的评级体系，还没有形成统一的ESG评级标准和评价方法（王大地等，2023）。

表 4-3 国内其他 ESG 评级机构

评级机构	指标构建	评级范围
秩鼎技术 ESG 评级	3 个一级议题（环境、社会、治理），16 个二级议题以及 200 余个标准化指标	A 股、港股、中概股上市公司
妙盈科技 ESG 评级	3 个支柱，19 个议题，1000 余个数据点和 700 余个标准化指标	中国(含香港和台湾)以及新加坡全部上市公司
微众揽月 ESG 评级	3 个维度，41 个二级指标	沪深 300 成分股
鼎力公司治商 ESG 评级	5 个一级指标，20 个二级指标以及超过 150 项底层指标，基础数据涵盖超过 1000 个信息点	中证 800 成分股
中证指数 ESG 评级	3 个维度，14 个主题，22 个单元和 180 余项指标	A 股和港股上市公司
国证指数公司 ESG 评级	3 个维度，其中环境维度涉及 5 个主题和 11 个领域，社会责任维度涉及 4 个主题和 9 个领域，公司治理维度涉及 6 个主题和 12 个领域	所有 A 股上市公司
中诚信绿金 ESG 评级	3 个维度，16 个一级指标，超过 55 个二级指标，超过 180 个三级指标，超过 400 个四级指标，57 个行业模型	A 股和 H 股上市公司以及发债主体
CTI 华测检测 ESG 评级	3 个一级指标，10 个二级指标，22 个三级指标以及 220 余项四级指标	A 股和 H 股上市公司
中债估值中心 ESG 评级	3 个评分项，14 个评价维度，39 个评价因素，160 余项具体计算指标	公募信用债发行主体

注：资料来源于作者整理。

3. 国内和国外评级体系的比较

（1）定性分析

1）国际主要 ESG 评级体系。随着 ESG 在全球范围内兴起，ESG 评级机构也迎来蓬勃发展。据不完全统计，全球 ESG 评级机构有 600 多家，其中影响力较大的有 MSCI（明晟）、Thomson Reuters（汤森路透）、FTSE Russell（富时罗素）、Refinitiv（路孚特）、Sustainalytics（晨星）等。然而，不同 ESG

评级机构在评价框架、评价方法、权重赋值以及指标选取、评价目标、评价结果等方面存在巨大差异。例如，从指标选择来看，MSCI 关注 35 个关键问题和 10 个主题，Thomson Reuters 关注 178 个指标以及 10 个关键领域，而 FTSE Russell 则围绕 300 个指标和 12 个重点领域展开评级。从评级机构是否考虑产品安全性、是否考虑财务指标、是否考虑争议事件、是否排除敏感行业、是否考虑公司主动暴露问题、是否与企业进行沟通、是否采用打分法和是否考虑 ESG 风险与机遇这八个方面对它们的指标选取进行对比（见表 4-4）。我们可以看出不同的评级机构的关注重点不一样，且评价方法也存在差异。大部分评级机构都会考虑财务指标、考虑 ESG 风险与机遇、采用打分法，但是少部分机构会考虑公司主动暴露问题并直接排除敏感行业。

表 4-4 国外 ESG 评级体系指标对比

相关内容	KLD	MSCI	Susta-inaly-tics	FTSE Russ-ell	ISS	DJSI	Moo-dy's	CDP	Refi-nitiv	Thomson Reuters
是否考虑产品安全性	√	√			√			√	√	√
是否考虑财务指标		√	√		√	√	√		√	√
是否考虑争议事件	√	√	√			√			√	√
是否排除敏感行业	√	√		√						
是否考虑公司主动暴露问题	√			√						
是否与企业进行沟通		√	√	√		√				
是否采用打分法	√	√	√	√	√	√			√	√
是否考虑ESG 风险与机遇	√	√	√	√		√	√	√		√

注：资料来源于作者整理。

2）国内主要 ESG 评级体系。相比国外 ESG 评级，国内的 ESG 评级虽然起步较晚，但是近年来获得了飞速发展。目前，国内主流 ESG 评级机构有华证、商道融绿、Wind、盟浪（社会价值投资联盟）、CNRDS、嘉实、润灵环球等。在评级对象方面，华证、商道融绿与嘉实基金等机构的 ESG 评级对象为所有的 A 股上市公司，剩余机构则以中证 800、沪深 300 成分股为主要对象。大部分评级机构均从 E、S、G 三个维度展开，并且通过公司的公开披露和新闻媒体等渠道获取信息，但是少数机构如微众揽月借助计算机技术更高效地获得信息，而 Wind 和 CNRDS 均有自己开发的一整套数据库。从评级机构是否考虑产品安全性、是否考虑财务指标、是否考虑争议事件、是否排除敏感行业、是否考虑公司主动暴露问题、是否与企业进行沟通、是否采用打分法和是否考虑 ESG 风险与机遇这八个方面对它们的指标选取进行对比（见表 4-5）。我们可以看出不同的评级机构的关注重点不一样，并且评级方法也存在差异。大部分评级机构都考虑了财务指标并考虑了 ESG 风险与机遇，只有少部分机构会排除敏感行业，它们也很少与企业进行沟通。

表 4-5 国内 ESG 评级体系指标对比

相关内容	商道融绿	华证	Wind	盟浪	CNRDS	嘉实基金	中财大绿金院	润灵环球	中国证券投资基金协会	中国ESG研究院
是否考虑产品安全性	√		√		√	√		√	√	√
是否考虑财务指标	√	√	√	√	√	√	√		√	√
是否考虑争议事件			√	√	√	√	√			
是否排除敏感行业				√						
是否考虑公司主动暴露问题									√	
是否与企业进行沟通			√							

（续）

相关内容	商道融绿	华证	Wind	盟浪	CNRDS	嘉实基金	中财大绿金院	润灵环球	中国证券投资基金协会	中国ESG研究院
是否采用打分法	√		√		√	√		√		√
是否考虑 ESG 风险与机遇	√	√	√	√	√	√	√	√		

注：资料来源于作者整理。

3）国内和国外 ESG 评级体系异同。总的来说，国内与国外的 ESG 评级体系有很多相同点，但也存在一些差异。从评价标准来看，它们都遵循了全球可持续发展报告倡议组织发布的 GRI 标准，并从环境、社会和治理三个方面对公司进行评价，但是考虑到国情和文化差异，不同的评级机构会根据国内政策进行相应地调整。从底层指标来看，评级机构基本上都采用了自上而下构建、自下而上加总的方式，逐级拆解底层数据。然而，在底层指标的筛选方面仍存在差异，有些机构的底层指标数量非常多，且不同机构可能会选择不同的指标来衡量企业的具体表现。从权重分配来看，大部分机构都注重行业的差异性，但是在定性和定量指标分配以及不同维度权重赋值方面仍存在差异（见表 4–6）。

表 4–6 国内外 ESG 评级体系异同

相关内容	共同点	差异
评价标准	均参考了全球可持续发展报告倡议组织发布的 GRI 标准，从三大维度对公司表现进行评价	不同国家的机构还会根据国内的政策要求进行相应的调整
底层指标	基本都采用了自上而下构建、自下而上加总的方式，逐级拆解底层数据	具体底层指标的选择有所不同
权重分配	评级指标体系和权重分配会考虑行业差异性	定性定量指标的分配以及权重分配有所差异

注：资料来源于作者整理。

（2）定量分析

本部分选择了来自华证、商道融绿、盟浪、富时罗素、Wind 五家评级机构的 ESG 评级数据进行定量分析，总结不同 ESG 评级体系的异同。

不同评级机构的初始评级时间不同，评级级别的设置也存在差异。华证的评级始于 2009 年并按照“AAA、AA、A、BBB、BB、B、CCC、CC、C”从高到低依次赋值为 9 到 1。商道融绿的评级始于 2015 年并按照“A+、A、A-、B+、B、B-、C+、C、C-”从高到低依次赋值为 9 到 1。盟浪的评级始于 2016 年并按照“AAA、AA、A、BBB、BB、B、CCC、CC、C”从高到低依次赋值为 9 到 1（如果在原有等级上进行微调，则按照该等级赋值）。Wind 的评级始于 2018 年并按照“AAA、AA、A、BBB、BB、B、CCC、CC、C”从高到低依次赋值为 9 到 1。CNRDS 的评级始于 2007 年并按照原有评分进行赋值（评分范围为 0~100）。富时罗素的评级始于 2018 年并按照原有评分进行赋值（评分范围为 0~5）。

从表 4-7 中可以看出，各个评级机构之间的相关性并不高。其中，Wind 与富时罗素的相关性系数最高，该系数为 0.499 且在 1% 的水平上显著，而 CNRDS 与华证的相关性系数甚至为负数并在 1% 的水平上显著（-0.054）。与其他机构相关性最强的机构是 Wind，除了与 CNRDS 的相关性系数为 0.150 外，与其他四家相关性系数均在 0.300 以上。商道融绿与其他机构相关性强度仅次于 Wind，盟浪和富时罗素紧随其后。而 CNRDS 与其他机构评级的相关性系数最差，最高仅为 0.163。从相关性来看，表现最好的是 Wind 的 ESG 评级。

表 4-7　相关性系数表

	华证	商道融绿	盟浪	Wind	CNRDS	富时罗素
华证	1.000					
商道融绿	0.208***	1.000				
盟浪	0.307***	0.425***	1.000			
Wind	0.305***	0.498***	0.437***	1.000		

（续）

	华证	商道融绿	盟浪	Wind	CNRDS	富时罗素
CNRDS	−0.054***	0.163***	0.076***	0.150***	1.000	
富时罗素	0.141***	0.388***	0.388***	0.499***	0.074***	1.000

注：资料来源于作者整理。

综上，对同一主题的 ESG 评级不一致的情况同时存在于国内和国外的 ESG 生态体系中。实际上，除了上述部分所展示的结果外，其他研究者也进行了探索和分析。例如，麻省理工斯隆管理学院的一篇论文显示（Berg et al., 2022），6 家主要的 ESG 评级机构（Sustainalytics、RobecoSAM、Vigeo Eiris、Asset4、KLD 和 MSCI）对同一主体的评级结果之间的相关性系数平均为 0.54，介于 0.38 和 0.71 之间；在国内市场，中金研究报告显示，四家评级机构对沪深 300 成分股 ESG 评分的平均秩相关性系数仅为 0.37，介于 0.13–0.62 之间。造成不同机构 ESG 评级结果差异的原因有很多，主要是因为各机构信息收集存在偏差，且各机构评级方法不统一，各类指标权重不一，并且不同机构的背景不一样。[⊖] 因此，投资者在使用 ESG 评级时，需要充分了解评级机构的特点和侧重点，选择适合自身实际情况的 ESG 评级机构作为投资决策的参考。

4.3　ESG 投资标的选择

在明确了投资目的并获取了 ESG 的相关信息之后，投资者还需要了解投资产品的特征，识别企业的“漂绿”行为，通过量化分析来评估重要财务因素对投资组合和投资范围中各证券的影响，并相应调整其财务预测和估值模型。结合投资主题、投资产品等明确投资目标，根据自身的投资风格和目标，做出最优的投资决策。

⊖ 资料来源：《近而异门户：ESG 评级与信用评级的区别和联系——ESG 信用评级系列（一）》，详见 https://mp.weixin.qq.com/s/RCovYJVSpqm4-mL1TAhkUQ.

4.3.1 投资产品维度

对于 ESG 产品的发行方而言，设计 ESG 投资产品需要考虑许多因素，包括市场趋势、投资者需求、可持续性目标等。因此，发行方在设计 ESG 投资产品之前应进行充分的研究和调查，以确保 ESG 投资产品不仅能够满足投资者的投资需求，还能实现可持续的投资回报或者带来一定的社会正向影响。从投资主题维度来看，设计 ESG 投资产品可以从环境、社会等方面进行考量。在环境因素方面，新型期货产品可以关注环境因素，例如清洁能源、碳排放等方面。关于清洁能源，可以推出风能期货、太阳能期货等，以满足对清洁能源的需求。此外，可以考虑推出碳排放配额期货合约，以帮助企业和投资者管理碳排放风险。在社会因素方面，可以关注社会公平、劳工权益等，推出基于社会责任投资指数的期货合约等产品。此外，也可以同时从多个方面构建 ESG 产品，综合考虑环境、社会和治理等因素。

面对多种多样的 ESG 产品，投资者需要积极搜集信息并了解相关产品。首先，投资者需要了解 ESG 投资产品的规模和特征。目前国内主要的 ESG 投融资工具和产品类型包括 ESG 基金、ESG 债券等，由于不同类型的产品具有不同特征，所以充分了解 ESG 投资产品的特征有利于投资者做出判断和决策。在上述产品中，ESG 债券和 ESG 基金规模相对较大，而 ESG 理财产品规模相对较小。

1. ESG 债券类产品

Wind 参照 ICMA 对 ESG 债券的定义及认定标准，将中国境内发行的 ESG 债券分为绿色债券、社会债券、可持续发展债券及可持续发展挂钩债券四大类。其中，绿色债券占绝大多数。相比普通债券，绿色债券主要在募集资金的目的、管理和监管三个方面体现出其特殊性。由于受到国家的保护和更严格的监管，绿色债券的风险通常比传统债券低，其利率也相对较低，但投资者可以获得相对稳定的收益。同时，由于绿色债券具有环保和可持续发展的双重优势，其市场需求也在不断增长，这为投资者提供了更多的投资机会。对于其他类型的债券，投资者可以按照上述方式，从募集资金的目的、管理和监管这三个角度进行分析和比较。

2. ESG 基金类产品

根据投资类型对 ESG 基金进行分析，能帮助投资者更好地做出判断，接下来将从股票基金、债券基金和混合型基金这三个角度进行投资分析。ESG 股票基金是股票类型的基金，这类基金经营较为稳定、收益较为可观。从风险和收益的角度来看，股票基金的收益低于股票投资，但是其风险也更低，收益较稳定。同时，股票基金的投资对象具有多样性的特点，与直接投资于股票市场相比，股票基金具有分散风险、费用较低等特点。从资产流动性来看，股票基金具有流动性强、变现性高的特点。基金资产的产品质量高、变现容易，而且能够在国际市场上融资。ESG 债券基金体现出债券类基金的特征，这类基金主要追求当期较为固定的收入，相对于股票基金而言缺乏增值的潜力，较适合不愿冒险，谋求当期稳定收益的投资者。[1] 混合型基金是在投资组合中既有成长型股票、收益型股票，又有债券等固定收益投资的共同基金。混合型基金会同时使用激进和保守的投资策略，其回报和风险要低于股票型基金，高于债券和货币市场基金，是一种风险适中的理财产品。一些运作良好的混合型基金回报甚至会超过股票基金的水平。

3. 其他 ESG 投资产品

随着 ESG 投资市场的日渐成熟，越来越多的创新产品和服务正在涌现，投资者现在能够选择更多的创新性 ESG 投资产品和服务。这些产品不仅有传统的债券和基金，还包括一系列其他投资工具，如 ESG 衍生品、ESG 保险产品、ESG 房地产投资信托（REITs）、绿色贷款以及 ESG 主题的理财产品等。这些多样化的选择为投资者提供了更多途径，以实现他们的财务目标，同时也支持了可持续发展的理念。我们将在“其他类 ESG 投资产品”章节中详细介绍这些投资工具的定义、特点及发行现状。通过了解这些内容，投资者可以更

[1] 债基就在灯火阑珊处。详见 https://baijiahao.baidu.com/s?id=1725262119398905695&wfr=spider&for=pc.

好地理解如何在他们的投资组合中融入 ESG 因素，以实现长期的财务和环境可持续性。

4. 识别“漂绿”风险

投资者在做决策时需要“擦亮双眼”，谨慎地识别和应对“漂绿”风险。“漂绿”也称“洗绿”，是指企业所披露的在生态环保等方面的贡献或义务被夸大或者虚构，或者故意隐瞒负面消息的现象，即企业的 ESG 实践的实际情况与企业的 ESG 披露状况不相符。“漂绿”可能存在多种形式，上海市高级人民法院民事审判庭法官张心全曾在接受采访时指出，有些企业虚报碳排放数据，以获得更多碳配额资源；有些企业刻意隐瞒负面信息，选择性地披露对自身有利的 ESG 信息；还有些企业为了获得更多绿色融资，编制虚假报告。这些“漂绿”行为会误导利益相关者，阻碍社会实现可持续发展。㊀

因此，投资者要强化对 ESG 和可持续的理解，加强对 ESG 关键信息的分析、判断和掌握。当投资者看到某些基金、债券中有“绿色”“可持续”和“环保”字眼时，需要警惕这些产品是否“名副其实”。投资者可以找到该发行主体的相关信息，找到该产品的发行信息，例如基金产品的公开说明书，看看基金类产品采用何种 ESG 投资策略、是否运用了 ESG 数据指标作为参考等；如果是债券类产品，投资者可以查看“绿色债券”发行主体的信用评级，以及其之前发行的绿色债券的违约情况，也可以登录上证债券信息网查询债券的募集说明书，查看项目资金的用途。如果是 ESG 股票，则需要查看该上市公司有没有发布 ESG 报告，分析判断报告的内容是否只提出了战略而未说明其实际行动，选择合适的第三方评级机构查看其 ESG 评级，通过其他渠道对信息进行验证，例如新闻媒体、公司年报等。

4.3.2 明确 ESG 投资策略

除了明确投资目的，结合前文提到的定性和定量分析，投资者还需要确定

㊀ 资料来源：企业“漂绿”的背后——零碳研究院碳报（第五十一期）。详见 https://new.qq.com/rain/a/20230609A06UI400.

投资策略以做出最终决策。投资者在了解相关产品的特征后，需要根据自身的偏好和能力审慎决策，选择风险适配的投资产品组合。对于风险规避型的投资者而言，可以选择剔除以及标准化规则筛选策略，选择风险更低但是收益也较低的 ESG 债权类产品。㊀ 如果更关注某类主题，可以根据债券主题选择合适标的。对于更看重投资机会的投资者来说，可以考虑采用正面筛选、ESG 整合、可持续主题投资策略，选择 ESG 基金类产品。而对于那些具有资金优势的少数投资者，可以考虑 ESG 基金类产品中的 ESG 私募股权投资基金。进一步地，如果投资者希望通过投资带来更多正面的社会影响，那么需要选择影响力投资以及股东参与的策略。此时，投资者可以从公司公告、年报等公开渠道获得 ESG 相关信息，考察上市公司 ESG 的实践情况，综合第三方机构做出的 ESG 评级，做出投资决策。这类投资风险最高，但投资方有机会参与公司治理。

因此，在选择 ESG 产品时，除了考虑自身的风险承受能力、基金产品的风险等级、投资期限、预期回报之外，还需要考量对 ESG 投资具体维度的偏好，选择与自身需求相匹配的产品。㊁ 实际上，在我国主题投资与正面筛选策略更为有效，ESG 市场是我国最重要的投资赛道，同时政策支持也是我国 ESG 投资收益的重要来源。投资者可以考虑近年来在市场上发展更好的投资领域，选择符合国家重点政策的投资产品。㊂

4.3.3 定量分析 ESG 投资组合

投资者应基于投资领域中的投资组合理论、资本资产定价理论、套利定价理论和多因子模型理论，对 ESG 产品的投资组合进行量化分析。为了满足日益增长的 ESG 投资组合需求，市场上存在多种 ESG 投资方案，但是不同投资者的投资目的不同，对 ESG 的重视程度也不同，所以投资组合存在很大差

㊀ 待势乘时点绿成金丨ESG 投资，势在“毕”行一：开篇。详见 https://baijiahao.baidu.com/s?id=1779453977563676080&wfr=spider&for=pc.

㊁ 干货篇 1 投资者如何选择 ESG 基金。详见 https://www.bilibili.com/read/cv20807508/.

㊂ 金融研究丨我国 ESG 基金成色尚不足，主题投资策略仍是上选。详见 https://m.thepaper.cn/baijiahao_20303361.

别。首先，投资者应该思考清楚 ESG 和 Alpha 收益之间的权重分配程度，然后在传统因子的基础上，何种投资组合能使得 ESG 和 Alpha 收益最大化。

参考已有报告，为了实现 ESG 投资目的收益最大化，可以从以下三个方面构建框架（Mike and Mussalli，2020）。

第一，考虑 ESG Alpha 因子。对于投资者来说，想要将 ESG 因素纳入其资产配置中，需要明确 ESG 因素是否会影响其投资组合的回报。随着 ESG 理念逐渐成为全球共识，ESG 披露的相关政策也不断完善，ESG 评级层出不穷，ESG 投资的规模迅速扩张。因此，投资者越来越意识到 ESG 和 Alpha 并不是相互排斥的。已有研究发现，ESG 表现更好的公司能获得更高的市场回报，即高评级公司相对低评级公司其股票平均收益率更高（李瑾，2021），而违背 ESG 原则的公司可能会面临更多的企业风险以及更差的表现。投资者需要考虑哪些因素会影响 Alpha 收益，通过构造 ESG Alpha 因子，识别公司的系统性风险和特定风险。

第二，寻找 ESG 投资的重要性指标。ESG 投资的重要性指标指的是会对公司业绩产生不可忽视的影响的指标，通过重要性原则确定重要性指标就能将 ESG 因子与 Alpha 回报联系起来。从行业角度来看，不同的公司服务对象不同，对它们所产生重要影响的指标也不同。例如，对于工业行业内的公司而言，环境问题至关重要；而对于服务业的公司而言，员工满意度和顾客满意度关键；此外，治理方面的指标对所有公司而言都非常重要。因此，投资者需要评估第一步所选择并构建的 ESG Alpha 因子的重要性，根据公司的行业或者具体特性从中筛选出几个最相关的因子作为 ESG 投资的重要性指标。

第三，构建 ESG 投资组合。投资者的投资目标是 Alpha 收益最大化，同时风险最小化，但是投资者对 ESG 因素的重视程度不同，这意味着不同的投资者对于 ESG 投资组合具有不同的偏好。投资者在确定了 ESG Alpha 因子并筛选出 ESG 投资的重要性指标后，需要对已有的投资产品的综合收益和风险进行评估，寻找符合个人偏好且最能带来长期价值的投资组合。此处讨论的方法基于以下三点：① 1SG Alpha 因子不仅需要将 Alpha 和 ESG 两者结合，还需要较好地表现公司的 ESG 特征；②遵循重要性原则，筛选 ESG 对公司的运营产生重要影响的相关指标；③参考 ESG 投资者偏好的投资组合，找到最符合预期的投资组合。

4.4 ESG 投资管理

ESG 投资管理是指对 ESG 投资组合中企业的表现和风险进行实时和动态的监测和评估，根据变化的情况及时调整组合的构成和权重，以实现更好的收益和风险控制。ESG 投资组合的动态管理可以帮助投资者更好地把握企业 ESG 表现和风险的变化趋势，及时优化投资组合，从而提高长期收益并实现可持续发展的目标。

4.4.1 相关步骤

ESG 投资管理包括以下几个方面。

第一，ESG 信息的定期收集和分析。这一步是指要定期收集和分析与投资组合中企业的 ESG 表现和风险有关的数据和指标，根据自身的投资目标有侧重点地搜集环境、社会和公司治理这三个方面的数据，例如产品质量、气候变化、供应链管理等。此时，投资者可以尝试建立有效的 ESG 数据收集和分析系统。在确保能够可靠、准确和及时地获得 ESG 数据的同时，对数据进行筛选和分析以跟踪和评估企业的 ESG 表现和风险。

第二，风险的实时监测和分析。持续跟踪投资组合中企业的风险，及时识别和处理风险问题。投资者可以通过设置警报机制、定期评估和数据分析等方式监测 ESG 风险的变化趋势。投资者应定期评估 ESG 风险和机会，对企业的环境、社会和公司治理等方面进行细致分析。根据投资目标确定对三个维度的重视程度，利用所获取的数据积极识别投资组合中可能存在的 ESG 风险，并把握 ESG 相关机会。

第三，投资组合构成的动态调整。根据 ESG 评级和分析结果，选择合适的企业进入投资组合，并调整权重不合适的企业退出投资组合。这些调整可以人为操作，也可以依靠机器学习和人工智能等技术进行智能调整。此时，投资者不仅要关注 ESG 产品的相关信息，更应该密切追踪 ESG 行业和市场的发展趋势，了解相关行业的 ESG 风险和机会，这有助于把握市场机会并识别潜在的系统性风险，及时调整投资组合。同时，要根据 ESG 评估和分析的结果，采取不同的调整方法，例如筛选新的 ESG 优秀企业加入投资组合，剔除 ESG 风险较高的企业，以及调整投资组合中企业的权重。

第四，投资组合绩效的跟踪和评估。监测 ESG 投资组合的绩效和相对指标，例如市场指数和 ESG 指数等，综合评估投资组合带来的收益。这可以帮助投资者了解其投资组合的表现，并与行业和市场进行比较。实际上，ESG 投资组合的动态管理需要长期的关注和投入，同时也需要灵活性和判断力，以在不同的市场和行业条件下实现长期的投资目标。此外，也要注重投资组合的多样化，例如行业、地域和规模等方面的多样化，以平衡投资组合的风险和回报并降低单一风险的影响。总体而言，ESG 投资组合的动态管理需要投资者保持对 ESG 数据的敏感性和灵活性，同时结合有效的分析工具和方法，更好地把握 ESG 因素对投资组合的影响，并实现可持续的投资目标。

第五，沟通与报告。在 ESG 投资管理中，与被投资企业沟通是至关重要的环节。通过与被投资企业进行沟通，投资者可以更好地了解企业的 ESG 实践，推动企业在环境保护、社会责任和公司治理方面不断改进，从而实现可持续发展的目标。同时，这种沟通也有助于投资者评估企业的 ESG 风险和机遇，为投资决策提供依据。除了与被投资企业沟通之外，对于基金经理这类机构投资者而言，与客户进行沟通同样至关重要。通过积极地与客户沟通和交流，基金经理可以更好地了解客户的偏好和需求，从而提供更加个性化和符合期望的投资解决方案，建立透明度和信任，帮助客户更好地了解 ESG 投资的影响和成果，从而为长期的合作关系奠定基础。

4.4.2 主要方法

投资者还需采取多种方法对 ESG 投资组合进行动态管理。

第一，定期进行 ESG 评估和筛选。定期对投资组合中的企业进行 ESG 评估和筛选，评估其 ESG 表现和风险状况。投资者可以使用多种 ESG 评级和评估模型，如 MSCI ESG 评级、Sustainalytics 评级等，根据投资目的选择适合自身的一个或者几个 ESG 评级进行评估。根据评估结果，决定是否调整投资组合中企业的权重或剔除风险较高的企业。

第二，动态权重调整。根据投资组合中企业的 ESG 表现和风险状况，及时调整其权重。可以采用积极权重调整策略，提高 ESG 优势企业的权重，降低 ESG 劣势企业的权重。也可以采用反向权重调整策略，降低 ESG 劣势企业的权重，提高 ESG 优势企业的权重。

第三，指数基准和跟踪误差控制。选择适当的 ESG 指数作为投资组合的基准，并控制投资组合与指数的跟踪误差。根据指数的调整和变化，及时调整投资组合的构成和权重，以确保投资组合与指数的接近程度。

第四，利用机器学习和数据分析技术。利用机器学习和数据分析技术来预测企业的 ESG 表现和风险，识别潜在的投资机会和风险。通过对大量数据进行分析，辅助决策，提供更准确的 ESG 信息和预测结果。

第五，追踪 ESG 趋势和行业动态。密切关注 ESG 趋势和行业动态，了解 ESG 领域的最新变化，包括政策变化、技术创新、社会舆论等因素，及时调整投资组合以适应新的 ESG 环境。

此外，投资者还可以与企业积极沟通，定期回顾投资组合的 ESG 表现和管理结果。通过上述这些方法，投资者可以更灵活地管理 ESG 投资组合，结合 ESG 评估和风险管理，以实现可持续的投资目标。

4.4.3 重点环节

ESG 沟通和风险识别是 ESG 投资管理的重点环节。

1. ESG 沟通

ESG 沟通是双向行为，投资者和企业在其中都发挥着至关重要的作用。在这个过程中，投资者和企业之间的合作和互动至关重要，以确保 ESG 议题得到有效的理解、沟通和落实。投资者通过积极参与 ESG 投资尽责管理和积极所有权，加强了企业在 ESG 方面的改善，而企业则需要积极回应投资者的关切，提供透明的 ESG 信息，并与投资者共同探讨 ESG 战略和实践。只有通过投资者和企业之间的紧密合作，才能够实现 ESG 沟通的双向目标，共同推动可持续发展。

ESG 投资尽责管理与积极所有权在 ESG 沟通中扮演着至关重要的角色，通过增强透明度与信任、推动 ESG 改善、强调长期价值和倡导行业标准等方式，促进了投资者与企业之间的合作，推动了 ESG 投资的发展和实践。尽责管理是指投资者作为股东，对其投资的企业进行积极监督和管理的过程。这种管理不仅仅是关注企业的财务表现，还包括监督企业在环境保护、社会责任和公司治理方面的实践。尽责管理的目的是确保企业的长期可持续性，同时保护投资者的利益。积极所有权是指投资者作为股东，积极参与被投资企业的决策过程，以推动企业改善 ESG 表现。

具体来看，投资者可以采取一系列措施来促进 ESG 沟通：通过积极履行股东权利与被投资企业进行对话，投资者可以促进企业披露其 ESG 实践，并促使其提供更多有关可持续发展的信息。这能增强市场透明度，建立投资者与企业之间的信任关系。通过投票权行使、对话和股东提案等方式，投资者可以直接影响企业的 ESG 实践，并推动其改善在环境、社会和治理方面表现。这有助于促使企业更加重视 ESG 问题，并采取积极的措施来应对相关挑战。通过与被投资企业进行定期对话和沟通，投资者可以强调 ESG 因素对于企业长期价值的重要性。这有助于引导企业更加注重可持续发展，并采取长远的战略来应对 ESG 挑战，从而提升企业的长期竞争力和盈利能力。此外，通过与多家企业进行沟通，投资者可以推动整个行业提升 ESG 标准，并促进行业内的良性竞争和共享最佳实践。这有助于构建一个更加可持续和负责任的行业生态系统。

2. ESG 风险识别

ESG 风险识别是指对企业在环境、社会和公司治理方面潜在风险的辨识和评估过程。ESG 风险识别旨在帮助企业辨别 ESG 问题可能对其业务、声誉和可持续发展产生的负面影响，并为其制定相应的风险管理和应对策略提供基础。其中，环境风险包括气候变化、自然资源使用和管理、能源效率、废弃物处理、生物多样性保护等与环境相关的风险；社会风险涵盖劳工权益、供应链管理、人权问题、社区关系、产品安全和质量等与社会相关的风险；公司治理风险则包括腐败和不道德行为、股东权益保护、信息披露、独立董事制度等与企业治理结构和决策流程相关的风险。

（1）注意事项

ESG 风险识别不仅是对企业内部潜在风险的评估，也涉及外部的法律、监管和利益相关方的关注点。通过 ESG 风险识别，企业能够更好地了解和管理与其经营活动相关的环境、社会和治理风险，从而为企业的可持续发展和长期价值创造提供保障。在进行 ESG 风险识别时，需要注意以下几点：第一，环境风险，包括气候变化、资源短缺、能源效率、废物管理等。评估企业对环境的影响，如温室气体排放、水和能源使用情况，并考虑相关的法规、政策和技术变革对企业的影响。第二，社会风险，包括劳工权益、供应链管理、人权问题、社区关系等。评估企业与员工、供应商、当地社区和其他利益相关方之间的互动，并识别与社会期望不符合的风险。第三，公司治理风险，包括腐败和不道德行为、信息披露、独立董事制度等。评估企业的治理结构和治理效果。第四，法律和合规风险，评估企业是否遵守法律和规章制度，了解相关行业的法律要求，并识别与合规要求不符的风险。第五，品牌和声誉风险，识别可能损害企业品牌和声誉的 ESG 问题，如公众舆论、社交媒体声音和潜在的丑闻等。第六，投资者和利益相关方的关注点，了解投资者和利益相关方对于 ESG 问题的关注，并评估与其关注点不匹配的风险。另外需要提醒的是目前市场上部分相关产品的“ESG 含金量”未必如投资者想象得那么高，因此投资者一定要警惕“洗绿”的陷阱。

（2）识别方法

ESG 风险识别方法基于对企业在环境、社会和公司治理方面的风险进行全面评估和分析。以下是一些常见的 ESG 风险识别方法：第一，进行环境和社会影响评估，包括评估企业的碳足迹、水资源利用、废物管理、安全和健康风险、劳工权益等。通过评估企业各个环节的影响和潜在风险，可以识别出与环境和社会相关的风险。第二，行业和地区风险分析，了解所在行业和地区的 ESG 风险特点和趋势。通过分析类似企业在同一行业和地区的 ESG 表现和风险，可以识别出与行业和地区相关的风险。第三，咨询和调研利益相关方，积极与利益相关方进行沟通和咨询，了解他们的关注点和意见。通过关注利益相关方的需求和期望，可以识别出与利益相关方关系紧密的社会和治理风险。第四，数据和指标分析，收集和分析与 ESG 相关的数据和指标，包括环境报告、社会绩效指标、公司治理评级等。通过对数据和指标进行分析，可以识别出与 ESG 表现和绩效相关的风险。第五，ESG 评级和研究报告，参考独立的 ESG 评级机构和研究报告，了解企业的 ESG 表现和风险。这些评级和报告可以提供专业的视角和分析，帮助企业识别出可能存在的 ESG 风险。第六，风险矩阵和场景分析，利用风险矩阵和场景分析等工具，系统地评估和筛选 ESG 风险。通过对潜在的 ESG 风险按照可能性和影响程度进行分类和评估，可以确定和优先处理高风险的问题。以上方法可以单独或组合使用，以全面识别和评估企业的 ESG 风险。识别出潜在的 ESG 风险后，企业可以制定相应的风险管理和应对策略，以减少负面影响，并实现可持续发展的目标。

第 5 章　ESG 投资策略

ESG 投资已成为塑造资本流向、驱动企业变革的关键力量。本章致力于深入剖析这一领域的负面筛选、正面筛选、标准筛选、可持续主题投资、ESG 整合、影响力投资、企业参与及股东行动七大核心投资策略，展现其从单纯伦理考量到精明商业决策的历程，再到策略组合运用的创新实践，以此洞察 ESG 策略的实施细节，领悟 ESG 投资实践中对社会责任的坚守与对经济效益的追求如何和谐共存。

5.1　ESG 投资策略的种类

ESG 投资策略提供了一种将环境、社会和公司治理因素纳入投资决策的方法，以实现可持续发展和长期价值。全球可持续投资联盟（GSIA）将 ESG 投资策略分成七种类型，这也是全球目前认可度最高的分类标准，包括负面筛选、正面筛选、标准筛选、可持续主题投资、ESG 整合、影响力投资、企业参与及股东行动七种 ESG 投资策略。这些 ESG 投资策略可以分为三类：一是筛选类，即基于既定的标准对投资标的进行排除和选择，主要包括负面筛选、正面筛选、标准筛选、可持续主题投资；二是整合类，ESG 整合，即将 ESG 理念融入传统投资框架；三是参与类，即通过投资推动公司采取行为，从而实现积极的环境、社会影响，主要包括影响力投资、企业参与及股东行动（见

表 5-1）。其中，筛选类与整合类的 ESG 投资策略通常被应用于构建投资组合，而参与类的 ESG 投资策略则多被用于提升被投对象的 ESG 表现。ESG 投资策略是 ESG 理念得以落地的载体，在具体实践中，投资机构通常采用多策略组合，而非单一策略。通过使用七大 ESG 投资策略，投资者可以在追求回报的同时，关注企业的 ESG 表现，推动企业更好地面对未来的挑战，实现可持续发展的目标。

表 5-1　ESG 投资策略分类及特点

ESG投资策略类别	具体ESG投资策略	特点
筛选类	负面筛选	将特定行业（烟草、武器）或者特定行为的企业（如侵犯人权、腐败）排除在投资标的之外
	正面筛选	投资于 ESG 表现优于同行的企业或项目，ESG 得分需要达到一定阈值
	标准筛选	筛选达到国际组织制定的环境、人权等相关国际惯例、规范最低商业标准的企业进入投资池
	可持续主题投资	投资于有助于实现可持续发展的行业或者资产（清洁能源、可持续农业、绿色建筑等）
整合类	ESG 整合	将 ESG 与传统财务分析相结合
参与类	影响力投资	为实现积极的环境和社会影响而进行的投资，需要汇报回报和衡量投资产生的贡献
	企业参与及股东行动	利用股东权利，督促被投企业制定 ESG 发展战略、改善 ESG 实践

注：资料来源于作者整理。

以上七种 ESG 投资策略各具特点，反映了投资者在考虑环境、社会和治理因素时的不同取向和方法。这些策略不仅考虑了公司整体的 ESG 表现，还能制定针对特定行业、领域进行更为精细化的 ESG 投资策略，以更好地实现可持续发展目标。

随着 ESG 投资市场规模持续扩大以及投资经验的不断积累，近年来，ESG 投资策略也在不断更新和优化。投资者逐渐意识到，仅仅关注财务指标已不足以全面评估一家公司的长期价值。相反，他们开始将重要的ESG因素纳入投资决策过程中，这些因素包括但不限于环境影响、社会责任和公司治理。通过这种方式，投资者能够更全面地了解公司的可持续性和风险管理能力，从而做出更明智的投资选择。可以预见，未来的ESG投资策略将更加全面、系统，并进一步将ESG因素融入投资决策过程中。这将有助于实现可持续发展目标，并为投资者带来长期稳健的投资回报。

5.1.1 负面筛选

负面筛选策略（Negative/Exclusionary Screening）是ESG投资中历史最悠久的方法之一，也被称为排斥性筛选策略或排他筛选策略，即把ESG表现较差的公司排除在投资组合选择之外，是做“减法”的策略。它是整个ESG投资理念体系的起源，并且在各种投资场景中得到广泛应用。它通过排除ESG表现较差的公司来构建投资组合，例如生产某些类别产品（如烟草、军工、化石燃料等）的公司、存在某些行为（如高碳足迹、腐败、环境诉讼）的公司或者未达到设定ESG得分最低标准的公司。在公司治理方面，多数投资者会将不透明的会计核算、高质押股权、低水平公司治理能力等作为风险警戒线，一旦存在这些情况，则在构建投资组合时避开这些公司。

有些ESG指数是剔除涉及某些业务的公司之后，采用市值加权法进行编制。例如，先锋领航集团（Vanguard Group）的富时社会指数资金（FTSE Social Index Fund）和国内的沪深300ESG指数，在编制时均剔除了涉及化石燃料、烟草、博彩等业务的公司。同时，部分基金根据企业的ESG得分做出投资决策，排除ESG得分或排名低于一定标准的企业。以创金合信ESG责任投资股票A为例，其基金招募说明书显示，该基金剔除了公司ESG责任投资评级为B以下的公司。此外，欧洲最大的养老金资产管理公司荷兰汇盈资产管理公司（APG Asset Management，简称“APG”），已经建立了一套严格的产品排除准则。这些准则旨在排除那些对人类有害、通过投资活动无法实现积极改变的企业，特别是烟草制造商和化石燃料生产商。APG运用其主要养老金客户——荷兰公共部门养老金（ABP）——针对某些产品设定的上市公司排除清单来执行负面筛选。

虽然负面剔除法简单易行且受 ESG 投资者欢迎，但存在明显缺陷。首先，由于伦理道德标准的多样性，投资时难以形成统一的筛选框架。伦理道德的内在价值与评判标准随着时代的变化而不断演进。这意味着，负面因素可能会随着社会观念、价值观和道德标准的改变而发生变化。投资者、金融机构和 ESG 评级机构等也会根据其自身的价值观和利益考虑来评判某个行业或公司是否具有负面因素。因此，缺乏统一的标准使得确定哪些公司属于负面清单变得相对主观和复杂。其次，除了伦理道德标准的多样性外，还存在着国别、区域和主体等多个因素的影响。不同国家和地区的法律、监管和文化背景都会对负面剔除的标准设定产生影响。因此，ESG 投资者在负面清单的制定时需要综合考虑多个因素，并根据具体情况进行分析和评估，以避免过于笼统或片面地划定界限。

5.1.2 正面筛选

正面筛选策略（Positive/Best in Class Screening），与负面筛选相反，正面筛选是根据 ESG 标准对同一行业或领域内的企业进行评估，挑选 ESG 表现最好的企业，或者为能够入选投资组合的企业 ESG 得分设置下限，是做“加法”的策略。这一策略包括主动型投资和被动型投资。主动型投资为将 ESG 因素纳入考量的公司提供融资，以降低投资的长期风险。而被动型投资则追踪整合了传统指数的 ESG 指数，剔除不符合预先确定的 ESG 筛选标准的部分公司，再做出投资决策。

正面筛选这一策略通常应用在 ESG 指数编制上，例如 MSCI ESG 领先指数采用正向筛选和负向筛选相结合的方法，筛选出评级 BB 或以上并且争议分数在 3 分以上的公司，同时剔除掉争议性武器、核武器、民用武器、烟草、酒精、传统武器、赌博、核电、化石燃料开采、火力发电等行业的公司。与此同时，正面筛选也被投资者用于股票、债券的投资过程中。APG 认为从长期视角来看，正向筛选更具积极意义。APG 对可投资企业开展了全面评估，该评估从风险、回报、成本和可持续性四个维度出发，基于评估结果将企业分为六类：领导者、新列入的领导者、潜在改进者、落后者、新列入的落后者及无数据。此评估过程综合考量了联合国全球契约组织（UN Global Compact）的原则以及与行业相关的特定风险因素。在 APG 2020 年的投资组合中，有 81% 的企业被评为“领导者”，这表明它们在上述评估维度中表现卓越；而仅有 5% 的企业被认定为“潜在改进者”，需要在某些方面进行改善；“落后者”的比例更是微乎其微，仅占 0.2%，这一比例远低于整体投资池中的相应比例。

正面筛选策略为 ESG 评估模型建立了核心支柱，但若纯粹使用正面筛选策略，优中选优将会使投资范围过度缩小，客观上形成了投资倾斜，投资风险敞口可能会集中在某些地区或行业类型上。

5.1.3 标准筛选

标准筛选（Norms-based Screening）也叫国际惯例筛选，根据国际规范来筛选出符合最低商业标准或发行人惯例的投资对象。相比正面筛选和负面筛选所依据的特定条件，标准筛选使用的是现有框架中的“标准”，包括由联合国、经济合作与发展组织等机构发布的关于环境保护、人权、反腐败等方面的契约和倡议。标准筛选的目标是确保投资符合国际规范，遵守全球共识的商业行为准则。这种筛选方法可以用于剔除那些不符合国际劳工组织最低标准的公司，以确保投资不涉及侵犯劳工权益的企业。例如，联合国全球契约十项原则是一个重要的国际框架，旨在促进可持续发展和企业社会责任。标准筛选可以基于联合国全球契约的原则，对企业的环境、社会和治理表现进行评估，并筛选出符合这些标准的投资对象。标准筛选在投资决策中起到了引导作用，促使投资者更加关注企业的商业行为和道德责任。它强调了企业必须遵守的国际规范，以及对环境、人权和反腐败等领域的承诺。通过采用标准筛选，投资者可以将自己的价值观与投资决策相结合，推动可持续发展和负责任投资的实践。

需要注意的是，标准筛选并非仅限于单一的国际框架或契约，而是要综合考虑多个国际组织发布的相关标准和准则。其目的是确保投资符合全球共识，避免涉及具有争议或不符合国际惯例的企业。标准筛选作为一种 ESG 投资策略，它确保投资者的资金将投向遵守全球商业行为准则的企业，并推动可持续发展和负责任投资的实践。

标准筛选在 ESG 投资市场上也得到了良好实践。荷宝资产管理公司（Robeco Asset Management）将排除政策分为三类：基于规范的排除、基于活动的排除、基于国家的排除。其中，基于规范的排除即是运用了标准筛选的投资策略。荷宝资产管理公司将评估企业是否遵守国际劳工组织标准、联合国指导原则、联合国全球契约的原则、经合组织的跨国企业准则等国际规范，若企业有违反行为，则会被排除出投资范围。

5.1.4 可持续主题投资

可持续主题投资（Sustainability Themed Investing）指的是对专门促进可持续性环境和社会解决方案（例如可持续农业、绿色建筑、低碳倾斜投资组合、性别平等、多样化）的主题或资产进行投资。可持续主题投资的核心思想是将资金投向与可持续发展目标相关的行业和领域。通过资金引导，支持那些致力于解决环境和社会问题的企业和项目。与传统的 ESG 评价不同，可持续主题投资聚焦于特定的环境和社会问题，并将投资视为解决这些问题的一种手段。它强调长期社会发展趋势，关注的是整体的可持续性目标，而非单一公司或行业的 ESG 表现。这种投资方法为投资者提供了一种将资本与社会责任相结合的方式，推动可持续发展的实践。

2015 年，联合国通过了《改变我们的世界——2030 年可持续发展议程》，提出 17 项具体的可持续发展目标（SDGs），其中包含了 5 项环境领域可持续发展目标、8 项社会领域可持续发展目标以及 4 项经济领域可持续发展目标（包括公司治理）。联合国可持续发展目标是 21 世纪的全球范围国际协议和国际规范，为可持续主题投资提供了参考与遵循。具体内容如表 5–2 所示。

表5-2　17项可持续发展目标（SDGs）

序号	名称	所属领域	内容
1	无贫困	社会	在全世界消除一切形式的贫困
2	零饥饿	社会	消除饥饿，实现粮食安全，改善营养状况和促进可持续农业发展
3	健康良好与福祉	社会	确保健康的生活方式，促进各年龄人群的福祉
4	优质教育	社会	确保包容和公平的优质教育，让全民终身享有学习机会
5	性别平等	社会	实现性别平等，增强所有妇女和女童的权益
6	清洁饮水和卫生设施	环境	为所有人提供水和环境卫生并对其进行可持续管理
7	经济适用的清洁能源	环境	确保人人获得负担得起、可靠和可持续的现代能源
8	体面工作和经济增长	经济	促进持久、包容和可持续经济增长，促进充分的生产性就业和人人获得体面工作
9	产业、创新和基础设施	经济	建造具备抵御灾害能力的基础设施，促进具有包容性的可持续工业化，推动创新
10	减少不平等	社会	减少国家内部和国家之间的不平等
11	可持续城市和社区	经济	建设包容、安全、有抵御灾害能力和可持续的城市和人类居住环境
12	负责任消费和生产	经济	采用可持续的消费和生产模式
13	气候行动	环境	采取紧急行动应对气候变化及其影响
14	水下生物	环境	保护和可持续利用海洋和海洋资源以促进可持续发展
15	陆地生物	环境	保护、恢复和促进可持续利用陆地生态系统，可持续管理森林，防止荒漠化，制止和扭转土地退化，遏制生物多样性的丧失
16	和平、正义与强大机构	社会	创建和平、包容的社会以促进可持续发展，让所有人都能诉诸司法，在各级建立有效、负责和包容的机构
17	促进目标实现的伙伴关系	社会	加强执行手段，重振可持续发展全球伙伴关系

资料来源：根据可持续发展官方网站相关内容整理。

在 ESG 主题投资领域，新加坡政府投资公司（GIC）致力于管理公司的外汇储备，并形成了独特的“O-D-E 框架”（Offence-Defence-Enterprise Excellence）。该框架中，“进攻型投资”（Offence）主要指的是通过各项举措抓住机遇：将可持续性因素纳入投资流程，积极推动被投资公司实现可持续发展，投资 ESG 解决方案机会，并通过提高投资组合应对气候变化风险的韧性等措施实现可持续发展。“防守型投资”（Defence）则是针对 ESG 风险进行规避和管理，确保投资组合的长期稳健。同时，“企业卓越”（Enterprise Excellence）方面关注的是投资组合的整体表现，以及如何通过 ESG 投资实践来促进企业的卓越表现。GIC 在多个与 ESG 相关的主题上进行投资，包括可持续能源、绿色建筑和低碳转型等领域。以可持续能源为例，GIC 先后投资了印度最大的可持续能源独立发电厂 Greenko 和菲律宾最大的地热发电厂（Energy Development Corporation，EDC），通过帮助企业优化资本结构和转变战略实现可持续发展。GIC 透过投资于 ESG 解决方案的机会，积极推动被投资公司的可持续发展，以及提高整体投资组合的韧性，使其更能应对气候变化风险。这些举措反映了 GIC 在 ESG 投资领域的深入思考和实践，为全球 ESG 投资做出了积极贡献。

而在国内主题投资方面，华润元大 ESG 主题基金是国内可持续主题投资的主要基金之一，华润元大 ESG 主题混合型证券投资基金和华润元大 ESG 主题混合 C 将 ESG 原则与价值投资理念相结合，精选在可持续发展特点主题方面表现较为突出、成长性较好的企业，在投资组合中重点关注应对气候变化、能源转型等绿色产业。㊀

5.1.5 ESG 整合

ESG 整合策略（ESG Integration）是将 ESG 因素与传统财务信息相融合，对投资标的进行全面评估的策略。它通过研究财务状况和非财务的 ESG 分析，融合投资角度和财务绩效的双重目标，选择具有突出财务绩效和 ESG 表

㊀ 资料来源：天天基金网，详见 http://fundf10.eastmoney.com/jbgk_014124.html.

现的资产组合，以较低成本改善了目标投资组合。ESG 整合策略以问题为导向，解决了负面剔除带来的问题，提升了投资组合的 ESG 质量，同时不增加风险暴露和牺牲投资收益。ESG 整合包括个股公司研究和投资组合分析两部分。个股公司研究主要是从多重渠道（包括但不限于公司财报和第三方研报）收集财务和 ESG 信息并加以分析，找出影响公司、行业的重要财务和 ESG 因子。投资组合分析则是评估上述重要因素（财务、ESG 等）对投资组合的影响，并据此调整预期财务数据、估值模型或者调整投资组合内股票的权重。

ESG 整合可分为三个步骤：研究、证券和投资组合分析、投资决策。具体说明如图 5-1 所示。

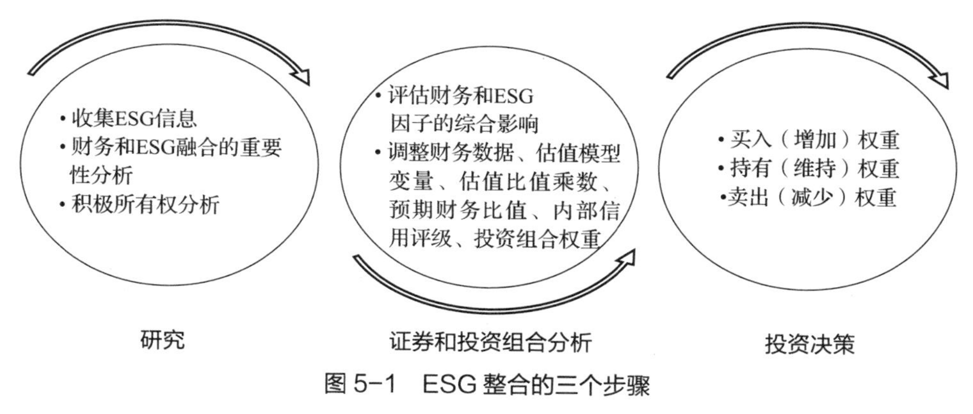

图 5-1 ESG 整合的三个步骤

注：资料来源于《中国的 ESG 整合：实践指导和案例研究》。

以荷宝投资管理集团（Robeco Group）可持续权益投资为例，Rebeco 将投资团队分为 ESG 投资团队和权益投资团队，ESG 投资团队更关注可持续发展业绩排名和实质性议题，在选出可持续方面表现比较突出的公司之后，权益研究团队将从财务角度分析 ESG 实质性议题对公司的竞争地位和价值驱动力的影响，这一影响越大，ESG 因素对投资组合的影响越大。

ESG 整合策略是马科维茨资产组合思想的现代化具体表现，通过量化优化提升资产组合的风险调整收益，这是现代投资思想的理论原点。ESG 整合策略是主动整合策略的典型代表，在实际应用中有巨大的发展空间。国际资本市场的实践也证实了 ESG 整合策略的发展趋势，ESG 投资正从负面剔除转向

ESG 整合。全球可持续投资联盟数据显示，2020 年 ESG 整合策略取代负面筛选策略，成为目前市场上份额占比最高的 ESG 投资策略，资金规模超过 25 万亿美元。随着信息披露和评价体系的完善，ESG 整合策略正成为核心的 ESG 投资策略。

5.1.6 影响力投资

影响力投资（Impact/Community Investing）旨在通过具有可持续发展理念的投资方式，在关注财务回报的同时，以产生具体可持续发展正向影响的项目为投资目标，从而实现投资回报和社会价值的双赢。[一] 这种投资模式由洛克菲勒基金会于 2007 年前后提出，此后影响力投资在全球范围迎来了高速发展时期。影响力投资通过将关注点放在产生具体可持续发展正向影响的投资项目上，追求一定的财务回报的同时，也注重社会和环境影响力的量化回报指标。其主要目标是改善发展中国家社会底层的民生问题，或通过投资行为创造积极的社会和环境效应。影响力投资通常选择那些能够带来正面社会或环境效益的企业作为投资对象，这些企业主要集中在与民生密切相关的领域，如环境保护、可再生能源、住房解决方案、基础教育和医疗健康等行业。通过积极参与并支持解决社会问题的投资项目，影响力投资者可以通过资本的力量推动可持续发展和社会变革。这种投资模式要求投资者在决策过程中综合考虑环境、社会和治理（ESG）因素，以确保投资项目的长期可持续性和利益最大化。

全球影响力投资网络（GIIN）对影响力投资进行了全面界定，对其基于四大要素进行划分：主观目的性、财务回报、跨资产类别和收益层级分布以及影响力计量。这四个核心要素有效区分了影响力投资与传统投资或公益慈善等概念的差异。首先，“主观目的性”强调了影响力投资的目的性，即通过投资活动来促进环境、社会等领域的公益事业发展。这使得影响力投资与仅以追求利润为目标的传统投资有了明显的区别。其次，“财务回报”表明影响力投资虽然具有公益目标，但其实质仍是一种投资活动，需要兼顾财务回报。这一

[一] 资料来源：全球影响力投资网站，详见 https://thegiin.org/impact-investing/.

要素使得影响力投资能够在追求社会效益的同时实现经济效益。再次，“跨资产类别和收益层级分布”意味着影响力投资可以涵盖多种资产类别，并且其财务回报目标的范围非常广泛，从低于市场回报水平到正常的风险市场收益率均可。这一特点使得影响力投资具备更大的灵活性和适应性。最后，“影响力计量”对影响力投资进行了量化描绘，帮助影响力投资者评估其在环境、社会等领域的投资绩效。这有助于确保影响力投资能够产生实际的、可衡量的影响。通过以上四大要素，GIIN 提供了一个清晰的框架来界定影响力投资，使其与传统投资和慈善事业明确区分开来，并帮助投资者更好地理解和实践影响力投资的核心理念。

目前，市场上已经出现了多样化的影响力计量框架和工具（见表 5–3），以匹配不同的行业及业务逻辑。

表 5–3　影响力计量框架和工具

序号	名称	简称	特色
1	B– 分析	B Analytics	全世界最大的社会与环境表现数据库（包括 1100 多家企业），专为私人企业量身打造业内衡量标准，并收集企业的社会与环境数据用于比较
2	成果矩阵工具	—	帮助计划及评估社会影响力的工具，包括九大影响力的结果领域和 15 个受益群体的结果指标和测量。使用者可选择相关的结果、测量及受益群体，并以电子表格的形式导出为使用者量身打造的结果矩阵。由大社会资本（Big Society Capital）、同善投资、新慈善资本（New Philanthropy Capital）和其他机构联合开发
3	Endeavor 影响力评估仪表板	Endeavor	专门衡量企业对所在国家的金融、就业、社会与区域等方面的影响力
4	GIIRS 影响力的评分系统	GIIRS	GIIRS 的评分系统类似晨星的投资评级以及标准普尔的信用风险评级
5	HIP 计分卡	HIP	将各类投资产品的未来风险、回报潜力以及对社会的（净）影响力分成不同的等级。评级标准包括 3 种维度：产品与服务、营运矩阵与管理实践，基于 HIP 的 5 个影响力核心：健康、财富、地球、平等与信赖

（续）

序号	名称	简称	特色
6	IGD 影响力衡量框架	IGD	按行业划分的评价系统，旨在识别社会经济相关的影响力、指标与矩阵。包括 4 个商业战略驱动因素：实现企业成长、提高营运效果及通过价值链提高生产率、承担社会责任、改善运营环境
7	IRIS 影响力报告和投资标准	IRIS	GIIN 创立的普遍适用的业绩矩阵表（通用以及分行业），能帮助企业提供一致、可靠的分析报告，辅助企业之间进行对比，并对投资组合的指标进行加总计算
8	LMDG 逻辑模型开发指南	LMDG	W.K. Kellogg 基金会原为非营利组织研发的工具，用来开发及使用项目逻辑模型。投资者根据指南对影响力投资项目及投资对象进行评估。指南还包括建立逻辑模型的练习、实例分析以及空白的模型模板，以助力投资者创建自己的逻辑模型，还包括更多的资源和参考案例
9	平衡计分卡	—	衡量社会影响力、金融、顾客体验、商务流程以及学习 / 成长五大板块的表现
10	PPI 脱贫进展指数	PPI	用于计算位于国家贫困线与国际贫困线（每天平均收入 1 美元）以下的被调查人群（例如目标客户群）占比的方法，包括详细的操作指南、调查工具及工作表格。可帮助投资人随时追踪受益人群的贫困程度
11	Sinzer 影响力测量软件	Sinzer	实现影响力绘图、高效数据采集和结果分析、提供数据采集模板（例如客户调查），生成仪表板及场景方案。投资人可利用软件平台开发自定义的框架或使用平台已开发的框架
12	SROI 社会投资回报率	SROI	通过将价值归因在特定结果，对社会影响力进行量化处理的方法。影响力以货币或者货币化方式进行衡量。SROI 将项目划分为投入、活动、输出及结果 4 个方面
13	TRUCOST 环境影响力衡量工具	TRUCOST	企业用于衡量环境影响力的工具。不仅能量化企业对环境的影响力，还能为企业的环境影响力定价，并且帮助企业指出相关的营业风险

（续）

序号	名称	简称	特色
14	影响力衡量框架	—	帮助管理层落实企业社会经济影响力的识别、衡量、评估和排序的框架和指引，包括工作文本、样本指标与矩阵

注：根据《影响力投资》相关内容整理。㊀

作为全球最大的保险集团之一，法国安盛集团在责任投资领域已经有近20年的实践经验。在影响力投资方面，安盛于2012年建立了影响力投资战略框架，现在安盛管理着各种影响力战略，从私募股权投资到绿色、社会和可持续发展债券以及上市股票和债券，旨在提供与医疗保健、气候变化和生物多样性等问题相关的解决方案。安盛根据国际金融公司（IFC）的九大原则展开影响力投资，并取得了可衡量的社会和环境影响。IFC的影响力投资九大原则分别为：①明确发展影响力的战略目标，并与投资策略保持一致；②以投资组合为整体管理影响力；③明确资产管理者对实现影响力发展的贡献；④以系统的方法，评估每一项投资的预期影响力；⑤评估、应对、监测和管理每一项投资的潜在负面影响；⑥根据预期目标，监控每一项投资实现影响力的过程，并在需要时采取相应措施；⑦退出策略须考虑其对影响力发展的可持续性带来的影响；⑧对影响力的实现情况和取得的经验教训进行回顾、存档，并对决策和流程提出改进意见；⑨公开披露对“原则”的遵守情况，并就此定期开展第三方核证。

影响力投资的发展受益于全球对可持续发展的日益关注和认识的提升。越来越多的投资者开始不仅仅追求短期的财务回报，他们希望通过投资行为来推动社会和环境的积极变革。政府、非营利组织和商业界也在积极推动影响力投资的发展，创造更多的机会和支持框架。

㊀ 资料来源：《影响力投资》，作者为尤莉亚·巴兰迪纳·雅基耶。

5.1.7 企业参与和股东行动

企业参与及股东行动策略（Corporate Engagement and Shareholder Action）是指投资者利用所持股票积极参与和管理投资对象，采取多种方式实现公司的良性变革。这一策略的实施方式多样，有助于提高企业的环境、社会和治理（ESG）表现，以满足不断增长的可持续发展需求。企业参与及股东行动策略的实施具体包括：直接与高管和董事会沟通，提出明确的要求，推动企业改变不符合可持续发展原则的行为和政策；要求持股公司进行更详尽的 ESG 信息披露，以便评估其可持续发展能力和社会影响；提交或共同提交股东提案；通过股东投票支持有助于促进 ESG 目标的提案和决议等。通过参与运营决策和董事会投票，投资者主动参与企业的治理，并通过推动和引导公司采纳 ESG 理念，实现对投资对象的积极影响。这种股东行动策略的实施，反映了投资者对于可持续发展的重视，并意味着他们对企业治理和社会责任的期望正在发生积极的变化。

企业参与及股东行动策略作为一种积极的投资策略，不仅有助于推动企业朝着可持续发展的方向迈进，还为投资者创造了更为可持续和稳健的投资回报。它促使企业思考并解决 ESG 问题，提高企业长期价值和竞争力，同时也有助于构建更加可持续的经济和社会体系。随着 ESG 投资理念的日益普及，这一策略将在未来得到更广泛的应用和推广，并成为投资决策中的重要考量因素。

以法国东方汇理资产管理公司（Amundi）的尽责管理情况为例，Amundi 坚持与被投公司持续对话，他们认为与公司的接触是促进具体变革并有效促进向包容性和可持续低碳经济转型的关键。Amundi 一直将投票和参与工作优先集中在两个主题上：能源转型和社会凝聚力。这两个主题代表了公司的系统性风险情况，Amundi 希望以积极方式整合它们。2021 年，Amundi 参加了 7309 次股东大会，投票表决了 77631 项决议，以实际行动参与了被投公司的公司治理。

5.2 ESG 投资策略的演变

在投资理念的不断迭代与全球可持续发展趋势的激荡之下，ESG 投资策略经历了从理想主义到务实主义的深刻改变。本节将追踪 ESG 策略如何从最初的道德伦理诉求，逐步融入商业决策的核心；从简单的风险回避策略演变为积极寻求正面影响力的主动投资；从单一孤立的方法论汇聚成灵活多维的策略组合，绘制出一幅投资界负责任且可持续发展的新蓝图。

5.2.1 从道德伦理到商业逻辑

最初，ESG 投资主要受到道德伦理和社会责任观念的驱动。然而，随着时间的推移，人们开始认识到 ESG 因素和企业业绩与可持续性之间存在关联，并意识到 ESG 投资可以为投资者带来长期的商业利益。

在早期，投资者主要关注企业是否涉及争议行为、环境破坏或违反道德准则。这种道德层面的考量使得投资者排除那些不符合其价值观的企业，而选择支持那些与他们的伦理原则一致的公司。这反映了当时投资者对道德责任的关注。

然而，随着时间的推移，人们开始认识到社会、环境和公司治理因素对企业经营绩效的影响，这引发了人们对 ESG 因素的更深层次关注。越来越多的研究和证据表明，具备良好的 ESG 绩效的企业往往具有更好的财务表现和市场竞争力。例如，那些重视环境保护、社会责任和有效公司治理的企业更可能实现长期利润增长，并且在风险管理方面表现得更为出色。这种认识的增强逐渐改变了投资者的态度，从单纯的道德伦理驱动转变为更加注重商业逻辑的考量。投资者逐渐认识到，具备良好的环境、社会和公司治理表现的企业更具有可持续性，能够在竞争激烈的市场中脱颖而出。通过关注 ESG 因素，投资者可以降低投资风险、改善长期回报，并满足社会对可持续性投资的需求。他们开始将 ESG 因素纳入投资决策的考量范围，将其视为一种能够带来长期商业利益的投资策略。这种商业逻辑的转变也使得 ESG 因素成为企业战略规划中不可或缺的一部分。

另外，ESG 因素的崛起也促使企业更加重视可持续经营和全面风险管理。企业开始意识到，具备良好的环境、社会和公司治理表现不仅有助于企业赢得投资者的青睐，还能提升员工忠诚度、降低生产成本并获得政府支持。因此，越来越多的企业将 ESG 因素纳入战略规划和日常经营中，将其作为提升竞争力、创造长期价值的重要手段。

随着 ESG 投资理念的普及，越来越多的资金管理者和机构开始提供符合 ESG 标准的投资产品和服务。这进一步推动了 ESG 投资从道德伦理到商业逻辑的转变。资金管理者认识到，通过提供符合 ESG 标准的投资产品，可以吸引更多的资金流入，并满足投资者对可持续性投资的需求。这种商业驱动促使资金管理者更加注重 ESG 因素的评估和整合，以提供具有良好 ESG 绩效的投资选择，也推动了 ESG 投资理念的不断深化和完善。

5.2.2 从排除式投资到积极投资

早期的 ESG 投资主要通过排除那些涉及争议行为或违反道德准则的企业进行投资。但现在主流的 ESG 投资策略已经从排除式投资转向积极投资，扩展至投资者直接采取干预行动，以推动正面转变。积极投资下的 ESG 投资策略更加注重积极地选择那些具备良好 ESG 表现的企业，并与它们建立对话，推动企业改善 ESG 绩效。

1. 负面筛选与正面筛选

基于负面筛选的 ESG 投资主要是通过排除那些涉及争议行为或违反道德准则的企业进行投资。这种排除式投资策略着重于避免与不符合投资者价值观的企业相关联。例如，投资者可能会排除那些涉及环境破坏、违反劳工权益或存在严重腐败行为的企业。使用这种投资策略的目的是避免投资与 ESG 标准不一致的企业，以保护投资者的道德和伦理原则。

而在日益发展的积极投资中，正面筛选成了更为重要的考虑因素。正面筛选强调选择那些具有可持续发展潜力或已经具备良好 ESG 表现的企业。投资者会评估企业在环境保护、社会责任和公司治理等方面的绩效，并选择那些在 ESG 领域表现良好的企业进行投资。这种积极的选择和投资将激励企业改善 ESG 绩效，以满足投资者的要求，并推动可持续发展。

2. 从负面筛选到 ESG 整合

负面筛选策略的主要动机源自伦理和价值观方面的考虑。随着时代的进步和理念的发展，投资利益之外的伦理诉求逐步内化为投资诉求。人们发觉，在伦理不断影响下形成的价值观，会通过社会传播链条，将不利因素转化为影响投资利润的相关因子。由于负面筛选的易操作性，其一度是 ESG 投资市场上的主流投资策略，但随着 ESG 披露及评级体系的完善，加之资产管理机构在 ESG 投资实践过程中的不断进化，主动整合策略的典型代表——ESG 整合策略在实例应用上展现出巨大的发展空间。目前采用 ESG 整合策略的资产管理规模已经超过负面筛选策略，成为目前市场上主流的 ESG 投资策略，国际资本市场的实践也在逐步印证 ESG 整合策略的发展趋势，ESG 投资主流策略正从负面筛选转向 ESG 整合。

近年来，ESG 整合策略逐渐成为主流。根据全球可持续投资联盟在《全球可持续投资回顾 2020》中的数据整理（见表 5-4），2016—2020 年期间，可持续主题投资和 ESG 整合策略显著增长。2020 年，全球范围内使用各种可持续投资策略的资产规模如下：ESG 整合为 25.195 万亿美元，负面筛选为 15.030 万亿美元，企业参与及股东行动为 10.504 万亿美元，标准筛选为 4.140 万亿美元，可持续主题投资为 1.948 万亿美元，正面筛选为 1.384 万亿美元，影响力投资为 0.352 万亿美元。值得注意的是，在 2020 年，ESG 整合策略超过负面筛选策略，采用 ESG 整合策略的资产管理规模在各类使用 ESG 投资策略的资管产品中占比最高，成为全球规模最大的 ESG 投资策略，达到 25.195 万亿美元，占比 43.03%。四年间，全球使用 ESG 整合的资产规模增长了 143%，ESG 整合策略对负面筛选策略具有一定的替代性，采用负面筛选策略的资产管理规模从 2018 年初的 19.771 万亿美元下降至 2020 年初的 15.030 万亿美元。

表 5-4　2016—2020 年全球各类策略 ESG 产品规模（单位：万亿美元）

ESG投资策略	2020年	2018年	2016年	2016—2020年增长率	年复合增长率
负面筛选	15.030	19.771	15.064	0%	0%
正面筛选	1.384	1.842	0.818	69%	14%
标准筛选	4.140	4.679	6.195	–33%	–10%
可持续主题投资	1.948	1.018	0.276	605%	63%
ESG 整合	25.195	17.544	10.353	143%	25%
影响力投资	0.352	0.444	0.248	42%	9%
企业参与及股东行动	10.504	9.835	8.385	25%	6%

注：1. 资料来源于全球可持续投资联盟（GSIA）《全球可持续投资回顾 2020》。

2. 产品投资策略由 GSIA 通过向资产管理人发放问卷的形式统计得到，一个产品可以声明采用多种策略。

3. 从被动式参与到企业参与及股东行动

过去 ESG 投资者主要采取被动式参与来实现社会责任投资的目标。随着时间的推移，ESG 投资逐渐从被动式参与发展到积极参与企业事务。企业参与及股东行动策略指 ESG 投资者不仅通过评分择优进行主动投资，而且凭借持有的股票积极参与这些投资对象的公司管理活动，谋求对象公司在 ESG 方面的改善，以实现投资收益最大化。近年来，ESG 投资逐渐演变为股东行动，这可能包括股东行使投票权、提出股东提案或者与其他股东合作推动企业实施特定的 ESG 政策、实践等。

ESG 投资者直接参与被投资公司的公司治理是非常有价值的，尤其是在新兴市场和亚洲地区，因为在数据披露不足、监管尚未到位、无法强制要求企业披露 ESG 相关信息的情况下，参与公司治理能够弥补尽调方面的不足，也能协助与督促标的企业推行 ESG 理念。近年来，越来越多的机构投资者在加强与上市公司的接触，并将重点放在影响公司治理和 ESG 实践的议题上。根据美国金融公司 Broadridge 独立研究项目 ProxyPulse 中的 2020 Proxy Season Review 报告显示（见图 5-2），股东对环境 / 社会议题、公司治理议题的关注程度在 2014—2020 年间逐年提升。其中，关于公司治理政策方面的议题占比从 2014 年的 20% 提升到 2020 年的 36%，反映了投资者对于公司治理质量和透明度的关注与重视；关于环境 / 社会的议题占比也从 2014 年的 18% 上升到了 27%，显示出投资者对企业社会责任和可持续经营的关注度不断增加。

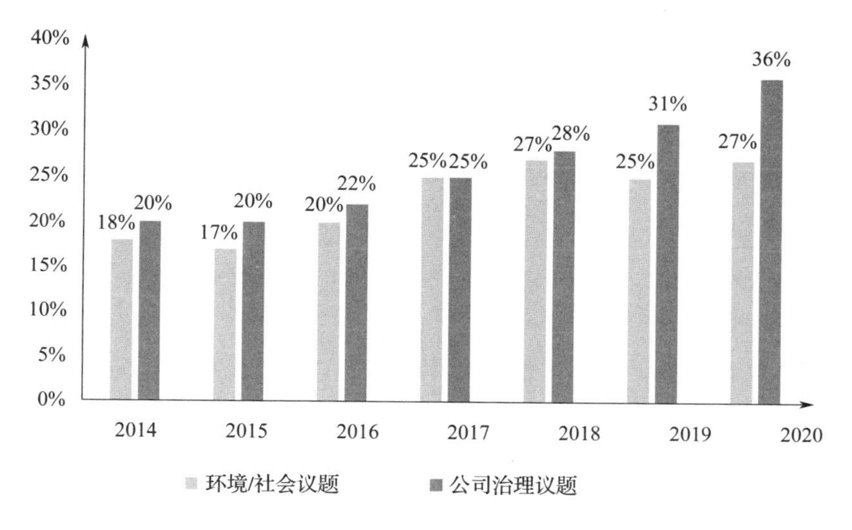

图 5-2　2014—2020 年股东 ESG 议题占比

注：资料来源于美国金融公司 Broadridge 独立研究项目 ProxyPulse《2020 Proxy Season Reivew》。

全球可持续投资联盟在《全球可持续投资回顾 2022》数据显示，[㊀]2022 年，全球 ESG 投资管理的市场规模已达 20.515 万亿美元，除了美国市场之外，自 2020 年起，其他国家和地区的 ESG 投资管理规模增长 20%。从 2022 年全球可持续投资市场来看，采用企业参与及股东行动策略的 ESG 投资规模已超越采用 ESG 整合策略的 ESG 投资规模。2016—2022 年间，采用企业参与及股东行动策略的 ESG 投资规模从 8.385 万亿美元下降至 8.053 万亿美元，但规模占比从 20% 上升至 39%（见表 5-5）。

㊀ 资料来源：全球可持续投资联盟（GSIA）《全球可持续投资回顾 2022》，详见 https://www.gsi-alliance.org/wp-content/uploads/2023/12/GSIA-Report-2022.pdf.

表 5-5　2016—2022 年全球各类策略 ESG 产品规模（单位：万亿美元）

ESG投资策略	2022年	2020年	2018年	2016年
负面筛选	3.840	15.030	19.771	15.064
正面筛选	0.574	1.384	1.842	0.818
标准筛选	1.807	4.140	4.679	6.195
可持续主题投资	0.598	1.948	1.018	0.276
ESG 整合	5.588	25.195	17.544	10.353
影响力投资	0.055	0.352	0.444	0.248
企业参与及股东行动	8.053	10.504	9.835	8.385
小计	20.515	58.553	55.133	41.339

注：1. 资料来源于全球可持续投资联盟《全球可持续投资回顾 2022》。
2. 产品投资策略由 GSIA 通过向资产管理人发放问卷的形式统计得到，一个产品可以声明采用多种策略。

这些趋势表明，投资者对于 ESG 问题的重视程度不断提升，而直接参与公司治理成为一种有效的方式，可以促使被投资公司更加重视 ESG 因素，提高整体的可持续性表现。这种积极的参与对于推动企业改善 ESG 表现和提高透明度至关重要，有助于建立一个更加负责任和可持续的商业环境。

5.2.3　从单一策略到组合策略

近年来，随着 ESG 投资理念的日益普及，越来越多的投资机构开始意识到单一的 ESG 投资策略可能无法充分应对复杂多变的市场环境和可持续发展挑战。因此，这些机构正在积极探索并实施多种 ESG 投资策略的组合，以更全面地考量 ESG 因素并进行投资决策。欧洲的可持续金融披露条例为 ESG 投资提供了重要的法律依据，要求投资经理在其投资中纳入可持续发展风险。这导致了负面筛选、标准筛选和 ESG 整合成为该地区金融产品的主要投资策略。负面筛选注重排除那些不符合特定 ESG 标准的企业，标准筛选则注重选择符合特定 ESG 标准的企业，而 ESG 整合则是将 ESG 因素纳入投资决策的全过程。这些策略的结合使得投资者能够更全面地考量 ESG 因素，并将其纳入投资组合管理的各个环节。

在全球范围内，多种 ESG 投资策略相结合也正成为可持续投资行业整合可持续性风险和机遇的一种手段（见表 5-6 和表 5-7）。比如，除了负面筛选、标准筛选和 ESG 整合外，一些投资机构还采用主动投票和股东对话、专注于可持续主题投资（如清洁能源、水资源管理等），以及整合社会影响评估的投资策略等。这些多样化的策略不仅有助于降低特定投资策略带来的风险，还能够更好地把握 ESG 相关机遇，从而实现更全面的投资回报。此外，多种 ESG 投资策略的组合还可以促进跨部门合作和知识共享，有助于投资机构更好地理解 ESG 因素对不同行业和资产类别的影响，从而制定更具针对性和有效性的投资策略。通过跨部门合作，投资者可以更深入地了解各种 ESG 标准和框架的差异，以及不同地区和行业的最佳实践，从而更好地应对全球范围内的 ESG 挑战和机遇。

表 5-6　2022 年国外部分国家的各类策略 ESG 投资规模（单位：万亿美元）

ESG投资策略	美国	加拿大	澳大利亚和新西兰	日本
负面筛选	0.724	0.487	0.517	2.112
正面筛选	0.264	0.034	0.075	0.201
标准筛选	—	0.222	0.100	1.485
可持续主题投资	0.136	0.077	0.144	0.240
ESG 整合	0.693	0.767	0.638	3.491
影响力投资	0.019	0.007	0.025	0.004
企业参与及股东行动	2.977	0.689	0.641	3.747

注：1. 资料来源于全球可持续投资联盟《全球可持续投资回顾 2022》。
2. 产品投资策略由 GSIA 通过向资产管理人发放问卷的形式统计得到，一个产品可以声明采用多种策略。

表 5-7　国内部分 ESG 基金投资策略梳理

ESG基金名称	投资策略
国金 ESG 持续增长 A/ 国金 ESG 持续增长 C	负向筛选、ESG 整合
易方达 ESG 责任投资	负向筛选、ESG 整合

（续）

ESG基金名称	投资策略
嘉实 ESG 可持续投资混合 A	负向筛选、可持续主题投资
鹏华国证 ESG300ETF	负向筛选、正向筛选
浦银安盛 ESG 责任投资 A/ 浦银安盛 ESG 责任投资 C	负向筛选、ESG 整合、标准筛选
南方 ESG 主题 A/ 南方 ESG 主题 C	负向筛选、正向筛选、ESG 整合、企业参与及股东行动

注：资料来源于作者整理。

总之，随着 ESG 投资理念的不断深化和市场需求的提升，多种 ESG 投资策略的组合成了投资机构应对 ESG 挑战、把握 ESG 机遇并实现可持续投资目标的重要手段。ESG 投资策略的多样化组合在当前的市场环境中具有重要意义。这种多样化的投资策略将有助于提高投资组合的韧性和适应性，为投资者创造长期稳健的投资回报，同时推动企业在 ESG 方面的改善和创新，促使全球实现可持续发展。

5.3 ESG 投资策略的实践——以毅达资本为例

随着绿色低碳和可持续发展成为国际共识，ESG 投资正越来越受到投资行业的重视，投资者开始思考：除了商业利益以外，如何让投资对环境更加友善、对社会公益更具责任感、更加重视公司治理能力的提升？基于责任投资思维，ESG 投资者纷纷开始行动。在过去，许多投资者可能只采用单一的 ESG 投资策略，例如筛选符合环境、社会和治理标准的企业进行投资。然而，当今的 ESG 投资者意识到，单一策略可能无法充分发挥 ESG 投资的潜力，因此他们开始整合多个 ESG 投资策略，并在投资的各个阶段运用这些策略，以达到更加高效的投资效果。投资者通过多样化的投资方法，推动企业在环境、社会和治理方面的改善，同时追求长期稳健的投资回报。这种投资思维的转变为可持续发展提供了更多的支持，并在推动全球可持续发展方面发挥着积极的作用。

毅达股权投资基金管理有限公司（以下简称“毅达”）由江苏高科技投资集团内部混合所有制改革组建，以VC/PE业务为内核，以客户需求为准绳，先后引入国内顶尖团队开展不动产基金业务、并购基金业务、海外并购基金业务、母基金业务和财富管理业务。目前，毅达在行业研究能力、资产管理规模、投资专业化程度等方面稳居行业前列，是国内最具影响力的创业投资机构之一。

毅达作为投资公司，将ESG因素纳入“募投管退”的各个环节，落实了项目投资和管理的全周期ESG标准应用（见图5-3），全面践行了对环境友好、社会友善和公司治理规范的责任。

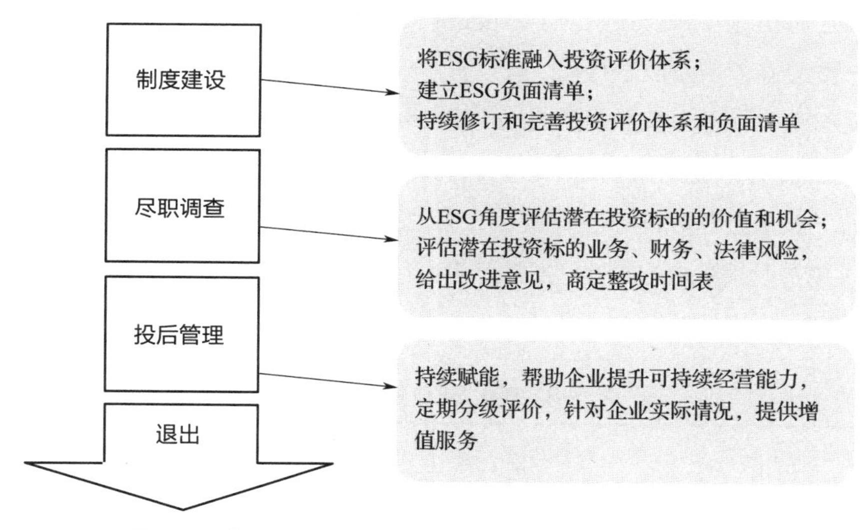

图5-3 毅达资本项目投资和管理的全周期ESG标准应用

注：资料来源于毅达资本《2021—2022年度ESG投资报告》。

在募资端，毅达不仅设立了生物医药、化工新材料等主题基金，还有聚焦人才发展、文化产业等推动社会人文发展的专题系列基金；在投资端，在投资赛道的筛选和布局上，毅达看重双碳技术、半导体、高端新材料、军民融合和以扎实的基础研究和科研开发为基石的技术应用发展，同时毅达将ESG考量纳入流程；在投后方面，充分发挥专业机构投资者的股东影响力，推动被投企业ESG的实施和提升；在退出方面，帮助被投企业提前规范公司治理，为成为高质量上市公司做好准备。

毅达在选择标的公司时，采用多种ESG投资策略进行筛选，让具有ESG投资前景与价值的公司脱颖而出。一是采用负面筛选策略。2020年7月17日，毅达正式发布《2019年企业社会责任报告》，推出了首个ESG投资标准体系（见表5-8），从环境责任、社会责任、公司治理责任三个维度多角度分析了投资事项的关注点并建立了负面清单，提出了以ESG投资体系提升投资的全流程管理，从投前项目筛选、投资过程提升精准度、投后以更高标准赋能企业发展，完善了ESG投资的重要内涵。二是进行影响力投资。毅达设有专门的化工新材料基金，用于推动化工产业高质量绿色发展主题的投资。毅达还从守护生命健康和科技强国两个维度进行了在大健康领域和关键技术主题的投资。三是企业参与及股东行动。毅达资本已在引导被投企业改善公司治理方面做出诸多尝试，包括坚持领投地位，在股东会、董事会发挥机构股东影响力，毅达敦促企业规范工作前移，提前完善公司治理机制和程序。此外，毅达还鼓励并推动投后企业对核心骨干员工开展股权激励，并借助合作伙伴的力量为企业提供免费股权激励的服务；发挥已投上市公司标杆作用，帮助投后企业学习公司治理的先进经验。

表5-8　毅达ESG投资标准体系

环境责任（E）	碳减排
	绿色生产
	工艺提升技术改造
	环境声誉
社会责任（S）	价值导向
	合规运营
	产品或服务质量
	员工保护和成长
公司治理责任（G）	股权结构
	公司治理
	关联交易和同业竞争

注：资料来源于毅达资本《2019年企业社会责任报告》。

毅达坚持探索 ESG 投资，通过多元化的投资策略进行了科学、有效、有价值的 ESG 投资，在增加社会效益的同时获得了经济收益。以 2020 年为例，毅达多项业务指标创历史新高：基金产品结构更加完善，累计基金管理规模达到 1118 亿元；20 个项目实现证券化，创历史新高；基金项目回款力度加大，全年累计向基金投资人分配超 40 亿元，基金项目回款及分配金额均创历史新高。同时，资产质量和经营业绩显著提升：2020 年，公司资产总额同比增长 22.2%，平均净资产收益率 29.75%；公司营业收入同比增长 9.84%，净利润同比增长 10.38%。ESG 投资的存在，让经济效益和社会效益就像两个互相推动的助力器（见图 5-4），使得经济和社会价值不断攀升。

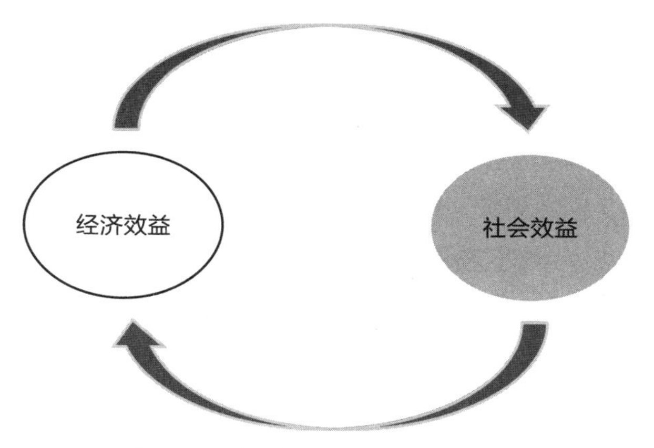

图 5-4　经济效益、社会效益双赢

毅达作为私募股权投资公司，积极遵循联合国负责任投资原则相关倡议，将 ESG 投资理念融入投资流程，赋能投资组合 ESG 和绿碳管理，推动从承诺到具有影响力的行动落地，助力推动中国经济绿色和高质量发展。其通过将 ESG 因素纳入“募投管退”全流程，合理运用负面筛选、影响力投资和企业参与及股东行动等 ESG 投资策略，实现了经济增长与社会效益提升的良性发展。

第 6 章　债券类 ESG 投资产品

债券类 ESG 投资产品是指将 ESG 标准与传统的债券特性相结合的产品。使用这类产品的目的是通过投资在 ESG 方面表现出色的企业或项目，来实现积极的社会和环境影响，同时为投资者提供财务回报。债券类 ESG 产品主要有绿色债券、社会责任债券、可持续发展债券、可持续发展挂钩债券、转型债券等。本章在对 ESG 债券进行概述的基础上，将重点围绕这五类债券进行详细说明。

6.1　ESG 债券概述

近年来，随着全球对可持续发展的重视，ESG 债券作为一种具有可持续发展理念的投资工具使得 ESG 债券市场得到了迅速发展，国内外对 ESG 债券范畴的界定也在不断发展。国际资本协会（ICMA）公布的《绿色债券原则》和气候债券组织（CBI）公布的《气候债券标准》是全球范围内最被认可的 ESG 债券认证标准。中国 ESG 债券认定标准主要集中于绿色领域，绿色债券发行主要基于中国人民银行发布的《绿色债券支持项目目录（2021 年版）》以及中国证券业协会发布的《中国绿色债券原则》。[1] 目前，各方之间对 ESG

[1] 资料来源：【Wind ESG 洞察】解析中国 ESG 债券的市场结构，网址为 https://new.qq.com/rain/a/20221214A00JV500.

债券的定义和分类有共通之处，但仍存在一定的差异（见表6-1）。可以看到，不同ESG债券分类标准均包含绿色债券这一大类；综合来看，ESG债券主要包括绿色债券（Green Bond）、社会责任债券（Social Bond）、可持续债券（Sustainability Bond）和可持续发展挂钩债券（Sustainability-Linked Bond）和转型债券（Transition Bond）这五类；总体而言，ESG债券通过为符合ESG标准的项目提供融资支持，推动企业实现环境、社会和治理方面的可持续发展目标，以符合投资者对可持续发展和社会责任的投资需求。

表6-1 ESG债券的定义和分类

来源	定义	分类
Motley Fool	一种债务证券，表现出高度环境、社会和治理优先事项的项目或公司发行	绿色债券、社会债券、气候债券、可持续发展债券、可持续发展挂钩债券（SLBs）
气候债券倡议组织（CBI）	ESG债券指GSS+债券，具体包括由绿色（Green）债券、社会责任（Social）债券和可持续发展（Sustainability）债券构成的GSS债券体系，以及可持续发展挂钩债券（SLBs）和转型类债券	①绿色债券服务于环境效益，包括碳中和、蓝色和气候等主题。②社会责任债券服务于社会效益，如健康、性别平等和保障性住房等主题。③可持续发展债券是环境与社会效益的结合。④可持续发展挂钩债券是将债券票面利率与公司可持续发展目标挂钩的债券。⑤转型类债券是服务于支持经济活动或实体企业在降碳等方面转型的债券
边卫红和张珏（2021）	—	绿色债券、社会责任债券、可持续债券和可持续发展挂钩债券
郑裕耕等（2022）	彭博系统中具有绿色标识、社会标识或可持续标识的政府债及公司债	绿色债券（也称“气候债券”）、社会债券、可持续债券、转型债券
杨坤等（2023）	与ESG理念密切结合，围绕提升环境绩效、社会责任、公司治理等方面工作所发行的债券	绿色债券（含碳中和债）、蓝色债券、可持续发展挂钩债券、乡村振兴债券、扶贫债券、革命老区振兴债券、转型类债券、疫情防控债券，以及专门针对境外发行人的可持续发展债券和社会责任债券

注：资料来源于作者整理。

6.1.1 发行现状

全球 ESG 债券市场经历了显著增长，且绿色债券是 ESG 债券中占比最大的部分。在货币交易的分布方面，欧元、美元和人民币是主要的交易货币。具体而言，根据气候债券倡议组织（Climate Bonds Initiative，CBI）的统计数据，2021 年，全球发行 ESG 债券 1.07 万亿美元，比 2020 年的 7305 亿美元增长 46%，累计金额为 2.8 万亿美元。2021 年，绿色债券是最大的债券来源，占 ESG 债券的 49%（5230 亿美元）。[一] 2022 年，全球发行 ESG 债券 8585 亿美元，同比下降 24%，累计发行规模突破 3.7 万亿美元。ESG 债券交易以 40 种货币定价，前三大货币交易币种分别为欧元（42%）、美元（29%）和人民币（10%）。[二] 2023 年上半年，ESG 债券发行量相比 2022 年上半年增加了 20%。而 2022 年上半年，ESG 债券发行量为 4178 亿美元，与 2021 年上半年相比同比下降 27%。[三] 截至 2023 年 6 月，CBI 根据其筛选方法累计记录了 4.2 万亿美元的 ESG 债券。其中，绿色债券交易量占同期 ESG 债券总交易量的 62%，其次是社会和可持续发展债券，分别占 15% 和 14%。此外，ESG 债券在 2 月份发行量最高，总交易量为 810 亿美元；相比 2022 年上半年，美国在 2023 年上半年的定向 ESG 债券交易量同比下降 39%。欧元是 ESG 债券交易的主导货币，占 2023 年上半年交易量的 47%（2109 亿美元），这是欧元连续第六年位居货币排行榜榜首。其次是美元，交易量占比为 24%（1114 亿美元）。人民币发行量占比为 7.2%（360 亿美元），其中大部分来自绿色 UoP（Use of Proceeds）交易。[四]

㊀ 资料来源：CBI 发布的 *Sustainable debt global state of the market*（*2021*），详见 https://www.climatebonds.net/files/reports/cbi_global_sotm_2021_02h_0.pdf.

㊁ 资料来源：CBI 发布的 *Sustainable debt global state of the market*（*2022*），详见 https://www.climatebonds.net/files/reports/cbi_sotm_2022_03e.pdf.

㊂ 资料来源：CBI 发布的 *Sustainable Debt Market Summary H1 2022*，详见 https://www.climatebonds.net/files/reports/cbi_susdebtsum_h1_2022_02c.pdf.

㊃ 资料来源：CBI 发布的 *Sustainable Debt Market Summary H1 2023*，详见 https://www.climatebonds.net/files/reports/cbi_susdebtsum_h12023_01b.pdf.

整体而言，全球 ESG 债券市场发展以绿色债券为主体，其余品类债券增长势头强劲（见图 6–1）。

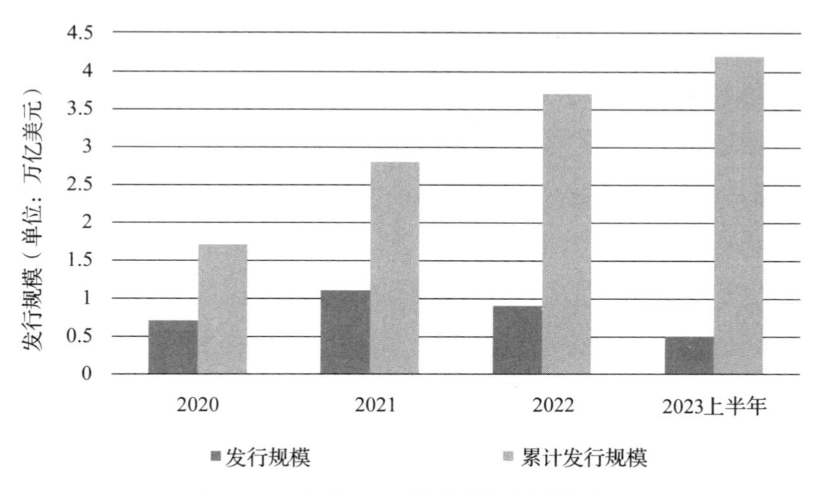

图 6–1　全球 ESG 债券发行规模统计图

注：资料来源于 CBI，并由作者整理。

我国 ESG 债券的发行从 2018 年至 2020 年一直呈上升趋势，2020 年有大幅提升，但 2021 年受新冠疫情影响，ESG 债券发行规模显著减小（见图 6–2 与图 6–3）。2022 年，我国不断推出 ESG 债券相关的创新产品，包括低碳转型挂钩债券、乡村振兴债等，满足了实体经济的融资需求（见表 6–2）。

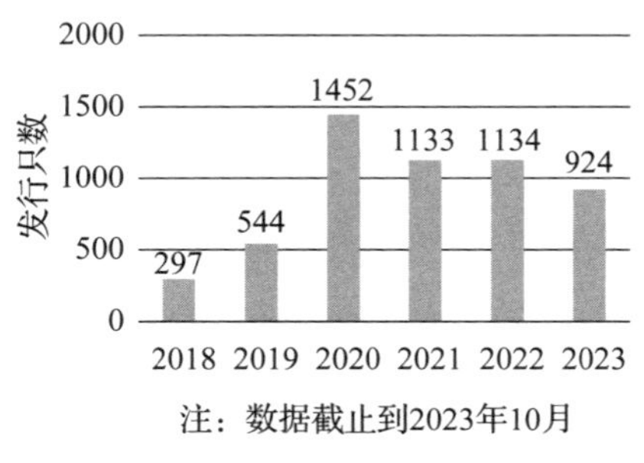

图 6–2　中国 ESG 债券发行量统计

注：资料来源于 Wind，并由作者整理。

图 6–3　中国 ESG 债券发行额统计

注：资料来源于 Wind，并由作者整理。

表6-2　2022年中国ESG债券新品种发行情况统计表

ESG债券类别	发行期数（期）	发行规模（亿元）
碳中和债	75	768.48
可持续发展挂钩债券	33	389.00
低碳转型挂钩债券	5	49.00
乡村振兴债	90	789.09

注：资料来源于Wind，并由作者整理。

6.1.2　ESG债券的意义

发行ESG债券的意义在于为投资者提供多元化的固定收益投资选择，同时帮助企业通过展示其对可持续发展的承诺来提升声誉和降低融资成本，进而推动整个市场向更加可持续和环境友好的方向发展。

站在投资者的视角，ESG债券产品有助于丰富固定收益投资品种，助力投资者获取更多优质的绿色资产。投资ESG债券使投资者能够评估和管理气候变化、监管变化和声誉问题相关的潜在风险，能补充现有投资并降低整体投资组合风险。ESG信息披露与发行人在环境、社会和公司治理方面的情况相关，体现了企业创造长期价值的方法、良好的内部体制建设和规避风险的能力。更加重视可持续理念的企业，通常财务资质更优、违约风险较低，能够为债券投资者提供更加稳定的回报，缩小投资组合的回撤幅度。

站在发行人的视角，发行ESG债券产品能有效推动企业ESG转型，为企业带来长期回报。在“双碳”战略引领下，企业积极进行绿色低碳转型，这大大提高了企业的资金需求，而发行ESG债券可以打通融资渠道，平衡融资成本。同时，发行ESG债券使得企业将自身的融资活动和可持续发展战略相结合，能通过展示其对可持续发展的承诺来提升声誉，带来更高的社会认同度。这有助于促进企业跨境合作乃至提高全球知名度，吸引更广泛的投资，并以潜在的有利条件增加获得资本的机会（杨坤等，2023）。Flammer（2021）指出绿色债券可以作为公司对环境承诺的可信度。以ESG为中心的公司往往具有较低的财务和声誉损失风险，这意味着投资者的回报更稳定。对长期可持续性的关注使得公司可能获得更大的财务回报和更好的股市表现（Aaroshi，2023）。

站在银行投行（银行的投资银行部门）视角，ESG 债券产品有助于推动 ESG 市场机制建设。银行投银作为 ESG 债券承销商，积极将 ESG 要求纳入内部管理流程和全面风险管理体系，对发行人开展 ESG 尽职调查，鼓励和引导发行人披露环境、社会和公司治理信息，并在债券存续期做好相关辅导。以 ESG 债券产品服务为切入点，有助于优化 ESG 指标评价体系、提升 ESG 信息披露质量和投融资业务 ESG 管理水平。

6.2 绿色债券

根据世界银行（The World Bank）的定义，绿色债券是一种专门用于筹集资金以支持气候变化或环境项目的债务证券。绿色债券支持特定项目融资的筹集资金用途将其与普通债券区分开来。除了评估标准的财务特征（如发行人的到期日、息票、价格和信用质量）外，投资者还会评估债券支持项目的与“绿色”相关的具体情况。绿色债券的主要投资者位于欧洲，其次是日本和美洲。在欧洲，机构投资者如养老基金和保险公司；在美国，对环境问题高度关注的投资者等，共同构成了绿色债券的首批投资者。自那以后，绿色债券的发行吸引了更广泛的投资者群体，包括资产管理公司、企业、基金会和宗教组织。随着发行规模的扩大，投资者的类型也越来越多样化。[1] CBI 也指出，绿色债券的设立是为了资助具有积极环境和（或）气候效益的项目。ICMA 的《绿色债券原则》指出，绿色债券是将募集资金或等值金额专用于为新增及（或）现有合格绿色项目提供部分（全额）融资或再融资的各类债券工具，需具备募集资

[1] 资料来源：世界银行（The World Bank）发布的 *What are green bonds?*，详见：https://documents1.worldbank.org/curated/en/400251468187810398/pdf/99662-REVISED-WB-Green-Bond-Box393208B-PUBLIC.pdf.

金用途、项目评估与遴选流程、募集资金管理和报告这四大核心要素。[一]

我国也对绿色债券的概念进行了界定。根据《绿色债券支持项目目录（2021年版）》，绿色债券是指将募集资金专门用于支持符合规定条件的绿色产业、绿色项目或绿色经济活动，依照法定程序发行并按约定还本付息的有价证券，包括但不限于绿色金融债券、绿色企业债券、绿色公司债券、绿色债务融资工具和绿色资产支持证券。[二] 按照《绿色债券标准委员会公告》（〔2022〕第1号）的要求，绿色债券应满足募集资金用途（绿色债券的募集资金需100%用于符合规定条件的绿色产业、绿色经济活动等相关的绿色项目）、项目评估与遴选、募集资金管理和存续期信息披露四项核心要素的要求。在国内，绿色债券是固定收益投资领域最主要的ESG主题品种，通常用于绿色投资，可以为气候和环境项目筹集资金，对环境改善、应对气候变化和资源节约高效利用具有支持作用，能推动经济社会可持续发展和绿色低碳转型。

6.2.1 绿色债券分类

ICMA和CBI均对绿色债券的类别给出了定义（见表6-3[一]与表6-4[三]）。可以看出，ICMA在《绿色债券原则》的要求下，将绿色债券分为标准绿色债券、绿色收益债券、绿色项目债券和绿色资产支持证券四类债务工具，CBI根据出售债券所募集的款项，将绿色债券分为“募集资金用途”债券、“收益使用”收入债券/ABS、项目债券、资产证券化（ABS）债券、担保债券、贷款和其他债务工具。

㊀ 资料来源：中国银行提供的中文翻译版《绿色债券原则》，详见 https://www.icmagroup.org/assets/documents/Sustainable-finance/Translations/Chinese-GBP2021-06-030821.pdf.

㊁ 资料来源：中华人民共和国中央人民政府网站，详见 https://www.gov.cn/zhengce/zhengceku/2021-04/22/content_5601284.htm.

㊂ 资料来源：CBI，详见 https://www.climatebonds.net/market/explaining-green-bonds.

表6-3　绿色债券分类（ICMA）

分类	定义
标准绿色债券	符合《绿色债券原则》要求，对发行人有追索权的债务工具
绿色收益债券	符合《绿色债券原则》要求，对发行人无追索权的债务工具。债券的信用风险敞口涉及收入、收费、税收等质押现金流，债券募集资金用于与现金流来源相关或不相关的绿色项目
绿色项目债券	符合《绿色债券原则》要求，对应一个或多个绿色项目的债务工具。投资者直接承担项目风险敞口，可能对发行人具有追索权
绿色资产支持证券	符合《绿色债券原则》要求，由某一个或多个具体绿色项目作为抵押的债务工具，包括但不限于资产担保债券、资产支持证券、住宅抵押贷款支持证券和其他结构。偿债资金的首要来源一般是资产的现金流

注：资料来源于ICMA，并由作者整理。

表6-4　绿色债券类型统计

类型	出售债券所募集的款项	债券举例
“募集资金用途”债券	专门用于绿色项目	气候意识债券（由欧洲投资银行支持），巴莱克绿色债券
“收益使用”收入债券 /ABS	为绿色项目指定用途或再融资	夏威夷州（由州公用事业公司的电费支持）
项目债券	针对特定基础绿色项目设置围栏	Invenergy 风电场
资产证券化（ABS）债券	绿色项目的再融资组合或收益将指定用于绿色项目	特斯拉能源（由住宅太阳能租赁支持）
担保债券	指定用于涵盖池中包含的符合条件的项目	Berlin Hyp 绿色债券
贷款	指定用于符合条件的项目或以符合条件的资产为抵押	MEP Werke，OVG
其他债务工具	专用于符合条件的项目	可转化债券或票据、本票、商业票据、伊斯兰债券

注：资料来源于CBI，并由作者整理。

《绿色债券标准委员会公告》(〔2022〕第1号)发布的《中国绿色债券原则》(以下简称《原则》)显示，绿色债券品种包括普通绿色债券、碳收益绿色债券(环境权益相关的绿色债券)、绿色项目收益债券和绿色资产支持证券。㊀

具体而言，普通绿色债券是指符合《原则》要求，专项用于支持符合规定条件的绿色项目，依照法定程序发行并按约定还本付息的有价证券，包含蓝色债券和碳中和债两个子品种。其中，蓝色债券是指符合《原则》要求，募集资金投向可持续型海洋经济领域，促进海洋资源的可持续利用，用于支持海洋保护和海洋资源可持续利用相关项目的有价证券。碳中和债是指符合《原则》要求，募集资金专项用于具有碳减排效益的绿色项目，通过专项产品持续引导资金流向绿色低碳循环领域，助力实现碳中和愿景的有价证券。碳中和债属于绿色债务融资工具的子产品，是一种创新的债券标签，由中国银行间市场交易商协会于2021年推出，旨在引导金融资源支持实现“3060”双碳目标。碳中和债的募集资金必须100%用于与碳减排和选定项目相关的项目、资产或支出，且必须披露特定的温室气体减排量化信息。所有募集资金均用于清洁能源类、清洁交通类、可持续建筑类、工业低碳改造类及其他具有碳减排效益的项目等领域。2022年，国内债券市场共计发行碳中和债179只，发行规模为2103.6亿元，约占全部贴标绿色债券的23.69%，主要投向清洁能源产业。㊁

碳收益绿色债券是指符合《原则》要求，募集资金投向符合规定条件的绿色项目，债券条款与水权、排污权、碳排放权等各类资源环境权益相挂钩的有价证券。例如产品定价按照固定利率加浮动利率来定，浮动利率挂钩所投碳资产相关收益。

绿色项目收益债券是指符合《原则》要求，募集资金用于绿色项目建设，并且以绿色项目产生的经营性现金流为主要偿债来源的有价证券。

绿色资产支持证券是指符合《原则》要求，募集资金用于绿色项目或以

㊀ 资料来源：《绿色债券标准委员会公告》，详见 https://www.nafmii.org.cn/ggtz/gg/202207/P020220801631427094313.pdf.

㊁ 资料来源：《从绿色债券到可持续类债券——2022年度中国绿色债券市场回顾与展望》，详见 https://finance.sina.com.cn/money/bond/2023-04-21/doc-imyrchut4718317.shtml.

绿色项目所产生的现金流为收益支持的结构化融资工具。

此外，按是否贴标，绿色债券可以分为贴标绿色债券和非贴标绿色债券。其中，贴标绿色债券是经官方认可发行的绿色债券，指资金用途被隔离并专用于气候或环境项目（即募集资金主要用于绿色项目），并被发行人贴上“绿色”标签的债券。[一] 近年来，我国贴标绿色债券市场获得较快发展。同时，我国还存在大量未贴标、实际投向绿色项目且符合国内外相关绿色目录标准的非贴标绿色债券，为推动绿色发展做出了积极贡献。贴标绿债和非贴标绿债共同构成了投向绿色领域的债券，即“投向绿”债券。具体来看，“投向绿”债券指募集资金投向符合《绿色债券支持项目目录》、国际资本市场协会（ICMA）《绿色债券原则》、气候债券倡议组织（CBI）《气候债券分类方案》这三项标准之一，且投向绿色产业项目的资金规模在募集资金中占比不低于贴标绿债规定要求的债券。[二] 我国目前发行的绿色债券主要包括：绿色公司债券、绿色企业债券、绿色金融债券、地方政府发布的绿色债券、绿色资产支持证券（绿色ABS）、绿色债务融资工具等（见表6–5）。

表6–5　中国绿色债券的类型

类型	定义	发行人	监管机构
绿色公司债券	按照《公司债券发行与交易管理办法》及相关规定发行，募集资金投向绿色产业	符合条件的公司	证监会
绿色企业债券	支持节能减排技术改造、绿色城镇化、能源清洁高效利用、新能源开发利用、循环经济发展、水资源节约和非常规水资源开发利用、污染防治、生态农林业、节能环保产业、低碳产业、生态文明先行示范实验、低碳试点示范等绿色循环低碳发展项目	国有企业	国家发展和改革委员会
绿色金融债券	金融机构依法发行，用于为绿色项目融资或再融资的债券	金融机构	中国人民银行

[一] 资料来源：气候债券倡议组织官网，详见 https://cn.climatebonds.net/market.

[二] 资料来源：《2022年绿色债券市场运行情况报告》，详见 https://finance.sina.com.cn/money/bond/market/2023-05-08/doc-imytaeft5209500.shtml.

（续）

类型	定义	发行人	监管机构
地方政府发布的绿色债券	分为专项债券和一般债券。前者由省级政府和计划单列市政府发行，用对应的政府性基金或专项收入偿还。后者为公共福利筹集资金而发行，主要用一般公共预算收入偿还	地方政府	财政部
绿色资产支持证券（绿色 ABS）	符合下列任一条件的金融工具：①其基础资产被分类为绿色；②转让其基础资产所得的资金用于绿色项目或支出；③原股权持有人的主要业务是绿色的	符合条件的公司	证监会
绿色债务融资工具	具有法人资格的非金融企业在银行间市场发行的，募集资金专项用于节能环保、污染防治和资源节约与循环利用等绿色项目的债券融资工具，包括定向工具、碳中和债、资产支持票据等	非金融公司	中国银行间市场交易商协会

注：资料来源于作者整理。

6.2.2 发行与交易情况

2021 年，全球绿色债券发行额为 5227 亿美元，比 2020 年增长 75%，累计总额达到 1.6 万亿美元。[㊀]2022 年，全球绿色债券发行量为 4871 亿美元，占 ESG 债券总发行量的 58%，比 2021 年低 6.81%，出现了十年来的首次同比下降（见图 6–4）。其中，欧盟在绿色债券发行量中排名第一，发行金额为 65 亿美元。全球绿色债券发行额排名前三的国家依次为中国、美国和德国；排名前三的发行人依次是欧盟的超国家（SNAT）、欧洲投资银行（EIB）和德国；最频繁的三大发行人依次是 Ginnie Mae、Fannie Mae 和 Deutsche Bank（见表 6–6）。[㊁]

㊀ 资料来源：CBI 发布的 *Sustainable debt global state of the market*（*2021*），详见 https://www.climatebonds.net/files/reports/cbi_global_sotm_2021_02h_0.pdf.

㊁ 资料来源：CBI 发布的 *Sustainable debt global state of the market*（*2022*），详见 https://www.climatebonds.net/files/reports/cbi_sotm_2022_03e.pdf.

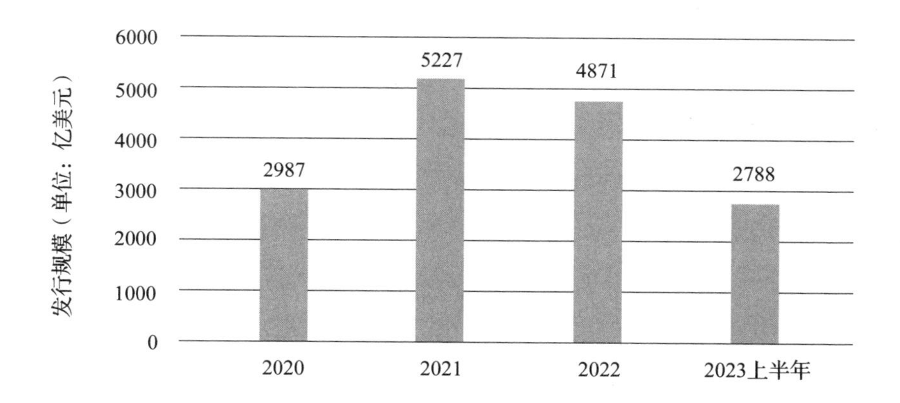

图 6-4　全球绿色债券发行规模统计图

注：资料来源于 CBI，并由作者整理。

表 6-6　2022 年全球绿色债券详细发行情况

发行情况	发行者	金额/亿美元	占比
前三位发行国	中国	854	18%
	美国	644	13%
	德国	612	13%
前三位发行人	欧盟的超国家（SNAT）	260	5.34%
	欧洲投资银行（EIB）	145	2.98%
	德国	143	2.94%
最频繁发行人	Ginnie Mae	431 笔交易	
	Fannie Mae	263 笔交易	
	Deutsche Bank	71 笔交易	

注：资料来源于 CBI，并由作者整理。

具体到发行方，金融公司在绿色债券交易量中所占份额最大，占 29%（796 亿美元）。其次是非金融公司，贡献了 25%（687 亿美元）的交易量。主权债券是第三大发行方，有九个国家为其 524 亿美元（19%）的绿色债券交易做出了贡献。截至 2023 年 6 月，全球绿色债券交易量为 2788 亿美元，占同期 ESG 债券总交易量的 62%。彭博社报道称，绿色债券交易在 2023 年上半年超过了化石燃料交易。

就我国的情况而言，2022年，绿色债券发行量创历史新高。我国在境内外市场共发行了1550亿美元（约1万亿元）[一] 贴标绿色债券，同比增长35%。贴标绿色债券募投领域按其规模依此为清洁能源、绿色交通、污染防治、绿色建筑、资源循环利用和能源提升。截至2022年末，贴标债券发行规模累计达到4890亿美元（约3.3万亿元）。其中，按符合CBI定义（即被纳入CBI绿色债券数据库）的绿色债券年度发行规模统计，2022年，中国于境内外市场发行的符合CBI定义的绿色贴标债券合计为854亿美元（约5752亿元），累计达2869亿美元（约1.9万亿元）。[二] 这一发行规模超越了美国（644亿美元），成为世界上最大的绿色债券发行市场。其资金主要用于提升新能源装机能力、发展新兴能源技术。

一方面，针对在岸市场，2022年，中国在岸市场有715亿美元（约4815亿元）的贴标绿色债券被纳入CBI绿色债券数据库，同比增长26%，发行量约占中国绿色债券总发行量的84%。其中，可再生能源是贴标绿色债券募集资金投向的主要领域，吸引了在岸绿色债券一半的融资额，最大交易来自于中国工商银行、国家电力投资集团有限公司和招商银行。其次是低碳交通领域，占在岸绿债募集资金的27%。然而，绿色贴标债券在在岸债券总体发行量中仅占1.5%，仍有巨大的增长空间。

另一方面，针对离岸市场，2022年，中国发行人在境外发行了138亿美元（约932亿元）绿色债券，约占其总发行量的16%，同比增长4%。大部分离岸绿色债券以美元计价，其次是欧元和离岸人民币。香港交易所仍是中国离岸绿色债券的最大上市交易所，约占总发行规模的43%。此外，相比于在岸市场，离岸市场募集投向更均匀，可再生能源、低碳建筑、低碳交通和水资源

[一] 除非另有说明，否则本节中美元兑人民币的汇率均使用2022年平均汇率，即1美元兑人民币6.7366元。

[二] 资料来源：由气候债券倡议组织（CBI）、中央国债登记结算有限责任公司中债研发中心（中债研发中心）和兴业经济研究咨询股份有限公司（兴业研究）共同编制的《中国可持续债券市场报告（2022）》。详见 https://cn.climatebonds.net/files/reports/cbi-china-sotm-22-cn.pdf.

合计占离岸市场发行量的87%。[一]

截至2022年，中国绿色债券市场展现出了积极的增长态势：发行数量有所增长且市场占比提升。在资金用途方面，多投资于清洁能源领域等绿色项目。在债券类型方面，“投向绿”债券中地方政府债券的发行规模最大，其次是绿色金融债券和短期融资券。在行业和区域分布方面，绿色债券的发行主体主要集中在金融业和公用事业，而北京市、广东省和上海市是发行人分布最广的前三名地区。在贴标绿色债券的发行规模中，绿色金融债券占比最大，而非贴标绿色债券也占据了相当一部分市场份额。总之，2022年中国绿色债券市场不仅在规模上实现了增长，而且在资金用途的透明度、债券类型的多样化以及行业和地域分布上都表现出了积极的发展趋势。具体而言，2022年，我国境内市场发行绿色债券515只，同比增长5.75%，规模合计8720.16亿元，同比增长43.35%，发行规模占我国总债券市场的比重为1.42%，同比增长0.43个百分点。截至2022年末，我国绿色债券累计发行规模约2.63万亿元，存量规模约1.54万亿元。其中，约7297.58亿元可追踪募集资金用途，占比约83.69%；约186.64亿元补充流动资金，其余投向绿色项目。我国绿色债券投向绿色项目的资金主要用于清洁能源领域，占比超过50%（见图6-5）。[二]

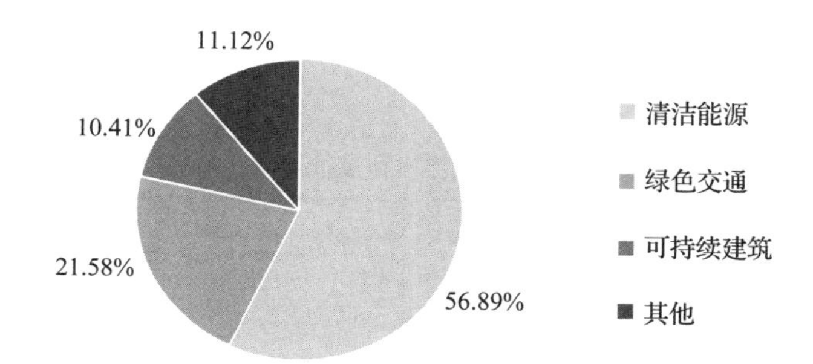

图6-5　2022年中国境内市场绿色债券募集资金的投向领域

注：资料来源于《2022年绿色债券市场运行报告》。

[一] 资料来源：气候债券倡议组织。

[二] 资料来源：《2022年绿色债券市场运行报告——绿色债券标准统一，市场扩容推动高质量发展》，详见 https://finance.sina.com.cn/zl/2023-01-31/zl-imyeancp0166245.shtml.

据 Wind 统计数据显示，2018—2022 年我国绿色债券的发行量和发行额逐年增加，但 2023 年出现下跌趋势（见图 6-6、图 6-7）。2022 年度，我国境内共计发行“投向绿”债券 1262 只，发行规模为 17647.78 亿元，同比增长 32.8%。其中，贴标绿色债券发行规模为 9130.28 亿元。这主要包括在岸贴标绿色债券 8880.52 亿元，占“投向绿”债券发行规模的 50.32%，离岸贴标绿色债券 249.76 亿元，占“投向绿”债券发行规模的 1.42%；非贴标绿色债券 8767.27 亿元（见表 6-7）。在“投向绿”债券中，发行规模最大的为地方政府债券，占比高达 22.07%。绿色金融债券和短期融资券紧跟其后，占比分别为 20.01% 和 19.53%。在贴标绿色债券中，绿色金融债券的发行规模最大，占比为 39.75%。

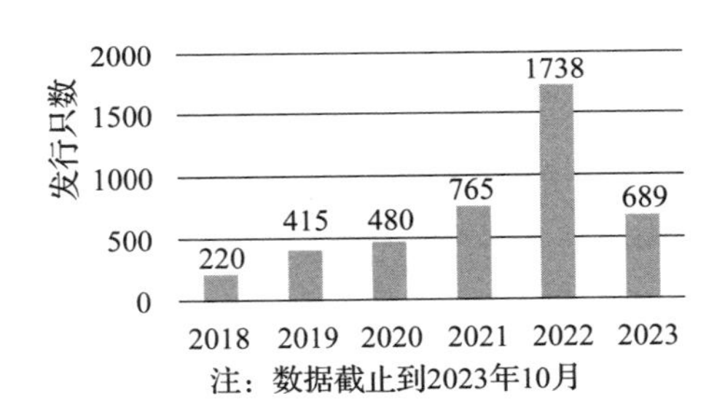

图 6-6　2018-2023 年绿色债券发行量

注：资料来源于 Wind，并由作者整理。

发行金额/亿元
30000
25000
20000
15000
10000
5000
0
2340.66
3855.43
5585.03
8101.1
26420.26
9643
2018
2019
2020
2021
2022
2023
注：数据截止到2023年10月

图 6-7　2018-2023 年绿色债券发行额

注：资料来源于 Wind，并由作者整理。

表 6-7　2022 年绿色债券发行规模统计（单位：亿元）

绿色债券分类	“投向绿”债券	在岸贴标绿色债券	非贴标绿色债券
绿色公司债券	1302.22	812.22	490.00
绿色企业债券	327.80	223.40	104.40
绿色金融债券	3529.57	3529.57	0
地方政府债券	3894.97	0	3894.97
绿色 ABS	2133.69	2133.69	0
短期融资券	3446.65	495.75	2950.90
可交换债	100.00	100.00	0
国际机构债	20.00	20.00	0
定向工具	5.30	5.30	0

（续）

绿色债券分类	“投向绿”债券	在岸贴标绿色债券	非贴标绿色债券
中期票据	2287.59	1560.59	727.00
政府支持机构债	600.00	0	600.00
总计	17647.79	8880.52	8767.27

注：资料来源于《2022 年绿色债券市场运行情况报告》。

从发行绿色债券的所属行业和区域来看，我国绿色债券发行主体所属行业集中在金融业和公用事业，发行人分布排名前三的地区分别为北京市、广东省和上海市（见表 6-8）。[一] 这三个区域发行人在 2022 年发行贴标绿色债券和“投向绿”债券数量分别为 115 只和 227 只，101 只和 191 只，79 只和 95 只。

表 6-8 2022 年中国绿色债券发行所属行业和区域统计表[二]

	行业/地区	绿色债券种类	金额（亿元）	占比
绿色债券发行主体所属行业	金融业	在岸贴标绿色债券	4463.83	50.27%
		“投向绿”债券	4463.83	25.29%
	公用事业	在岸贴标绿色债券	2063.08	23.23%
		“投向绿”债券	4057.58	22.99%
	工业	在岸贴标绿色债券	1413.09	15.91%
		“投向绿”债券	3773.89	21.38%
绿色债券发行主体所处地区	北京市	在岸贴标绿色债券	3756.76	42.3%
		“投向绿”债券	6391.36	36.22%
	广东省	在岸贴标绿色债券	1091.7	12.29%
		“投向绿”债券	12741.4	72.2%
	上海市	在岸贴标绿色债券	856.8	9.65%
		“投向绿”债券	1197.6	6.79%

注：根据《2022 年绿色债券市场运行情况报告》数据整理。

[一] 资料来源：《从绿色债券到可持续类债券——2022 年度中国绿色债券市场回顾与展望》，详见 https://finance.sina.com.cn/money/bond/2023-04-21/doc-imyrchut4718317.shtml.

[二] 该表中的非贴标绿色债券不含私募产品，因为私募产品没有公开披露相关信息，无法判断资金是否投向绿色产业。

6.3 社会责任债券

根据 CBI 定义，社会责任债券是指发行人在全国银行间市场发行的、募集资金全部用于社会责任项目的债券。㊀资金主要用于支持农村等相对贫困地区的振兴发展，关注中国社会不同区域间的公平发展，可对应联合国可持续发展目标中的消除贫困（SDG 1)、体面工作和经济增长（SDG 8)、减少社会不平等（SDG 10)。在我国，社会责任债券包括区域发展债、一带一路债、社会事业债、纾困专项债、疫情防控债等。其中，区域发展债券主要包括乡村振兴债、扶贫专项债和革命老区振兴债。

2021 年发行的社会责任债券主要基于疫情主题，发行人发债融资用于保障就业，支撑居民收入、恢复经济等。2022 年，社会债券发行 1302 亿美元，占 ESG 债券总交易量的 15%，发行量同比下降 41%，是所有类别中跌幅最大的。主要原因在于疫情对经济活动的影响逐渐减弱，发行人应对疫情的融资需求降低，因此社会责任债券发行规模同比大幅下滑（杨坤等，2023)。2022 年数据显示，CADES 为当年最大的社会债券发行商，发行额为 506 亿美元，占 39%；法国是最大的社会债券来源国，有 24 家发行人参与，共发行 545 亿美元，占总发行量的 42%，超国家排名第二，紧随其后的是美国。前三大货币分别是欧元、美元和韩元（见表 6-9)。㊁王超群等（2020）指出，已有 19 个国家发行了超过 100 期的社会责任债券，募集超过 3 亿英镑，用于支持社会项目，如难民就业、流浪汉收容、糖尿病预防等。

表 6-9　2022 年全球社会责任债券详细发行情况

发行情况	发行者	金额（亿美元）	占比
前三大发行地区	欧洲	729	56%
	超国家	183	14%
	北美	84	6%

㊀ 资料来源：《关于试点开展社会责任债券和可持续发展债券业务的问答》，详见 https://www.nafmii.org.cn/xhdt/202111/P020220112400465067938.pdf.

㊁ 资料来源：CBI 发布的《Sustainable debt global state of the market （2022）》，详见 https://www.climatebonds.net/files/reports/cbi_sotm_2022_03e.pdf.

（续）

发行情况	发行者	金额（亿美元）	占比
前三大发行国家	法国	545	42%
	超国家	185	14%
	美国	184	14%
前三大发行人（按发行量）	社会发展基金（CADES）	506	39%
	欧盟	93	7%
	亚洲开发银行	43	3%
前五大发行货币	欧元	632	49%
	美元	434	33%
	韩元	64	5%
	日元	37	3%
	英镑	30	2%

注：资料来源于CBI，并由作者整理。

6.4 可持续发展债券

根据ICMA的定义，可持续发展债券是指将募集资金或等值金额专项用于绿色和社会责任项目融资或再融资的各类债券工具。㊀对于国内而言，可持续发展债券是指发行人在全国银行间市场发行的，募集资金全部用于绿色项目和社会责任项目组合融资或再融资的债券。可持续发展债券募集资金用于绿色项目部分应遵守适用绿色债务融资工具的有关规定，用于社会责任项目部分应遵守社会责任债券的有关规定。可持续发展债券募集的资金亦可用于同时具备环境和社会双重效益的项目。㊁

2022年，可持续发展主题债券发行量为1613亿美元，同比下降21%，但可持续发展债券对总ESG债券发行量的贡献率保持在1.2%。其中，SNAT发

㊀ 资料来源：ICMA发布的《可持续发展债券指引》，详见https://www.icmagroup.org/assets/documents/Sustainable-finance/Translations/Chinese-SBG2021-06-030821.pdf.

㊁ 资料来源：《关于试点开展社会责任债券和可持续发展债券业务的问答》，详见https://www.nafmii.org.cn/xhdt/202111/P020220112400465067938.pdf.

行人的交易额为523亿美元，占发行量的32%；美元是主要交易货币，占总发行量的45%，欧元和澳元分别以21%和7%位居第二和第三；截至2022年底，可持续发展债券以41种不同货币发行，其中28种在当年使用。2022年，可持续发展债券交易来自38个国家，比2021年的47个国家有所下降，有5个新加入可持续发展债券市场的国家，分别是克罗地亚（2亿美元）、萨尔瓦多（1亿美元）、罗马尼亚（2.47亿美元）、沙特阿拉伯（7.5亿美元）和南非（1.34亿美元）。排名前三地区分别是超国家523亿美元（32%）、欧洲336亿美元（21%）和亚太地区326亿美元（20%）；前三大来源国分别是超国家（523亿美元，32%），美国（215亿美元，13%）和韩国（124亿美元，8%）。㊀

6.5 可持续发展挂钩债券

根据中国银行间市场交易商协会的定义，可持续发展挂钩债券（SLB）是指将债券条款与发行人可持续发展目标相挂钩的债务融资工具。挂钩目标包括关键绩效指标（KPI）和可持续发展绩效目标（SPT），其中，关键绩效指标（KPI）是对发行人运营有核心作用的可持续发展业绩指标；可持续发展绩效目标（SPT）是对关键绩效指标的量化评估目标，并需明确达成时限。㊁第三方机构对相关指标进行验证，如果KPI在上述时限未达到（或达到）预定的SPT，将触发债券条款的调整。根据ICMA的定义，SLB是为了进一步促进、鼓励对ESG做出贡献的发行人进行债务资本市场融资的一种债券工具。该债券具有一定财务和/或结构特性，该财务和/或结构特征将会根据发行人是否实现其预设的可持续发展/ESG目标而发生改变。发行人须明确（包括在债券文件中）承诺在预定时间内改善其在可持续发展方面的绩效表现。㊂

㊀ 资料来源：CBI发布的《Sustainable debt global state of the market （2022）》，详见https://www.climatebonds.net/files/reports/cbi_sotm_2022_03e.pdf.

㊁ 中国银行间市场交易商协会官网，详见https://www.nafmii.org.cn/xhdt/202104/t20210428_197371.html.

㊂ 资料来源：ICMA发布的《可持续发展挂钩债券原则》，详见https://www.icmagroup.org/assets/documents/Sustainable-finance/Translations/Chinese-SLBP-040923.pdf.

SLB 所涵盖的范围比绿色债券更广，同样适用于对可持续发展具有重大意义的领域，如乡村振兴、医疗保健、教育和基础设施。与绿色债券不同，SLB 不对资金的投向加以限制，具有较高的灵活性，为高碳排放企业的低碳转型提供融资。然而，由于其 KPI 和 SPT 的设定高度个体化，导致不同 SLB 之间缺乏可比性。KPI 和 SPT 可以覆盖多个领域，如二氧化碳减排、单位能耗、ESG 评级等，可以设置为单个或组合指标。

在募集资金用途方面，不同于可持续发展债券要求募集资金全部用于特定用途，可持续发展挂钩债券的募集资金无特殊要求，可用于一般用途，其主要特征是债券条款与发行人可持续发展目标相挂钩。不过，对 KPI 和 SPT 有明确要求，必须在债券存续期内每年进行验证和披露，而且如果与绿色债务融资工具、乡村振兴票据等创新产品相结合，募集资金用途应满足专项产品的要求，用于绿色项目或乡村振兴领域。在债券结构设计方面，可持续发展挂钩债券不设具体要求或限制，发行人可根据实际情况进行条款设计，包括但不限于票面利率调升（或调降）、提前到期、一次性额外支付等。

可持续发展挂钩债券（SLB）最早出现于 2019 年的欧洲。国际资本市场协会 2020 年 6 月推出指导性文件《可持续发展挂钩债券原则》，提供了可持续发展挂钩债券具体指导标准。在中国“30・60”双碳目标（2030 年实现碳达峰，2060 年实现碳中和）的背景下，传统行业加速出清，部分行业尤其是钢铁、煤炭等碳密集或高环境影响行业面临着严峻挑战，均需进行低碳转型，而这一过程有巨大资金缺口。为进一步落实碳达峰、碳中和重大决策部署，加大金融对传统行业低碳转型的支持力度，交易商协会在借鉴国际经验的基础上，创新推出可持续发展挂钩债券，通过债券结构设计，在为企业提供资金支持的同时，锁定发行人公司整体的减排目标或主营业务的减排效果，敦促企业有计划、有目标的实现可持续发展，助推经济可持续发展。

2022 年，SLB 表现出了期限更短、规模更小的特征。比如，期限超过 10 年的交易从 2021 年的 36% 缩减至 2022 年的 30%。SLB 发行量在 2022 年同比下降 32%，交易数量下降 20%，这主要是普遍的市场状况不好，加上对 SLB

结构的审查力度加大导致的。其中，以欧元计价的 SLB 在 2022 年达到交易量的 39%，人民币和日元是 2022 年 SLB 增长最快的计价货币，每种货币的份额都得到了监管机构或政府主导的过渡金融计划的支持。以人民币计价的 SLB 的最大发行人是中国建设银行，该公司为 100 亿元（约 15 亿美元）的绿色可持续债券定价。意大利和法国分别为第一、二发行国。仅 Enel 一家公司就占了意大利 SLB 债券的 86%，累计发行了 126 亿美元。连锁超市家乐福是法国最大的发行商，2022 年发行了 20 亿欧元（21 亿美元）的 SLB。中国的交易额排名第四。2022 年，温室气体排放目标仍是最受欢迎的 KPI 选择，超过一半的发行人选择包含某种脱碳目标。可再生能源和能效目标紧随其后，其中 13.5% 的交易与降低能源相关排放有关。[一] 2023 年上半年，全球 SLB 交易总额为 373 亿美元，交易量同比下降 31.9%。[二]

2022 年，随着上交所开始探索发行公司 SLB，SLB 的发行规模同比增长了 38%，达到 102 亿美元（人民币 687 亿元）。截至 2022 年末，中国在境内外市场累计发行了 83 只 SLB，累计发行量达 180 亿美元（人民币 1215 亿元），其中 90% 在在岸市场发行。[三] 电力、建材、钢铁、水泥和化工等一系列重工业的企业参与了发行。尽管国有企业是主要参与者，但市场上也出现了非国有企业的身影，如红狮集团和华新水泥。大多数 SLB 采用的 KPI 类型与能源效率及可再生能源相关。例如，鞍山钢铁集团于 2022 年 1 月发行规模为 20 亿元的 SLB，其 KPI 与鞍山和鲅鱼圈基地的每吨钢铁能耗挂钩；山东能源集团于 2022 年 8 月发行规模为 25 亿元的 SLB，其 KPI 与可再生能源累计装机容量挂钩。

[一] 资料来源：CBI 发布的 *Sustainable debt global state of the market*（*2022*），详见 https://www.climatebonds.net/files/reports/cbi_sotm_2022_03e.pdf.

[二] 资料来源：CBI 发布的 *Sustainable Debt Market Summary H1 2023*，详见 https://www.climatebonds.net/files/reports/cbi_susdebtsum_h12023_01b.pdf.

[三] 资料来源：由气候债券倡议组织（CBI）、中央国债登记结算有限责任公司中债研发中心（中债研发中心）和兴业经济研究咨询股份有限公司（兴业研究）共同编制的《中国可持续债券市场报告（2022）》。详见 https://cn.climatebonds.net/files/reports/cbi-china-sotm-22-cn.pdf.

6.6 转型债券

根据中国银行间市场交易商协会（NAFMII）的定义，转型债券是指为适应环境改善和应对气候变化，募集资金专项用于低碳转型领域的债务融资工具。转型债券是绿色金融的有益补充，也是可持续金融的子品种。[㊀] 募集资金应支持以下两类项目：一是针对已纳入《绿色债券支持项目目录（2021年版）》（银发〔2021〕96号发布）但技术指标未达标的项目；二是与“双碳”目标相适应，具有减污降碳和能效提升作用的项目和其他相关经济活动，如①煤炭清洁生产及高效利用，②天然气清洁能源使用，③八个行业（电力、建材、钢铁、有色、石化、化工、造纸、民航）的产能等量置换，④绿色装备/技术应用，⑤其他具有低碳转型效益的项目。

2022年5月，NAFMII发布《关于开展转型债券相关创新试点的通知》，推出转型债券。6月22日，首批转型债券成功发行，聚焦传统高碳行业转型，发行人分别是华能国际、大唐国际、中铝股份、万华化学和山钢集团，募集资金主要用于天然气热电联产项目建设、电解铝节能技改、动能转换升级减量置换等转型领域。在行业方面，转型类债券与绿色债券和可持续发展挂钩债券既有相似之处，即主要为电力行业，又有自身特色支持行业，如建筑业。在资金用途方面，转型类债券募集资金主要投向节能环保改造、天然气清洁利用和煤炭清洁高效利用等领域（杨坤等，2023）。

从现有发行情况来看，2022年，全球共发行转型债券35只，远超2021年的13只。发行人数量从2021年的9个增加到2022年的25个，几乎全部来自中国和日本的重工业参与者。在日本，最大的交易来自九州电力公司和东京天然气公司，分别筹集了550亿日元（4.29亿美元）和398亿日元（3.23亿美元）。中国最大的交易来自公用事业公司华电国际，该公司在9月份筹集了15亿元（合2.14亿美元）。全球符合CBI定义的转型债券发行规模为35亿美元。

㊀ 资料来源：《中国银行间市场交易商协会文件》，详见 https://www.nafmii.org.cn/ggtz/tz/202206/P020220623545115080426.pdf.

其中，我国的发行规模约为 12 亿美元，仅次于日本，居全球第二位。㊀

转型债券可应用于诸多领域，2022 年数据显示，公用事业、石油和天然气以及钢铁行业的参与者以 76% 的总发行量占据主导地位（见图 6-8）。㊁ 中国在 2022 年发行转型债券共计 13 只（低碳转型挂钩债券归为可持续发展挂钩债券），规模为 72.2 亿元。13 只转型债券发行人全部为国企，债券募集资金支持领域主要集中在发电领域的节能降耗项目，如供热热源改造工程、高井燃气热电项目、余热余能利用发电工程等。㊂

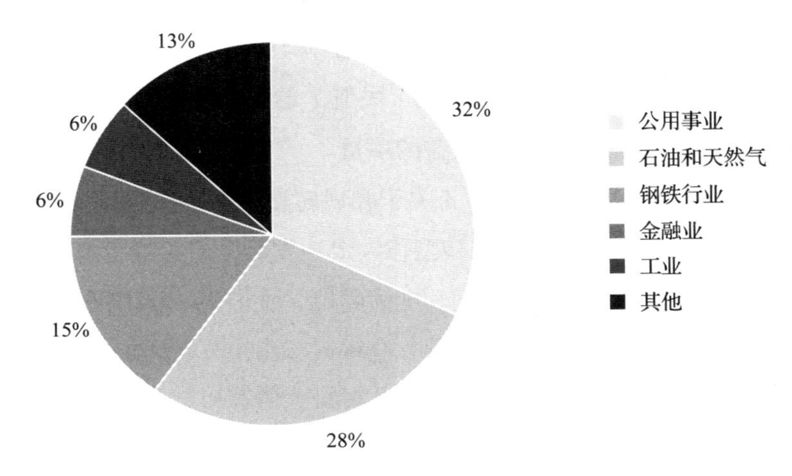

图 6-8　2022 年转型债券应用领域

注：资料来源于 CBI，并由作者整理。

㊀ 资料来源：新浪财经，详见 https://finance.sina.com.cn/money/bond/market/2023-06-01/doc-imyvtwap2888246.shtml.

㊁ 资料来源：CBI 发布的 *Sustainable debt global state of the market*（*2022*），详见 https://www.climatebonds.net/files/reports/cbi_sotm_2022_03e.pdf.

㊂ 资料来源：《从绿色债券到可持续类债券——2022 年度中国绿色债券市场回顾与展望》，详见 https://finance.sina.com.cn/money/bond/2023-04-21/doc-imyrchut4718317.shtml.

第 7 章　基金类 ESG 投资产品

基金类 ESG 投资产品在构建投资组合时，更多地纳入符合 ESG 标准的投资标的。这类基金产品旨在促进可持续发展的同时为投资者提供财务回报。常见的基金类 ESG 产品包括债券型 ESG 基金、股票型 ESG 基金、混合型 ESG 基金；主动型 ESG 基金、被动型 ESG 基金和增强型 ESG 指数基金；纯 ESG 基金和泛 ESG 基金。除此之外，ESG 私募基金也是 ESG 基金的重要组成部分。本章将依次对上述种类的 ESG 基金进行介绍。

7.1　ESG 基金概述

现行的基金管理办法尚未针对 ESG 基金提出明确定义。《公开募集证券投资基金运作管理办法》明确要求基金应符合“有明确、合法的投资方向”，确保“基金名称表明基金的类别和投资特征，不存在损害国家利益、社会公共利益，欺诈、误导投资者，或者其他侵犯他人合法权益的内容。基金名称显示投资方向的，应当有百分之八十以上的非现金基金资产属于投资方向确定的内容”。

综合各种资讯，ESG 基金的目标之一是将资金投向在环境（E）、社会（S）和治理（G）表现良好的公司和项目，以促进可持续发展。鉴于此，关于 ESG 基金的定义已达成基本共识：关注于环境（E）、社会（S）和治理（G）实践的基金即 ESG 基金。但是其分类五花八门，不同组织（机构）或个人的划分不尽相同（见表 7-1）。

表 7-1 ESG 基金的概念及分类

来源	概念	主要类型
CFI（Corporate Finance Institute）	用于描述基金经理使用 ESG（环境、社会和治理）标准做出资产配置策略的广义术语	ESG 共同基金、ESG ETF 和 ESG 指数基金①
U.S. Securities and Exchange Commission（美国证券交易委员会）		《加强投资顾问和投资公司对于 ESG 投资实践的披露》中提出将 ESG 基金分为整合型基金、ESG 专注基金、影响力基金三类②
欧盟		欧盟可持续金融披露条例（SFDR）按照可持续属性将 ESG 基金分为一般产品、促进环境或社会责任特性的产品、以可持续投资为目标的产品③
Robeco（荷宝）	将环境（E）、社会（S）和治理（G）因素纳入投资过程的股票和（或）债券的投资组合	股票型、债券型 ESG 基金④
每经网（《每日经济新闻》旗下网站）		按照投资标的，权益类 ESG 基金可分为 ESG 主题基金（注：基金名称中包含 ESG）和泛 ESG 主题基金；按照投资方式，可以分为主动型基金和指数型基金⑤
王凯和李婷婷（2022）	由环境（E）、社会（S）和治理（G）三个维度构成的投资于基金的概念	纯 ESG 基金、环境主题 / 社会责任主题 / 公司治理主题基金以及泛 ESG 概念基金

（续）

来源	概念	主要类型
匡继雄（2023）	产品名称及投资范围涉及ESG的基金	纯ESG主题基金、ESG策略基金、环境保护主题基金、社会责任主题基金、公司治理主题基金

注：资料来源于作者整理。

①资料来源：CFI官网，详见 https://corporatefinanceinstitute.com/resources/ESG/ESG-fund/.

②资料来源：鼎力官网，详见 https://www.governance-solutions.com/yanjiudongcha/134.html.

③资料来源：妙盈研究院官网，详见 https://www.miotech.com/zh-CN/article/203.

④资料来源：ROBECO官网，详见 https://www.robeco.com/en-ch/glossary/sustainable-investing/ESG-funds.

⑤资料来源：每经网，详见 https://www.nbd.com.cn/articles/2022-10-10/2492445.html.

综合来看，ESG基金或可依据不同标准进行大致分类：

1）根据投资类型的不同，ESG基金分为债券型ESG基金、股票型ESG基金和混合型ESG基金。债券型ESG基金投资于符合ESG标准的债券。基金经理会选择那些在ESG（环境、社会和治理）发行方面表现出色的债券，以构建一个符合ESG原则的债券投资组合。股票型ESG基金主要投资于符合ESG标准的股票。基金经理会选择那些在ESG（环境、社会和治理）方面表现良好的企业，以构建一个符合ESG原则的股票投资组合。混合型ESG基金同时投资于股票和债券，以实现更好的投资组合的分散和风险控制，但投资策略依然注重ESG标准。

2）根据管理模式的不同，ESG基金分为主动（管理）型ESG基金、被动（指数）型ESG基金和增强型ESG指数基金。主动型ESG基金是一类力图超越基准组合表现的ESG基金。被动型ESG基金不主动寻求获得超越市场的表现，一般选取特定的指数作为跟踪对象，因此通常又被称为指数型ESG基金。所谓的指数是用来衡量公司或资产表现的基准。例如，ESG指数旨在跟踪符合ESG（环境、社会和治理）标准的股票、债券或其他资产，并给投资者提供一种包含ESG因素的方式进行投资的机会。常见的ESG指数有MSCI（美国明晟）公司编制的MSCI ESG Leader Indices、FTSE Russell（富时罗素）依据欧洲市场编制的ESG指数以及中国上海证券交易所（SSE）编制的SSE 180

ESG 指数和中证编制的 ESG 100 指数。相比较而言，主动型 ESG 基金比被动型 ESG 基金风险更大，但收益也可能更高。最后，增强型 ESG 指数基金在一定比例的被动指数投资基础上加入了主动管理。这类基金不仅承担了跟踪指数的市场风险，还承担了主动管理策略可能带来的额外风险，因此通常具有较高的预期风险和收益。然而，通过增强策略，它们也有潜力获得更高的收益。

3）根据投资策略的不同，ESG 基金可分为“纯 ESG 基金”和“泛 ESG 基金”，其中“纯 ESG 基金”是完整包含环境、社会、治理三种投资理念的基金，而“泛 ESG 基金”是指未完整采用 ESG 理念，但考量了环境、社会和治理其中某些方面的基金。㊀

除了上述类型的 ESG 基金之外，还有一种活跃于私募股权投资领域的 ESG 基金：ESG 私募基金。ESG 私募基金在践行 ESG 投资理念的同时也符合 ESG 认证标准，因此 ESG 私募基金同时具备 ESG 特色和私募特色。所谓 ESG 特色指 ESG 私募投资基金可以选择按照不同评价体系下的标准进行 ESG 投资，如在双碳战略和绿色金融体系背景下，ESG 基金可以进行符合绿色标准、低碳要求的 ESG 投资。所谓私募特色指主要通过非公开方式向特定投资者募集资金，然后投资于非上市公司的股权或上市公司的非公开交易股权。限于数据可得性，本章重点对 ESG 基金中的公募类产品展开详细描述。

总体而言，ESG 基金属于含有 ESG 特色的基金，按照不同的分类标准大致可以分为以下几种类型（见表 7-2）。

表 7-2　ESG 基金的分类

分类标准	ESG基金产品
投资类型	债券型 ESG 基金、股票型 ESG 基金和混合型 ESG 基金
管理模式	主动型 ESG（管理）基金、被动（指数）型 ESG 基金和增强型 ESG 指数基金
投资策略	纯 ESG 基金和泛 ESG 基金

注：资料来源于作者整理。

㊀ 资料来源：《中国证券报》，详见 https://epaper.cs.com.cn/zgzqb/html/2021-09/27/nw.D110000zgzqb_20210927_4-J04.htm.

7.1.1 发行现状

截至2023年3月31日，全球ESG基金共8605支，规模达3.28万亿美元，相较于2011年，数量和规模分别提升了1.9倍和2.6倍。虽然2022年受市场影响，规模上出现小幅下行，但不改规模和产品数量的长期增长趋势。[一]全球范围内ESG基金市场占比为8%，其中欧洲最高，占比为38.12%。地区分布与格局方面，ESG基金在全球范围内的分布受资本市场成熟度、监管要求及发展阶段的影响。发达市场责任投资起步较早，截至2023年3月31日，发达市场ESG基金规模达3.22万亿美元，占全球98%；新兴市场的规模为552.25亿美元，增长空间较大；欧洲一直是最大的ESG基金市场，截至2023年3月31日，ESG基金规模达28224.01亿美元，占全球85.83%。此外，加拿大、中国、日本、澳大利亚等市场的ESG基金产品在快速发展。在产品布局与投资策略方面，管理方式中主动型基金占主流，被动型ESG基金规模在提升。截至2023年3月31日，全球ESG ETF基金规模合计4261亿美元，占全球ESG基金总规模的13%；从资产类别来看，股票型ESG基金规模最大，占比为53.7%。投资策略层面，负面筛选及ESG整合策略占主流，可持续主题投资关注度在提升；从投资主题来看，气候行动主题基金最受欢迎，资产规模达1948亿美元，占比为45%，人类发展和基本需求主题投资规模近年有所降低。在机构布局方面，全球头部金融机构积极布局ESG基金产品，欧美机构居于领先地位。[二]

2020年9月中国提出双碳目标后，自2021年开始，ESG基金的数量和规模呈现爆发式增长。ESG基金数量从2020年底的44只增加到2023年底的162只，年复合增长率为54.4%；ESG基金规模从2020年底的594.9亿元

[一] 资料来源：中金量化及ESG发布的《中金ESG基金研究（2）》，详见：https://www.haotouxt.com/article/6123.

[二] 资料来源：中金量化及ESG微信公众号，详见：https://mp.weixin.qq.com/s/uguPJgHhGClIZznnCNMd–w.

增加到2023年底的942.6亿元，年复合增长率为16.6%。其中，2022年新成立基金多达51只，ESG基金总管理规模一度超过1000亿元。[一] 中国最早的ESG公募基金于2005年推出，此前增长缓慢，每年新增基金数量基本为个位数。截至2014年底仅有33只ESG公募基金，从2015年起每年的新增基金均超过10只，在2019年总数超过百只。2021年和2022年ESG基金的数量实现了大幅增长：ESG公募基金产品数量分别达到422只和606只。2021年，ESG基金的规模增至2020年的两倍左右，达到6300多亿元。2022年受市场动荡影响，虽然ESG基金的数量仍然在高速增加，但是规模却回落至5000亿元左右。[二] 截至2022年底，共有624只ESG公募基金，总规模合计约5182亿元。从规模上来看，2004年开始ESG公募基金成立规模有明显的上升趋势。其中，2015年ESG公募基金成立规模约803.60亿元，规模为近20年最大。但是从2015年至2019年，总规模呈现下降趋势。2020年至2021年总规模触底反弹，呈倍数增长，2021年ESG公募基金年成立规模达到约932.24亿元，同比增长40.2%，创历史新高。2022年新成立的ESG公募基金总规模达到435.55亿元。

据《2023中国ESG发展白皮书》统计，截至2023年第三季度，ESG类公募基金中规模小于1亿元的基金数量最多，占比达34%；规模介于1亿至5亿元的基金紧随其后，占比近30%。总体而言，小于5亿元的ESG类公募基金占比超60%，基金规模普遍偏低（见图7-1）。[三]

[一] 资料来源：华证ESG官方微信公众号，详见：https://mp.weixin.qq.com/s/gmOnD-aGiKdjep3Mz8RusA.

[二] 资料来源：《2022中国责任投资年度报告》，详见http://house.china.com.cn/uploads/20221220/20221220135322198l.pdf.

[三] 资料来源：《2023中国ESG发展白皮书》，详见https://index.caixin.com/2023-11-11/102137478.html.

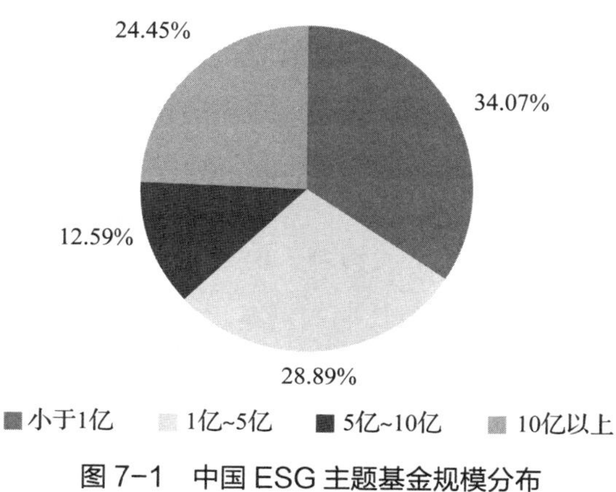

图 7-1　中国 ESG 主题基金规模分布

注：资料来源于《2023 中国 ESG 发展白皮书》，并由作者整理。

从投资构成来看，机构投资者是海外 ESG 资产的主要持有者，包括养老金、高校基金、保险公司和各类组织投资。据 GSIA 统计，机构投资者持有占比高达 75%。近年来 A 股机构化进程加速，2019 年以来公募基金规模迅速增长。截至 2023 年第二季度，偏股基金规模自 2019 年起增长了 115%，金额达 6.9 万亿元。同期 ESG 主题基金增长了 271%，金额达 0.8 万亿元，可见近年来公募基金在 ESG 投资板块增长显著。长期来看，外资、险资和理财等长线资金有望入市，截至 2023 年第一季度，外资、险资占自由流通总市值比重分别为 9% 和 6%，这些资金也有望带来更多的 ESG 策略需求，未来 ESG 基金在 A 股市场或有更广阔的舞台。[一]

7.1.2　ESG 基金的意义

发行 ESG 基金的意义在于推动了可持续投资理念的实践与深化。ESG 基金的发行不仅是金融创新的体现，更是对社会责任、环境保护和良好治理结构的认可。ESG 基金的发行有助于实现资本的可持续配置，推动经济向更加绿色、公平和透明的方向发展。

[一] 资料来源：雪球官网，详见：https://xueqiu.com/9508834377/176763135.

首先，发行 ESG 基金促进可持续发展。ESG 基金通过资金的配置，鼓励企业在运营过程中考虑环境保护、社会责任和良好的治理结构，从而推动整个社会的可持续发展。其次，ESG 基金有助于风险管理。ESG 基金有助于投资者识别和管理非财务风险，如环境污染、社会不公和治理不善等问题，这些问题可能对公司的长期价值产生重大影响，ESG 基金通过投资于那些在 ESG 方面表现出色的企业，有助于实现长期的资本增值。最后，ESG 基金能够对资本流向起到引导作用。ESG 基金作为一种资本配置工具，能够引导资本流向那些对社会和环境有积极影响的领域，从而促进经济结构得到优化和升级。许多国家和地区已经开始制定相关政策和法规，鼓励或要求投资者考虑 ESG 因素。ESG 基金的发行是对这些政策和法规的积极响应，同时也促进了资本优化配置。

7.2 基于投资类型的 ESG 基金分类

ESG 基金按照投资类型可以分为债券型 ESG 基金、股票型 ESG 基金和混合型 ESG 基金三类，具体内容如下。

7.2.1 债券型 ESG 基金

债券型 ESG 基金是将债券作为投资对象的基金产品，其投资组合包括但不限于绿色债券、社会债券、可持续发展债券及可持续发展挂钩债券等多种类型的债券。债券型 ESG 基金（Bond ESG Funds）作为投资工具，综合了债券投资和 ESG（环境、社会和治理）因素。债券型 ESG 基金投资组合主要由债券构成，且这些债券的选择和管理受到环境、社会和治理因素的影响。基金经理通常会积极筛选和投资那些符合特定 ESG 标准的债券，以实现投资目标和 ESG 目标的平衡。债券型 ESG 基金旨在为投资者提供与 ESG 因素相关的投资机会，同时在债券市场中寻求风险和回报的平衡。

债券型 ESG 基金主要投资于债券市场，通过持有债券以获得固定的利息收益，债券型 ESG 基金旨在提供稳定的利息收益，同时关注债券发行人的 ESG 表现。由于债券型 ESG 基金主要投资于市场波动性较小的债券市场，通常具有较低的风险和回报潜力。债券型 ESG 基金整合了 ESG 相关因素，且高度关注社会责任；同时也具备债券风险相对较低的特点。首先，债券型 ESG 基金将 ESG 因素整合到债券选择和管理中，以降低 ESG 风险，并提高投资组合的可持续性。其次，债券型 ESG 基金通常关注公司和发行人的社会责任表现，例如劳工权益和社区关系方面的表现。最后，债券型 ESG 基金的主要投资资产是债券，包括政府债券、公司债券、可持续债券等。因此，它们的风险相对较低，预期回报也较低。因此，债券型 ESG 基金通常可提供相对稳定的收益，更适合那些寻求稳定收益和保本的投资者。总之，债券型 ESG 基金以实现可持续的长期回报为目标，同时考虑环境和社会责任，这意味着基金经理会寻找那些在 ESG 维度上表现良好的债券，以支持可持续发展。

截至 2023 年 3 月 31 日，全球共有债券型 ESG 基金 1657 只，资产规模 5652.08 亿美元，规模占比为 17.24%。[㊀] 从发行数据来看，全球债券类 ESG 基金整体呈现先升后降的趋势。据国信证券数据库统计显示，截至 2024 年 1 月，美国债券型 ESG 基金总规模为 1031 亿美元，资金净流入 13.45 亿美元。[㊁] 2022 年 12 月，欧洲基金与资产管理协会（European Fund Asset Management Association，EFAMA）发布报告 *Asset Management In Europe*，报告显示 2017 年欧洲债券型 ESG 基金占比为 28.5%，2018 年攀升至 30.3%，但此后债券型 ESG 基金占比逐年下降，在 2021 年降至 26.3%（见图 7-2）。[㊂] 据 Barclay 统计，英国 2023 年上半年 ESG 概念债券型基金净流入金额约为 180 亿美元，略高于 ESG 概念股票型基金。虽然利率市场表现震荡，但 ESG 概念债券型基金呈现温和净流入，且

㊀ 资料来源：中金量化及 ESG 发布的《中金 ESG 基金研究（2）》，详见 https://www.haotouxt.com/article/6123.

㊁ 资料来源：全球 ESG 资金追踪表（2024 年第一期），详见 https://pdf.dfcfw.com/pdf/H3_AP202402261623576509_1.pdf?1708962035000.pdf.

㊂ 资料来源：*EFAMA Asset Management Report 2022*，详见 https://www.efama.org/newsroom/news/efama-asset-management-report-2022.

债券型 ESG 基金发行规模略高于 ESG 概念股基金。[一] 在 2022 年，尽管美元兑日元汇率上升了 33.5%，但日本股票的投资额仍然下降了 10.2%。此外，日本 2021 年相比 2020 年，其债券投资余额增长了 68.2%，私募股权（PE）投资余额却增长了 265.1%。[二]

图 7-2　2017—2021 年欧洲债券型 ESG 基金占投资总基金之比

注：资料来源于 European Fund Asset Management Association 发布的 *Asset Management In Europe*，并由作者整理。

Wind 统计数据显示，截至 2023 年 10 月，当年国内债券型 ESG 基金发行 6 只，发行规模达 70.85 亿份。我国的债券型 ESG 基金在 2020 年发行只数骤降，此后发行数量稳步上升，但仍未突破 2019 年水平（见图 7–3）。在发行份额方面，2019 年发行规模最大，为 616.52 亿份，此后的发行份额大幅下降，2020 年之后，截至 2023 年 10 月仍未突破 200 亿份（见图 7–4）。

[一] 资料来源：工商时报，详见 https://www.ctee.com.tw/news/20230811700243-430402.

[二] 资料来源：《White paper on sustainable investment in Japan 2022》，详见 https://japansif.com/wp2022en.

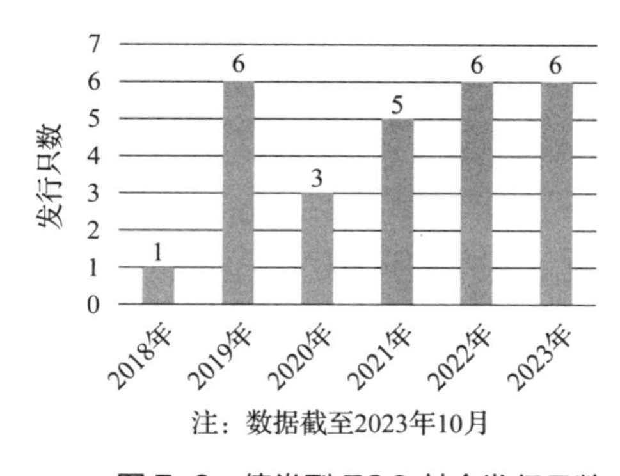

图 7-3　债券型 ESG 基金发行只数

注：资料来源于 Wind，并由作者整理。

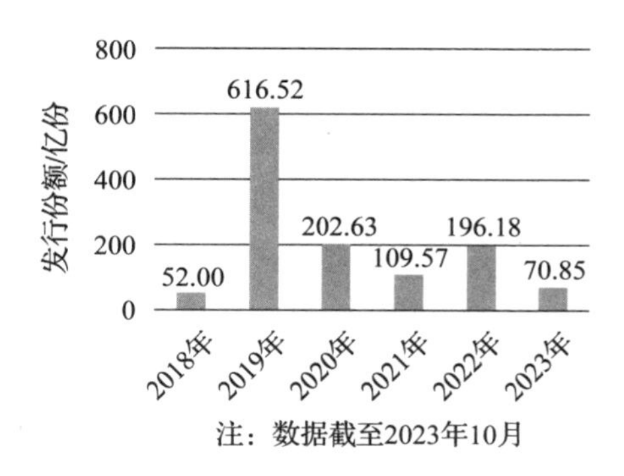

图 7-4　债券型 ESG 基金发行份额

注：资料来源于 Wind，并由作者整理。

7.2.2　股票型 ESG 基金

股票型 ESG 基金（Equity ESG Funds）主要投资于股票市场，用于购买和持有各种具备 ESG 特征的股票，且这些基金旨在通过股票投资来实现长期增值，并追求股东权益的增长。

股票型 ESG 基金通过投资在 ESG 因素方面表现良好的公司来赚取股本收益且通常投资于股票，由于股票市场的波动性较大，因此股票型 ESG 基金具有较高的风险和回报潜力。股票型 ESG 基金整合了 ESG 相关因素，同时具备股票型基金的特点。首先，股票型 ESG 基金将 ESG（环境、社会和公司治理）因素纳入投资决策。ESG 因素在构建投资组合时被视为重要因素，有助于降低与不良 ESG 风险相关的投资风险。基于此，股票型 ESG 基金产品通常会向投资者提供投资组合的持股透明度，让投资者知道他们的资金被投资给哪些公司或资产。这种透明度有助于投资者了解他们的投资是如何与 ESG 价值观匹配的。其次，股票型 ESG 基金主要投资于股票市场，持有公司的股票，以实现投资回报。由于股票市场的波动性较大，因此股票型 ESG 基金通常具有较高的风险和回报潜力。最后，与其他类型 ESG 基金不同，股票型 ESG 基金旨在实现资本增值，通过投资在 ESG 方面表现良好的公司来赚取股本收益。

截至 2023 年 3 月 31 日，全球共有 4719 只股票型 ESG 基金，资产规模为

17595.78 亿美元，规模占比达到 53.7%。[一] 美国的可持续基金以股票型为主，534 只基金中股票型基金就有 372 只。2021 年净流入的 692.2 亿美元资金中，分别有 575.1 亿、111.2 亿、5.9 亿美元流入股票型、固收型、多资产配置型基金。[二] 据国信证券数据库统计显示，截至 2024 年 1 月，美国股票型 ESG 基金总规模为 4566 亿美元，规模增长 1.90%；资金净流出 43.48 亿美元，净流出趋势加剧；在行业配置方面，股票型基金配置比例前三的行业分别为信息技术、医药、金融，配置比例分别为 37.28%、13.55%、12.84%。此外，增配幅度较大的行业为信息技术和能源，减配幅度较大的行业为必选消费、工业。[三]

近年来，欧洲股票型 ESG 基金在总投资中的占比经历了先降后升的趋势，最终达到 43.2%，这一增长主要得益于股票市场的强劲增长和对收益的追求。国内情况与之相反，尽管 2021 年以来中国国内股票型 ESG 基金的发行数量和份额呈现下降趋势，但截至 2023 年 10 月，该年度仍有 23 只股票型 ESG 基金发行，发行规模为 59.42 亿份。具体而言，2022 年 12 月，欧洲基金资产管理协会（EFAMA）发布报告 *Asset Management In Europe*，报告显示 2017 年欧洲 ESG 股票型基金占投资基金总资产的 40.90%，2018 年的占比降为 38.40%，但此后股票型 ESG 基金在总投资中的占比稳步上升，截至 2021 年占比已达 43.20%（见图 7–5）。整体而言，由于股票市场的强劲增长以及在利率普遍下降的环境下对收益的追求，股票型 ESG 基金所占的份额稳步上升。继 2018 年底股市下跌之后，2019—2021 年所占份额稳步增长。[四]

㊀ 资料来源：中金量化及 ESG 发布的《中金 ESG 基金研究（2）》，详见 https://www.haotouxt.com/article/6123.

㊁ 资料来源：*The Top 20 Largest ESG funds——Under the Hood*，详见 https://www.msci.com/documents/1296102/24720517/Top-20-Largest-ESG-Funds.pdf.

㊂ 资料来源：全球 ESG 资金追踪表（2024 年第一期），详见 https://pdf.dfcfw.com/pdf/H3_AP202402261623576509_1.pdf?1708962035000.pdf.

㊃ 资料来源：*EFAMA Asset Management Report 2022*，详见 https://www.efama.org/newsroom/news/efama-asset-management-report-2022.

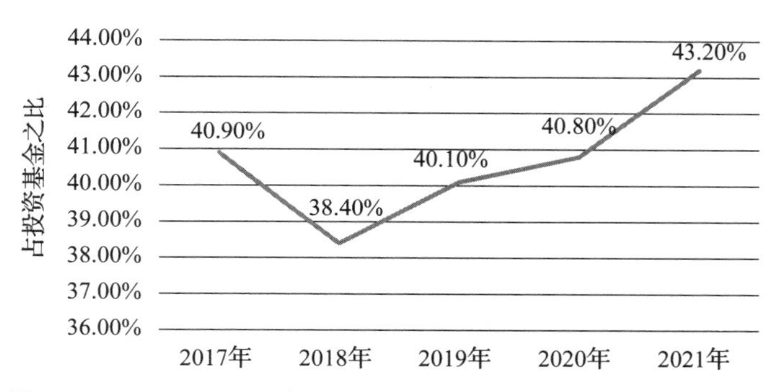

图 7-5　2017—2021 年欧洲股票型 ESG 基金占投资总基金之比

注：资料来源于 European Fund Asset Management Association 发布的 *Asset Management In Europe*，并由作者整理。

Wind 统计数据显示，近年来股票型 ESG 基金在发行只数和发行份额方面均呈现先升后降趋势。截至 2023 年 10 月，当年国内股票型 ESG 基金发行 23 只，发行规模达 59.42 亿份。自 2021 年以来，股票型 ESG 基金在发行只数与发行份额均呈现下降趋势。股票型 ESG 基金发行只数在 2018—2021 年实现大幅增长，其中 2021 年增长幅度最大；2022—2023 年发行只数有所下降（见图 7-6）。发行份额与发行只数保持同步变化，在 2021 年达到最大规模 397.35 亿份，此后发行份额逐年下降（见图 7-7）。

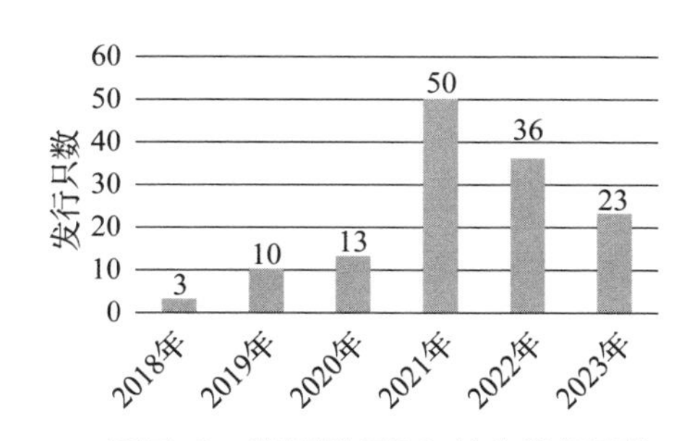

图 7-6　股票型 ESG 基金发行只数

注：资料来源于 Wind，并由作者整理，数据截至 2023 年 10 月。

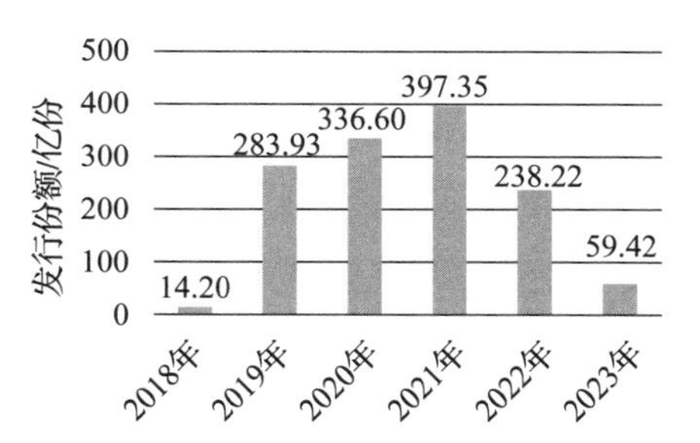

图 7-7　股票型 ESG 基金发行份额

注：资料来源于 Wind，并由作者整理，数据截至 2023 年 10 月。

7.2.3　混合型 ESG 基金

混合型 ESG 基金（Hybrid ESG funds）是一种将不同类型资产（通常是股

票和债券）结合在一起的基金，旨在实现投资组合的多样性和风险分散，并且在投资决策中考虑环境、社会和公司治理（ESG）等可持续性因素。

混合型 ESG 基金旨在给投资者提供更广泛的多样性选择和风险分散，以实现长期的 ESG 目标和资本增值。混合型 ESG 基金遵循可持续原则，具备多元化、风险分散的特点。首先，混合型 ESG 基金与其他类型的 ESG 基金一样，具备 ESG 基金的特点，在投资决策中考虑环境、社会和公司治理等 ESG 因素。其次，混合型 ESG 基金旨在通过同时投资于股票和债券等不同类型的资产，从而实现投资组合的多元化，而多元化的投资组合有助于降低整体投资组合的风险。最后，由于混合型 ESG 基金包含不同种类的资产，其风险相对于纯股票型或纯债券型基金可能更为平衡。这种分散有助于抵御市场波动，并提供相对稳定的投资表现。

在大型混合型基金（美国可持续基金领域中最大的类别）中，2023 年可持续基金的中位回报率为 20.8%。落后于整个类别（包括可持续基金和传统基金）23.9% 的中位收益，也落后于晨星美国大中型股指数 26.9% 的收益中位数。[㊀] 据 Wind 统计数据，截至 2023 年 10 月，当年国内发行混合型 ESG 基金 23 只，共 109.83 亿份（见图 7–8）。2018—2021 年发行规模整体呈现增长趋势，但 2022 年受 A 股市场走弱、基金净值回落等因素影响骤降，2023 年截至 10 月份未达到上年水平（见图 7–9）。

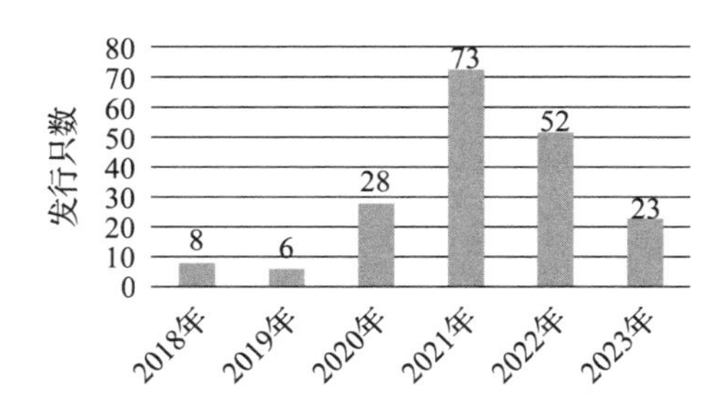

图 7–8 混合型 ESG 基金发行只数

注：资料来源于 Wind，并由作者整理，数据截至 2023 年 10 月。

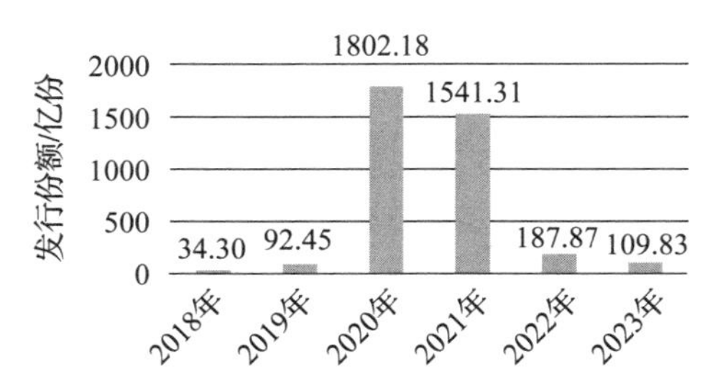

图 7–9 混合型 ESG 基金发行份额

注：资料来源于 Wind，并由作者整理，数据截至 2023 年 10 月。

㊀ 资料来源：环球零碳公众号，详见：https://mp.weixin.qq.com/s/sP149jbX3AMhEH7VVqAqGQ.

7.3　基于管理模式的ESG基金分类

按照管理模式的不同，ESG基金可分为主动型ESG基金、被动型ESG基金和增强型ESG基金三类。

7.3.1　主动型ESG基金

主动型ESG基金旨在将ESG（环境、社会和治理）因素纳入投资决策的过程。主动型基金在投资策略上试图超越股市表现，倾向于前瞻型投资，通常选择投资正在改善ESG指标的公司。主动型ESG基金由负责投资组合的经理积极管理，且基金经理更有可能就重大的ESG风险和机遇与公司直接接触。此外，如果被投资公司在ESG方面没有任何改善，主动型基金经理可以选择将这类公司剔除。总之，主动型ESG基金的投资者更有可能通过直接参与公司的ESG议题来积极参与投资管理。

主动型ESG基金的管理团队会积极整合ESG因素融入其投资决策过程。这包括对潜在投资标的物的ESG（环境、社会和治理）因素进行深入研究和分析，以确定它们的ESG表现。这些ESG因素包括公司的碳排放情况、员工关系、董事会治理结构等。主动型ESG基金采取主动投资策略，而不是简单地复制某个市场指数。主动型ESG基金投资经理会采用定量和定性分析，以确保投资组合符合他们的ESG目标和价值观。一些主动型ESG基金经理可能会积极参与公司治理，并行使股东权益，以推动公司改善其ESG表现。这包括参与投票，提出股东决议，与公司管理层对话等。此外，主动型ESG基金的投资策略通常关注长期价值。投资经理可能会寻找那些具有稳定的ESG表现，以及可能在未来受益于可持续发展趋势的公司。主动型ESG基金通常会提供更多关于其ESG投资策略和持仓的信息，以增强透明度，并让投资者更好地了解该基金的特点。

总的来说，主动型ESG基金致力于将可持续性和ESG因素纳入投资决策过程，以实现长期投资目标并推动更可持续的商业实践。这些基金的特点包括积极的ESG整合、主动的投资策略、关注长期价值、股东参与等，可以帮助投资者在金融市场中追求财务回报的同时，关注 ESG 因素的影响。投资者在选择主动型 ESG 基金时，应仔细研究基金的 ESG 策略和业绩，以确保与他们的投资目标和价值观相一致。

全球 ESG 基金中主动型规模占比高于被动型，但被动型投资的发展在加速。截至 2023 年 3 月 31 日，主动型 ESG 基金规模为 25228.31 亿美元。㊀ 当前美国 ESG 基金以主动管理为主，在截至 2021 年底的 534 只美国可持续基金中，主动型、被动型分别为 375 只、159 只；但 ESG 基金中主动管理资产占比呈下降趋势，其资产份额从 2018 年的 81% 降至 2021 年底的 60%。越来越多的 ESG 相关指数出现，指数型基金快速发展。㊁ 尽管主动型 ESG 基金在美国的净流量占比有所下降，但投资者对 ESG 基金的需求依然强劲，同时被动型 ESG 基金正逐渐增加市场份额。在中国，2022 年新发基金中主动型基金在数量和规模上均占优势，而截至 2023 年第三季度，国内主动型 ESG 基金的数量和发行规模均占有显著比重。据 Broadridge Financial Solutions 统计，2019 年主动型 ESG 基金占美国 ESG 净流量的 52%，这一比例在 2020 年上半年降至 35%。尽管如此，疫情并没有减缓投资者对 ESG 的需求，主动型和被动型基金在 2020 年第一季度共同吸引了创纪录的资产规模。尽管主动型 ESG 基金主导着投资战略，但成本较低的被动型 ESG 基金正在抢占市场份额。㊂ 中国的数据显示，从投资方式看，2022 年新发基金中逾 65% 为主动型基金，其余近 35% 为指数型基金，主动型基金数量、规模优势较为显著。㊃ 据《2023 中国 ESG 发展白皮书》统计，截至 2023 年第三季度，国内共发布主动型 ESG 基金 161 只，数量占比近 60%，发行规模达 1802.45 亿元，规模占比近 68%。㊄

㊀ 资料来源：中金量化及 ESG 发布的《中金 ESG 基金研究（2）》，详见 https://www.haotouxt.com/article/6123.

㊁ 资料来源：*The Top 20 Largest ESG funds——Under the Hood*，详见 https://www.msci.com/documents/1296102/24720517/Top-20-Largest-ESG-Funds.pdf.

㊂ 资料来源：institutional investor 官网，详见 https://www.institutionalinvestor.com/article/2bsx8t30ja67eaueh8dmo/portfolio/active-funds-dominate-ESG-but-their-market-share-is-slipping.

㊃ 资料来源：经济观察网，详见 https://www.eeo.com.cn/2023/0203/576784.shtml.

㊄ 资料来源：《2023 中国 ESG 发展白皮书》，详见 https://index.caixin.com/2023-11-11/102137478.html.

7.3.2 被动型 ESG 基金

被动型 ESG 基金是根据特定的 ESG 指数进行投资的基金，故被动型 ESG 基金又称指数型 ESG 基金。被动型 ESG 基金的目标是在投资组合中选择符合特定 ESG 标准的资产，以反映或跟踪与 ESG（环境、社会和治理）有关的可持续发展目标。这种基金的投资方法旨在推动企业更好地管理环境影响、社会责任和公司治理。

被动型 ESG 基金中具有代表性的是 ETF（Exchange Traded Fund）产品。ETF 是“交易所交易基金”，又称“交易型开放式指数基金”。1993 年，道富集团发行了首只跟踪标普 500 指数的 ETF。这只 ETF 发展至今，规模已达 2500 亿美元。但 ETF 在 2000 年后才真正开始蓬勃发展。在发展过程中，ETF 的种类逐渐多元化，有以股票型、债券型等各类资产为主的 ETF，还有 ESG（环境、社会和治理）主题相关的创新设计的 ETF。

ESG 类 ETF 在发行、交易等方面与其他 ETF 并无二致，但内核在于其跟踪的 ESG 指数。从 ETF 的视角看，ESG 的概念更丰富，标准也更多元。指数公司制作 ESG 指数时，会采用一些特定的 ESG 投资策略，譬如剔除法、同类最佳法，然后依照标准选出成分证券。总之，在理念顺序上是，先有依 ESG 投资策略编制的 ESG 指数，而后才有“ESG 类 ETF”。

ESG 类 ETF 有四个重要特点：ESG 因素、交易型、开放式、指数型。“ESG 因素”指 ETF 投资于含 ESG 特色的资产组合。“交易型”是 ETF 最重要的特点，即 ETF 可在交易所上市和交易。“开放式”是相对“封闭式”而言，表示 ETF 在一级市场上开放申赎。“指数型”是指大部分 ETF 属于被动型基金，会跟踪特定的指数，例如标普 500 指数。此外，ESG 类 ETF 的“交易型”和“开放式”特点，造成其流动性高、交易便捷等相对优势。投资者可在二级市场买卖 ESG 类 ETF，也可在一级市场申赎。ESG 类 ETF 的“指数型”特点，决定了其管理费率低、透明度高等优势。不同于主动管理型的 ESG 基金，ESG 类 ETF 依据特定的指数构建组合，只要指数内容不变，ETF 组合中的资产比例也无须调整，故其费率较低。

从全球视角来看，被动型 ESG 基金的规模占比逐年上升，截至 2023 年 3 月 31 日，被动型 ESG 基金规模为 7557.44 亿美元，被动型基金规模占比为 23.1%。在产品类型方面，ETF 由于其持仓透明、成本较低、跟踪指数紧密等优势受到投资者喜爱。作为被动产品的主要载体的 ETF，ESG 主题 ETF 规模和数量占比均获得提升。截至 2023 年 3 月 31 日，ESG 主题 ETF 产品发行 1116 只，规模达到 4260.98 亿美元，占全球 ESG 基金总规模的 13%。[一] 其中，全球首只 ESG 指数：Domini 400 Social Index（多米尼 400 社会指数）诞生于 1990 年，其后历经数次更名，改为现在的 MSCI KLD 400 Social Index。该指数最初由专门委员会编制，且综合考虑 ESG、规模、行业权重等因素不断进行维护。如今它不再依赖委员会，而是基于公开透明的量化规则来进行维护，譬如其中的 ESG 评级、争议评分、通用价值筛选标准等。随着 ESG（环境、社会和治理）投资成为主流，中国资本市场对 ESG 主题的重视显著提升。中国第一只 ESG 主题指数——国证治理指数（399322.SZ），于 2005 年 12 月发布，标志着中国资本市场 ESG 投资时代的开始。该指数主要侧重于公司治理（G），通过考察公司治理的各个方面，反映沪深上市公司的运行特征。随后，以环境（E）、社会（S）和公司治理（G）为核心议题的各类 ESG 指数相继推出。自 2005 年第一只中国 ESG 指数出炉，发展到 2023 年一共已有 202 只 ESG 指数发布。自 2019 年开始，ESG 指数的数量呈现迅速增长趋势，尤其是“双碳”目标提出之后，2021 年和 2022 年涨幅超过了 40%。然而在 2023 年，受市场波动影响，ESG 指数数量的增长有所放缓。[二]

整体而言，被动型 ESG 基金（ESG 指数）的发布数量快速增长，已成为全球指数创新发展重要趋势。据国际指数行业协会（Index Industry Association，简称 IIA）2022 年度报告统计，全球 ESG 指数目前已超 5 万条，2022 年全球 ESG 指数（含权益类与固定收益类）数量同比增长高达 55.1%，

[一] 资料来源：中金量化及 ESG 发布的《中金 ESG 基金研究（2）》，详见 https://www.haotouxt.com/article/6123.

[二] 资料来源：商道融绿发布的《中国责任投资年度报告 2023》，详见 https://dataexplorer.syntaogf.com/china-sustainable-investment-review-2023.

显著高于全球权益类指数及固定收益类指数增幅，且相较去年的 42.8% 继续创下新高。境内 ESG 指数发展起步相对较晚，但近年来发展速度明显加快。2020 年以来，境内 ESG 指数型基金密集发行，产品规模快速增长。截至 2022 年底，境内 ESG 指数型基金数量共 93 只，同比增长 38.81%；规模合计约 1106.84 亿元，约占境内指数产品规模的 5.46%。ESG 指数型基金密集发行，2020—2022 年规模复合增速高达 120.04%。2022 年，A 股市场震荡下行，ESG 指数型基金整体规模略有下滑，但市场机构布局热度依然不减，全年共新发 26 只指数型基金，新发产品规模为 154.53 亿元。

近年来，随着可持续投资理念的普及，境外 ESG ETF 产品整体规模增长十分迅速，从 2018 年底的不足 900 亿美元增长至 2022 年底的 4500 亿美元左右，年化增速高达 50.21%。从资金流向来看，境外 ESG ETF 呈资金持续净流入态势，2019 年以来累计资金净流入约 2887.33 亿美元。因受全球金融市场整体环境影响，2022 年境外 ESG ETF 资金净流入相较 2021 年有所放缓，净流入额为 460.31 亿美元，同比下降 65.34%。从新发产品来看，2022 年境外固定收益类 ESG ETF 新发产品共 38 只，规模合计约 27.63 亿美元。与境外市场聚焦的指数产品不同，境内 ESG 指数产品规模主要集中在绿色主题类，ESG 基准及其衍生策略指数发展空间有待进一步挖掘。境内跟踪规模较大的 ESG 指数主要集中于光伏、新能源、碳中和等绿色主题类指数。截至 2022 年底，绿色主题类指数产品规模合计已达到 1071.15 亿元，约占境内 ESG 指数型基金的 96.78%。其中，碳中和主题指数产品成为 2022 年境内资管机构布局的热点方向。[一] 据《2023 中国 ESG 发展白皮书》统计，截至 2023 年第三季度，国内共发布被动型 ESG 基金 109 只，数量占比近 40%，发行规模达 849.89 亿元，规模占比近 32%。在 ESG 基金按照投资理念的划分下，主动型 ESG 基金与被动型 ESG 基金的发布数量及规模如表 7-3 所示：[二]

[一] 资料来源：新浪财经，详见 https://finance.sina.com.cn/wm/2023-03-17/doc-imymenma1282939.shtml.

[二] 资料来源：《2023 中国 ESG 发展白皮书》，详见 https://index.caixin.com/2023-11-11/102137478.html.

表 7-3 主动型 ESG 基金、被动型 ESG 基金发布数量及规模

分类	数量/只	数量百分比	规模/亿元	规模百分比
主动型 ESG	161	59.63%	1802.45	67.96%
被动型 ESG	109	40.37%	849.89	32.04%
合计	270	100%	2652.34	100%

资料来源：《2023 中国 ESG 白皮书》，作者整理。

7.3.3 增强型 ESG 指数基金

增强型 ESG 指数基金结合了环境、社会和公司治理三个维度的考量，并在此基础上进行指数增强策略的投资。这种基金不仅追求传统的财务回报，还注重投资的社会和环境影响，以及公司的治理结构。增强型指数基金会跟踪某个基准指数，但同时基金经理会采取一些成分股选择、权重调整等主动管理的策略，以期在控制跟踪误差的前提下，超越基准指数的表现。总之，增强型 ESG 指数基金的目标是为投资者提供一个既能获得市场回报，又能体现社会责任和环境关怀的投资选择。

增强型 ESG 指数基金是介于主动型 ESG 基金与被动型 ESG 基金之间的产品，其在对基准指数进行有效跟踪的基础上，通过主动管理获取收益，从而实现超越指数的投资回报。该类基金往往在合同中对其相对标的指数的偏离设置了限制，如通常要求投资于标的指数成分股和备选成分股的资产不低于基金股票资产的某些比例，并大多要求基金的日均跟踪偏离度的绝对值在多少比例以内，年化跟踪误差在多大比例之内等。与主观权益类基金产品相比，指数增强则具备明确的比较基准，没有风格偏移的风险，Beta 属性明确。相较于被动指数化投资，指数增强基金持有人在收获指数收益的同时，还能够享受到基金管理人提供的超额收益增厚。

近年来，增强型 ESG 指数基金不断扩张，数量与规模齐升。Wind 数据显示，截至 2022 年 9 月 9 日，全市场中共有 188 只增强型 ESG 指数基金，相较于 2015 年的 44 只增长幅度为 327.27%；就规模而言，目前增强型指数基

金总规模为1692.09亿元，较2015年的267.34亿元涨幅为532.93%。增强型指数基金自2015年进入了发展的快车道，规模数量扩张迅速，且继续扩张的趋势明显。中金中证500ESG基准指数增强型证券投资基金于2022年9月26日开始向公众募集，2022年10月21日认购终止。中证500ESG基准指数从中证500指数样本中剔除中证一级行业内ESG分数最低的20%的上市公司证券，选取剩余证券作为指数样本，为ESG投资提供业绩基准和投资标的。除了500ESG指数，由宽基指数衍生而来的ESG指数还有300ESG、50ESG、180ESG、380ESG等。从行业构成来看，截至2022年8月31日，500ESG与中证500的行业配置整体上较为接近，500ESG在医药、计算机、交通运输、轻工制造、房地产、交通运输、建材、通信、机械、家电等行业有更高的配置比例，在非银行金融基础化工、有色金属、汽车、农林牧渔国防军工、商贸零售、食品饮料等行业配置比例低于中证500从估值水平来看，截至2022年9月16日，500ESG指数的市盈率一直低于中证500指数，而中证500指数目前的估值水平处于近5年的较低水平，目前处于近5年的29.80%分位数，拥有较高的安全边际。从收益情况来看，近5年来，500ESG能够跑赢中证500指数，2022年以来（截至9月16日），中证500下跌19.09%，而500ESG指数仅下跌15.02%。而历年的回撤数据显示，除了2021年500ESG的最大回撤幅度略高于中证500ESG，2018年、2019年、2020年、2022年，500ESG的最大回撤水平均低于中证500指数。相比中证500指数500ESG指数的表现更加稳健。[1]

7.4　基于投资策略的ESG基金分类

基于不同的投资策略，ESG基金可分为纯ESG基金和泛ESG基金两类，具体内容如下。

---

[1] 资料来源：新浪财经，详见 https://stock.finance.sina.com.cn/stock/go.php/vReport_Show/kind/9/rptid/718647460515/index.phtml.

7.4.1 纯 ESG 基金

纯 ESG 基金是明确将 ESG 纳入投资策略的基金，即将 ESG 评价情况纳入投资参考，筛选投资 ESG 表现比较好的公司，这些基金名称中普遍包含“ESG”这个关键词，比如某某 ESG 主题投资基金、某某 ESG 责任投资基金等。这些基金的主要目标是追求可持续性和负责任的投资，通常会排除与 ESG 标准不符的公司或行业。它们追求的是在 ESG 领域表现最佳的投资机会。

纯 ESG 基金具备严格的 ESG 整合与长期盈利特点。首先，纯 ESG 基金将 ESG 因素作为投资决策的主要考量，有着更严格的 ESG 整合策略。纯 ESG 基金在投资组合的构建上更加专注于 ESG 因素。它们可能会排除某些行业或公司，如煤炭、武器制造等，根据严格的 ESG 评估进行选择。其次，纯 ESG 基金的目标是在寻求长期收益的同时实现可持续发展，强调长期投资和持有。纯 ESG 基金不仅关注短期利润，也注重企业的长期可持续性和稳定增长。这种投资方式与传统基金追求短期回报的策略不同，它更加注重企业的战略规划、风险管理和与利益相关方的互动。

总而言之，纯 ESG 基金具有将环境、社会和治理因素整合到投资决策中的特点，强调可持续性和长期视角。它们追求与传统金融指标相补充的 ESG 评估，旨在为投资者提供更全面的信息，同时通过影响企业和推动可持续发展来实现投资和社会影响的双重目标。

Parnassus Investments 是美国最大的纯 ESG 共同基金公司，旗下部分基金业绩表现优于标普 500 指数和同类产品平均。其基金 PRBLX、PARWX、PRFIX 在近 1 年的收益风险表现上优于标普 500 指数，PRFIX 在收益风险表现上还明显优于同类产品平均。近 3 年维度上，PRBLX 和 PARWX 跑赢标普 500 指数和同类产品平均。[⊖] 中国证券网发布的数据表示，基金名称若仅包含“ESG”和“可持续”两类关键词，即可将其认定为纯 ESG 投资基金，截至

⊖ 资料来源：新券学社公众号，详见 https://mp.weixin.qq.com/s/ICH1Czeen3ddK1qYJgFrLw.

2023年3月末，纯ESG基金发行规模达60.1亿元，占比7.21%。其他主题基金的规模中，碳中和主题基金规模较大，为330.1亿元（见图7-10）。从收益率来看，环保主题基金表现较好，近两年平均超额收益率为26.64%；其次是公司治理主题的ESG基金，平均超额收益率达25.36%；而纯ESG基金的平均超额收益率仅6.56%（见表7-4）。在ESG基金中，基金管理规模排名靠前的多为权益类基金。[一] 据《2023中国ESG发展白皮书》统计，"ESG主题基金"（纯ESG基金）投资策略需同时覆盖环境保护（E）、社会责任（S）、公司治理（G）三个因素领域，截至2023年第三季度，国内共发布纯ESG基金41只，数量占比约15%，发行规模达133.58亿元，规模占比约5%。[二]

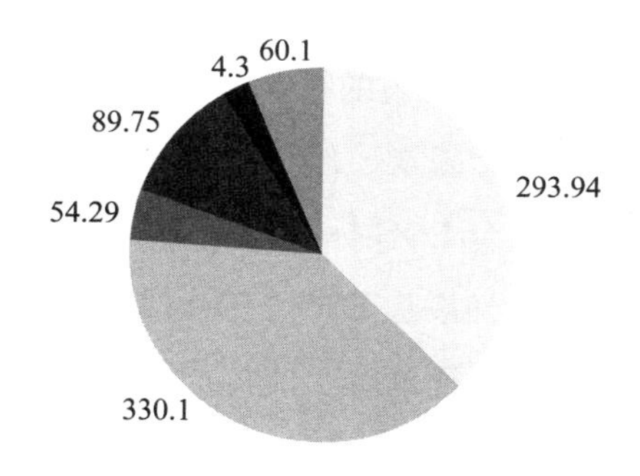

图7-10　ESG基金发行规模/亿元

注：资料来源于中国证券网，并由作者整理。

表7-4　近两年的ESG基金收益率

基金主题	2021年收益率/%	2022年收益率/%	平均超额收益率/%
纯ESG	3	−16.72	6.56
环保	45.33	−18.87	26.64
碳中和	19.09	−17.99	13.97
绿色	27.96	−26.65	14.07

[一] 资料来源：《上海证券报》，详见https://stock.cnstock.com/stock/smk_jjdx/202307/5093161.htm.

[二] 资料来源：《2023中国ESG发展白皮书》，详见https://index.caixin.com/2023-11-11/102137478.html.

（续）

基金主题	2021年收益率/%	2022年收益率/%	平均超额收益率/%
社会责任	9.73	−18.62	8.97
公司治理	48.32	−24.43	25.36

注：资料来源于中国证券网，并由作者整理。

7.4.2 泛ESG基金

泛ESG基金是投资策略、投资理念涉及绿色、低碳、环境、社会责任和公司治理等方向的基金，比如环保主题基金、绿色主题基金，以及名称中含有“社会责任”“治理”等与ESG相关的关键词的基金。

泛ESG基金更具灵活性，其代表的投资范围更广。泛ESG基金在选择投资对象时考虑环境、社会和治理因素，但相对纯ESG基金，它们可能更加灵活，允许包含一定程度的不符合ESG标准的企业。泛ESG基金在ESG整合因素上更加宽松，有时可能持有某些ESG表现较差的企业，以追求更好的投资回报。这样的灵活性扩大了投资范围，使得泛ESG基金能够涵盖更多行业和公司，并根据市场条件和投资目标进行调整。此外，泛ESG基金的可持续性导向相对较弱，注重在投资组合中平衡可持续性与财务回报。泛ESG基金对投资企业的ESG披露和透明度要求相对较低，甚至可以包含一定程度上不符合ESG标准的企业，并采取更为灵活的投资策略，根据市场条件和投资目标调整投资组合。

总而言之，泛ESG基金相较于纯ESG基金拥有更灵活的投资策略、更广泛的投资范围和较弱的ESG整合程度。泛ESG基金将ESG因素作为参考因素，并根据市场条件和投资目标进行调整。此外，泛ESG基金对ESG披露和透明度的要求可能相对较低，其可持续性导向相对较弱。

泛ESG基金涵盖范围较广，中国证券网显示，基金名字中含有“可持续”“碳”“绿色”“环保”“责任”“公司治理”等的基金可认定为泛ESG基金。截至2023年3月末，泛ESG基金发行规模达772.38亿元，其中碳中和主题基金规模为330.1亿元，占比最大，达42.74%；环保主题基金次之，发行规模为293.94亿元（见图7-10）。[一] 据《2023中国ESG发展白皮书》统计，“泛ESG主题”基金投资策略仅覆盖环境保护（E）、社会责任（S）、公司治理（G）三个因素领域中任意一到两个因素领域，截至2023年第三季度，国内共发布泛ESG基金229只，数量占比84.81%，发行规模达2518.76亿元，规模占比为94.97%（见表7-5）。[二]

表7-5 纯ESG基金、泛ESG基金发布数量及规模

分类	数量/只	数量百分比	规模/亿元	规模百分比
纯ESG基金	41	15.19%	133.58	5.03%
泛ESG基金	229	84.81%	2518.76	94.97%
合计	270	100%	2652.34	100%

注：资料来源于《2023中国ESG白皮书》。

[一] 资料来源：《上海证券报》，详见 https://stock.cnstock.com/stock/smk_jjdx/202307/5093161.htm.

[二] 资料来源：《2023中国ESG发展白皮书》，详见 https://index.caixin.com/2023-11-11/102137478.html.

第 8 章　其他 ESG 投资产品

除债券类 ESG 投资产品和基金类 ESG 投资产品外，其他 ESG 投资产品还涵盖了 ESG 衍生品、ESG 保险、ESG REITs、绿色贷款和 ESG 理财产品等。本章将对以上 ESG 投资产品进行介绍。

8.1　ESG 衍生品

ESG 衍生品是指那些与环境、社会和公司治理理念相关的金融衍生工具。这些衍生工具可以是期货、期权或其他形式的衍生合约，它们的设计旨在帮助投资者对冲与 ESG 相关的特定风险，或提供对 ESG 相关资产的间接投资。国际掉期与衍生工具协会（International Swaps and Derivative Association，ISDA）指出，ESG 衍生品使更多的资本能够用于可持续投资，帮助市场参与者对冲与环境、社会和治理（ESG）因素相关的风险，同时促进透明度、价格发现和市场效率以及长期主义。[1]

8.1.1　ESG 指数衍生品

ESG 指数衍生品是基于 ESG 指数构建的金融衍生品。这些衍生品的价值

---

[1] 资料来源：ISDA 于 2021 年发布的 *Overview of ESG-related Derivatives Products and Transactions*，详见 https://www.isda.org/a/qRpTE/Overview-of-ESG-related-Derivatives-Products-and-Transactions.pdf.

与所跟踪的ESG指数相关联，投资者可以通过交易这些衍生品来获得ESG指数的投资回报。其中，ESG指数在传统上市公司中是指从较为单一的上市公司出发，对公司的环境以及在治理公司方面的绩效进行考察分析，给投资者提供一系列ESG表现非常棒的上市公司来当作投资标准（周心仪，2020）。

目前，国际ESG指数衍生品发展主要呈现出如下特点。一是品种工具逐渐健全，已成为一种新型指数衍生品类别，包括ESG期权和ESG期货等；二是交易所在选取标的指数时多立足当地市场。如，SGX（新加坡证券交易所）则主要面向亚洲；EUREX（欧洲期货交易所）和NASDAQ（纳斯达克）的ESG衍生品多面向欧洲市场，CME的标普500 ESG指数期货主要面向美国市场；三是以负面剔除法建构标的指数的ESG衍生品在欧洲较受欢迎，以ESG因子整体考量法建构标的指数的ESG衍生品在美国、亚洲较受欢迎。㊀

ESG投资市场的快速发展，催生了市场对ESG衍生品的需求。自2014年11月日本交易所集团（JPX）推出第一只社会责任主题指数期货以来，欧洲期货交易所（EUREX）、芝加哥商业交易所（CME）、洲际交易所（ICE）、纳斯达克（NASDAQ）等均加大了对ESG指数衍生品的开发，密集推出多种ESG指数衍生品，为ESG投资市场参与者提供多种风险管理工具（吴卫良，2021）。

表8-1报告了全球主要市场部分代表性ESG指数衍生品的具体情况。可以发现，EUREX的ESG衍生品体系最完善，从标的指数来看，主要分为STOXX、DAX和MSCI系列。2019年2月，在欧盟立法要求国家主权基金与退休基金投资须符合ESG标准的背景下，EUREX应广大买方投资经理人的交易需求，向全球首次推出了STOXX Europe 600 ESG-X指数（FSEG）期货，并于同年10月份推出了相应的股指期权。值得说明的是，相较于其他指数期货，STOXX Europe 600 ESG-X指数期货包含的成分股更多，涉及的行业较广，因此，该期货一经推出便吸引了市场上广大投资者。到目前为止，该指数期货仍然是全球最具流通性的ESG合约。从产品类型来看，涵盖ESG指数

㊀ 资料来源：期货日报网，详见http://www.qhrb.com.cn/articles/301342.

期货和指数期权。ICE ESG 指数期货产品的标的主要采用 MSCIEAFE、USA、Emerging Markets、Europe、Japan ESG 等指数。NASDAQ 和 CME 的 ESG 指数衍生品种类较为单一。

此外，已上市的 ESG 指数衍生品标的指数侧重于企业碳排放、碳足迹因素。其中 MSCI 系列的标的指数均根据公司从煤炭勘探和开采、煤炭发电中获取收入情况，剔除不符合要求的公司。STOXX 系列标的指数将煤炭行业公司直接剔除。

表 8-1　全球主要市场部分代表性 ESG 指数衍生品

<table>
<tr><th>交易所</th><th>标的指数</th><th>产品类型</th><th>上市时间</th></tr>
<tr><td rowspan="11">EUREX</td><td>STOXX Europe 600ESG-X</td><td>期货</td><td>2019.02</td></tr>
<tr><td>STOXX Europe 600ESG-X</td><td>期权</td><td>2019.10</td></tr>
<tr><td>DAX 50 ESG</td><td>期货</td><td>2020.11</td></tr>
<tr><td>DAX 50 ESG</td><td>期权</td><td>2020.11</td></tr>
<tr><td>EURO STOXX 50 ESG</td><td>期货</td><td>2019.02</td></tr>
<tr><td>EURO STOXX 50 ESG</td><td>期权</td><td>2019.10</td></tr>
<tr><td>MSCI World ESG Screened Index</td><td>期货</td><td rowspan="5">2019.11</td></tr>
<tr><td>MSCI Emerging Markets ESG Screened Index</td><td>期货</td></tr>
<tr><td>MSCI EAFE ESG Screened Index</td><td>期货</td></tr>
<tr><td>MSCI USA ESG Screened Index</td><td>期货</td></tr>
<tr><td>MSCI Japan ESG Screened Index</td><td>期货</td></tr>
<tr><td rowspan="6">ICE</td><td>MSCI World ESG Leaders NTR Index</td><td>期货</td><td rowspan="5">2019.11</td></tr>
<tr><td>MSCI Emerging Markets ESG Leaders NTR Index</td><td>期货</td></tr>
<tr><td>MSCI EAFE ESG Leaders NTR Index</td><td>期货</td></tr>
<tr><td>MSCI Europe ESG Leaders NTR Index</td><td>期货</td></tr>
<tr><td>MSCI USA ESG Leaders GTR Index</td><td>期货</td></tr>
<tr><td>MSCI Japan ESG Select Leaders GTR Index</td><td>期货</td><td>2020.09</td></tr>
<tr><td>CME</td><td>S&P 500 ESF Index</td><td>期货</td><td>2019.10</td></tr>
<tr><td>NASDAQ</td><td>OMX 30 ESG Responsible Index</td><td>期货</td><td>2018.10</td></tr>
<tr><td>JPX</td><td>JPX-Nikkei400 Index</td><td>期货</td><td>2014.11</td></tr>
</table>

资料来源：作者根据 EUREX、ICE、CME、NASDAQ、JPX 整理。

8.1.2 ESG信贷衍生品

ESG信贷衍生品是信贷衍生品的一种，它将ESG（环境、社会和公司治理）因素纳入考量，旨在与ESG因素相关的信贷风险进行对冲或投资。这些衍生品的价格和风险与ESG因素相关的信贷产品的变化相关联。ESG信贷衍生品可分为以下三类：一是ESG信贷互换（ESG Credit Swaps）。ESG信贷互换是一种合约，用于对冲与债务人的ESG风险相关的信贷风险。它涉及交换信贷违约风险和利息支付，其中一方的利息支付可能与债务人在ESG指标上的表现相关。二是ESG信贷违约互换（ESG Credit Default Swaps，ESG CDS）。ESG信贷违约互换是一种衍生品合约，允许投资者对冲或投资具有ESG风险的信贷产品。它涉及交换违约风险和相应的违约保险费支付。三是ESG信贷期权（ESG Credit Options）。ESG信贷期权是一种衍生品合约，赋予持有者在未来以预定价格买入或卖出与ESG风险相关的信贷产品的权利，但不是义务。这些期权合约的价格和风险与ESG因素相关的信贷产品的变化相关联。

2020年5月，IHS Markit推出了iTraxx MSCI ESG筛选欧洲指数，这是一个使用ESG标准衍生的广泛的欧洲企业CDS指数。该指数包括一揽子符合行业、有争议和ESG风险标准的公司CDS合同。它遵循基于MSCI ESG研究的三步筛选方法，包括基于价值的筛选、基于争议的筛选和基于ESG评级的筛选。该指数从2020年6月开始交易，期限为五年。

作为一个广泛的行业多元化指数，iTraxx MSCI ESG筛选欧洲指数可作为一种宏观工具，用于获得或对冲广泛的ESG欧洲企业风险。由于应用于iBoxx债券指数的ESG筛选方法相似，iTraxx MSCI ESG筛选欧洲指数也可能是跟踪即将推出的iBoxx MSCI ESG指数的债券投资组合的有效对冲工具。iTraxx MSCI ESG筛选欧洲指数也可用于希望获得ESG公司长期敞口（保护卖方头寸）的买方公司。

8.1.3 ESG利率衍生品

ESG利率衍生品是一类结合环境、社会和公司治理（ESG）因素的衍生品产品，旨在与ESG因素相关的利率风险进行对冲或投资。这些衍生品的价格和风险与ESG因素相关的利率产品的变化相关。ESG利率衍生品的标的资产通常是某个ESG指数，该指数由一组符合ESG标准的企业债券或其他固定收益证券组成。ESG利率衍生品的交易机制与传统的利率衍生品类似，但加入了ESG因素。在交易中，买方和卖方约定在未来某一时间以某一固定利率交换本金和利息，以达到对冲或套期保值的目的。买方可以通过购买ESG利率衍生品来降低利率风险，同时实现可持续发展目标；卖方可以通过出售ESG利率衍生品来满足企业的风险管理需求，同时满足ESG投资者的要求。

ESG利率衍生品的市场参与者主要包括资产管理公司、银行、保险公司等金融机构以及符合ESG标准的企业。这些参与者可以通过ESG利率衍生品来实现资产组合的优化、风险管理、投资策略等目标，同时满足其对可持续发展和环保的承诺。

ESG利率衍生品相关的主要产品有以下三类。一是ESG利率互换（ESG Interest Rate Swaps）。ESG利率互换是一种衍生品合约，允许交易双方交换固定利率和浮动利率之间的支付，用于对冲利率波动风险。与传统利率互换不同的是，ESG利率互换的浮动利率基于与ESG因素相关的指标，如可持续发展债券利率、低碳经济指数等。二是ESG利率期货（ESG Interest Rate Futures）。ESG利率期货是一种标准化合约，允许投资者在未来以预定价格买入或卖出ESG相关的利率合约。这些期货合约的价格与所跟踪的ESG因素相关的利润产品的变化相关联。三是ESG利率期权（ESG Interest Rate Options）。ESG利率期权是一种衍生品合约，赋予持有者在未来以预定价格买入或卖出ESG相关的利率合约的权利。这些期权合约的价格和风险与ESG因素相关的利润产品相关联。

对于场内ESG利率衍生品，2021年9月，EUREX上市了两个ESG利率衍生品，分别是欧元企业社会责任指数期货（Euro Corporate Socially Responsible Investing index Futures）和全球绿色债券指数期货（Global Green Bond index Futures）。两个产品均是基于ESG债券指数的期货，这是目前场内

ESG 债券衍生品的主要形式。

对于场外 ESG 利率衍生品，与 ESG 评估指标关联的 IRS（利率互换）是其主要形式。基本结构是在利率互换的固定利息支付端或者浮动利息支付端增加一个和 ESG 指标相关的利差。ESG 评价升高对应融资成本降低。这可以激励企业更好地履行社会责任和进行绿色投资，从而提升 ESG 评级。对于金融机构而言，较高的 ESG 评级对应较低的借款人信用风险，这可以降低信用利差，因此降低的利率实际上是补偿降低的信用利差。[一] 举例来看，2019 年 8 月，荷兰海洋石油与天然气工程公司（SBM）和荷兰国际集团（ING）签订了与 SBM 的 ESG 评级结果挂钩的 IRS，[二] 其基本结构如图 8-1 所示。

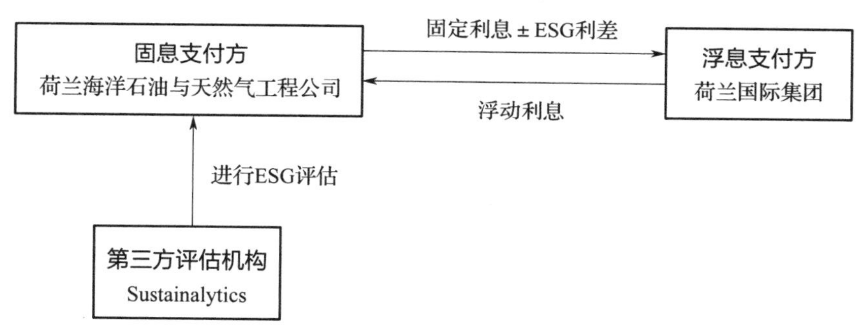

图 8-1　SBM 和 ING 签订的 ESG 关联利率互换结构图

注：资料来源于作者整理。

8.1.4　可持续性挂钩衍生品

任晴和杨健健（2022）指出，可持续性挂钩衍生品（Sustainability-Linked Derivative，SLD）是指与 ESG 表现挂钩的衍生品交易。Anne-Marie et al.（2023）认为，SLD 是一种产生、嵌入或改变付款现金流的衍生品交易，这些付款现金流采用与环境、社会和治理目标（ESG 目标）相挂钩的关键绩

[一] 资料来源：知乎，详见 https://zhuanlan.zhihu.com/p/665694972?utm_id=0.

[二] 资料来源：ISDA 于 2021 年发布的 *Overview of ESG-related Derivatives Products and Transactions*，详见 https://www.isda.org/a/qRpTE/Overview-of-ESG-related-Derivatives-Products-and-Transactions.pdf.

效指标（KPI）来计算。SLD 通常架设于利率掉期或外汇衍生品等传统衍生品交易之上，且高度定制化，交易双方可为其各自的需求以多种方式设计拟达成的 SLD 交易结构。ISDA 指出，SLD 通过使用 KPI 监控 ESG 目标的合规性，从而创建与 ESG 相关的现金流，该现金流是传统衍生品工具的组成部分或与之相关。[一]

SLD 的显著特点是在传统衍生品中创造或影响现金流的 KPI。收益的使用通常不受影响或限制。KPI 对 SLD 的有效性和完整性至关重要。当衍生品交易指定一方的 KPI 满足（或未能满足）某 ESG 目标时，衍生品交易的另一方则向其提供金融支持（或不予提供金融支持）。KPI 以及相应的定价和现金流非常多样化，可以采取多种形式。例如，达到 KPI 可能会导致付款的增加或减少、回扣或费用的支付、保证金或差价金额，或向商定的慈善机构付款。相同或不同的 KPI 可以应用于衍生品交易的一方或双方。[一]

ISDA 将市场上常见的 SLD 分成了两类。第一类 SLD（条款内嵌型）是指 KPI、ESG 目标和其他关联条款嵌入基础衍生品交易中。这类 SLD 的一个例子是跨货币利率互换（IRS），当达到 KPI 时，它提供额外的支付、利差或优惠汇率。第二类 SLD（单列型）是指 KPI、ESG 目标和其他关联条款均列于单独的协议中，该协议参考了基础（通常是普通）衍生品交易，用于设置参考金额以计算 KPI 关联的现金流。这类 SLD 的一个例子是，如果交易对手满足其 KPI，则可以达成付款协议，付款金额按不相关、单独记录的衍生品交易名义金额的百分比计算。[二]

第一笔 SLD 交易始于 2019 年 8 月，由荷兰国际集团（ING）发起，旨在对冲 SBM 10 亿美元五年期浮动利率循环信贷的利率风险。SBM 为掉期支付

[一] 资料来源：ISDA 发布的 *Sustainability-linked Derivatives: KPI Guidelines*，详见 https://www.isda.org/a/xvTgE/Sustainability-linked-Derivatives-KPI-Guidelines-Sept-2021.pdf.

[二] 资料来源：ISDA 发布的 *Regulatory Considerations for Sustainability-linked Derivatives*，详见 https://www.isda.org/a/58ngE/Regulatory-Considerations-for-Sustainability-linked-Derivatives.pdf.

固定利率，并获得浮动利率。[一] 随后，世界范围内开展 SLD 交易的银行、企业、顾问及其他受访参与者的数量在大幅增长（Anne-Marie et al.，2023）。

2021 年 4 月，我国境内外资法人银行恒生银行（中国）有限公司推出了首笔包含 ESG 条款的人民币利率衍生品交易。[二] 该人民币利率衍生品的具体挂钩指标包括中证财通中国可持续发展 100（ECPI ESG）指数、国证 ESG300 指数及恒生可持续发展企业基准指数（HSSUSB）。该笔 ESG 人民币利率衍生品交易的对手方是全球性的金属贸易公司。SLD 的触发事件和相应的 KPI 可以由交易双方自行商定，其被认为是能够推动实现 ESG 目标的衍生品工具而受到市场欢迎（任晴和杨健健，2022）。

据报道，2023 年 3 月 10 日，中国科技公司蚂蚁集团与 ING 银行签订了价值约 4 亿美元的首笔 SLD 交易。该交易为利率互换合同，通过达成可持续发展目标对冲用浮动利率借贷的利率风险。在该合同中纳入与蚂蚁集团可持续发展挂钩的双向奖励机制。相关的 KPI 都针对蚂蚁集团 ESG 策略中环境和社会方面的目标。[三]

8.2 ESG 保险

2022 年 11 月，原银保监会发布《绿色保险业务统计制度的通知》并指出绿色保险是指保险业在环境资源保护与社会治理、绿色产业运行和绿色生活消费等方面提供风险保障和资金支持等经济行为的统称。[四] 绿色保险属于 ESG 保险范畴，基于此，ESG 保险是以环境、社会和治理因素为基础的保险产品，这些因素涵盖了企业在经营过程中对环境的影响、社会责任以及公司治理结构的质量。ESG 保险产品旨在提供对这些因素的综合考量，以满足投资者、保

[一] ING 官网，详见 https://www.ing.com/Newsroom/News/Introducing-the-worlds-first-sustainabilityimprovement-derivative.htm.

[二] 资料来源：腾讯网，详见 https://new.qq.com/rain/a/20220422A005JJ00.

[三] 资料来源：网易新闻，详见 https://www.163.com/dy/article/HVFU8A0M0519QIKK.html.

[四] 资料来源：中国银行保险报网，详见 http://www.cbimc.cn/content/2022-11/11/content_471443.html.

险购买者和利益相关者对可持续发展和社会责任的关切。从企业角度来看，ESG 保险产品旨在通过风险评估帮助企业查找可持续发展管理方面的短板弱项；通过费率折扣联动、风险减量服务帮助企业提升可持续发展风险管理能力和水平，促使企业更加稳健地保护生态环境、履行社会责任、提高治理水平。ESG 保险类产品考虑了公司的环境影响，例如对气候变化的适应能力、资源利用效率、废物管理等。在社会因素方面，衡量公司的社会责任，例如员工福利、劳动权益、社区关系等。在治理因素方面关注公司的管理结构、董事会独立性、股东权益保护等。总之，ESG 保险类产品旨在推动可持续发展和社会责任的实践，并通过投资符合 ESG 准则的公司或行业来实现长期价值增长。这些产品可以包括绿色保险、社会责任保险、可持续发展保险等，以满足客户对于负责任投资和风险管理的需求。ESG 保险类产品的兴起反映了投资者和保险购买者对可持续发展和社会责任的关注在不断提升。

在保险业中，ESG 保险考虑环境、社会和治理因素方面的实践。ESG 保险注重风险管理，通过考虑环境、社会和治理因素来评估和降低潜在的风险。这包括对气候变化、自然灾害、社会不稳定和公司治理问题等方面的风险进行评估。与此同时，ESG 保险可以帮助企业将特定的 ESG 相关风险转移给保险公司。例如，一家公司可以购买气候风险保险，以在遭受气候相关损失时得到补偿。此外，ESG 保险旨在反映企业的社会责任，通过推动可持续发展目标、支持社会项目和捐赠等方式来促进社会和谐。总体而言，ESG 保险通过整合环境、社会和治理因素，提供了一种全面管理风险和推动可持续发展的方法，与 ESG 基金和 ESG 债券相比，它在风险转移和社会责任方面具备独特优势。

2012 年，《联合国环境规划署金融倡议》（UNEP FI）公布《可持续保险原则》（PSI），将可持续保险定义为一种以负责任和前瞻性的方式来完成保险价值链中的所有活动（包括与利益相关方的互动）的战略方法，其中涉及识别、评估、管理和监督与 ESG 事项相关的风险和机遇。可持续保险旨在减少风险，打造创新解决方案提升业绩表现并为环境、社会和经济的可持续发展做出贡献。2020 年 1 月，英国财务汇报局修订了《尽责管理守则》（Stewardship Code），其中包括对整合投资和尽责管理（涵盖 ESG 事项）的新要求。英国审慎监管局（PRA）要求保险公司在其偿付能力第二阶段压力测试中模拟并量化ESG因素（尤其是气候变化）的影响，并报告测试结果。此外，PRA还和英国金融市场行为监管局（FCA）共同建立了气候金融风险论坛，以进行能力建设并分享最佳实践，从而优化金融行业应对由气候变化产生的金融风险的措施。2020年6月，新加坡金融管理局（MAS）发布《环境风险管理指南》（*Environmental Risk Management guidelines*）征询意见稿，涵盖银行业、保险业和资产管理行业。上述指南为治理、风险管理和环境风险披露制定了一套标准，以便对贷款与投资进行合理定价，从而为绿色金融创造新的机遇。2020年9月，美国证监会和商品期货交易委员会（CFTC）发布了一份关于管理气候风险的报告——《管理美国金融系统中的气候风险》，该报告介绍了一系列向国家金融监管机构提出的无约束力建议，并列出市场参与者为促进气候相关投资可采取的措施，包括气候风险压力测试。同时美联储也提出要求加入中央银行机构绿色金融系统网络（NGFS），美国金融服务部也已要求其监管的机构将气候变化带来的金融风险纳入治理框架、风险管理流程和商业战略中。[1]

后疫情时代保险公司对ESG投资的关注度显著提升，许多大型保险集团对净零排放提出了新的承诺。2020年，新冠疫情席卷全球，国际市场动荡加剧，越来越多的保险公司开始关注ESG、气候变化等带来的潜在风险对财务表现的影响。据IRM统计，全球范围内签署联合国负责任投资原则的保险机构数量呈现逐年上涨的态势，30余家保险公司在2019年成为签署方，另有10家在2020年签署，12家在2021年及2022年上半年度签署。此外，根据BlackRock（贝莱德）对全球25个市场的360名保险资金管理机构高级管理人员的调查，受新冠疫情的影响，越来越多金融机构加大对ESG投资的关注，如图8-2所示，这些机构中有54%在过去一年中制定并采用特定的ESG战略开展投资，有52%的机构已将ESG风险作为投资风险评估的关键组成部分，有48%的机构公布了与ESG相关的承诺，有32%的机构在过去一年中拒绝

[1] 资料来源：《保险业ESG重大行业趋势》，详见 https://assets.kpmg.com/content/dam/kpmg/cn/pdf/zh/2021/10/major-esg-industry-trends-in-insurance-industry.pdf.

过不符合 ESG 诉求的投资项目。[1]

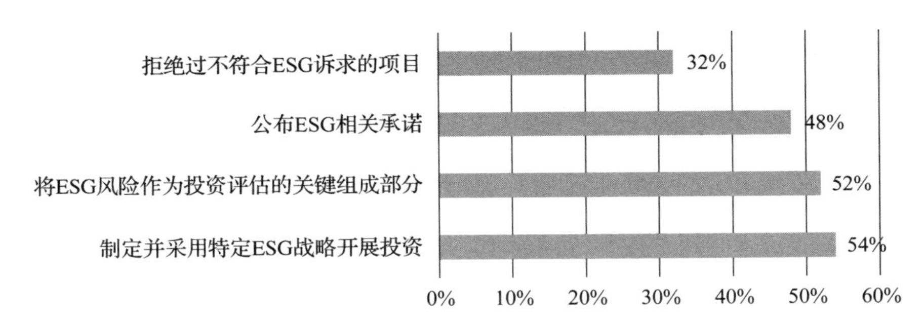

图 8-2 调研保险机构开展 ESG 投资实践的方式

注：资料来源于《保险资金 ESG 投资发展研究报告》。

近年来，国内保险机构逐渐出现在绿色金融、负责任投资和可持续发展等相关话题的国际舞台上。2018 年国寿资产成为国内第一家签署联合国责任投资原则的保险资管机构；2019 年平安保险集团正式签署该原则，成为中国第一家加入该组织的资产所有者。保险资管协会还充分利用国际机构资源，依靠协会国际专家咨询委员会（IEAC）成立 ESG 研究小组，撰写了《IEAC ESG 专题报告》，其中收集整理了包括：德国安联保险、瑞银资产管理、法国巴黎资产、美国贝莱德、英国安本标准投资管理等 10 家机构在内的 ESG 投资理论研究和管理实践，为国内保险资管行业提供经验参考。协会还通过举办专题讲座、组织行业培训等方式，与更多相关的国际机构和组织进行研讨交流，持续借鉴国际机构经验，推动保险资金在 ESG 领域的发展建设。

2022 年 6 月 1 日，原银保监会发布《银行业保险业绿色金融指引》，以推动保险领域的 ESG 创新实践。《银行业保险业绿色金融指引》的发布从战略高度明确绿色金融导向，要求银行和保险机构都应深入贯彻落实新发展理念，加大对绿色、低碳、循环经济的支持，防范环境、社会和治理（ESG）风险（王笑，2023）。同时，从组织管理、政策制度及能力建设、投融资流程管理、内控管理与信息披露以及监督管理五方面对银行保险机构提出了要求。同时也助

[1] 资料来源：《保险资金 ESG 投资发展研究报告》，详见 https://iigf.cufe.edu.cn/system/_content/download.jsp?urltype=news.DownloadAttachUrl&owner=1667460506&wbfileid=11858835.

力保险领域加快推进绿色金融。前期原银保监会通过制定《绿色信贷指引》、绿色融资统计制度等各项规章制度，已经在引导银行机构开展绿色金融的体制机制建设方面取得了较为丰富的实践经验。而保险业虽然在环境污染责任险领域取得了积极成效，但与银行机构相比，保险机构的重视程度、推进程度、评价体系仍存在一定差异。《银行业保险业绿色金融指引》的出台统一了银行业、保险业绿色金融相关适用标准，明确了“治理层—管理层—决策层”各层级的职能职责，为后续银行业、保险业 ESG 的发展提供了一致方向。[一] 中国保险资产管理业协会于 2022 年 9 月发布《中国保险资产管理业 ESG 尽责管理倡议书》，积极全面参与并推动绿色转型，呼吁各机构要逐步建立将 ESG（环境、社会和治理）问题纳入投资决策体系、流程与管理机制；主动评估气候变化等 ESG 问题对整体投资组合价值、长期经济增长和金融市场稳定可能带来的系统性风险。[二] 2023 年 9 月，中国保险行业协会发布《绿色保险分类指引（2023 年版）》，落实“加快发展方式绿色转型”部署，引导保险业加快绿色保险领域创新，促进绿色保险规范发展。[三]

截至 2022 年末，保险资金投向中涉及绿色产业的债权投资计划、股权投资计划和保险私募基金登记（注册）规模达到 1.17 万亿元，同 2021 年相比增长约 1000 亿元；其中债权投资计划规模为 1.05 万亿元，保险私募基金规模为 838 亿元，股权投资计划为 351 亿元，债权投资仍是保险资金参与绿色投资的主要方式。从债权投资涉及的重点绿色产业来看，主要涵盖交通、能源、水利、市政。从投资形式来看，保险资管机构逐步构建起“直接 + 间接”的绿色投资体系，如直接发行符合 ESG 投资理念的股权、债券投资计划，或通过参与绿色信托产品、绿色产业基金等间接参与 ESG 投资。

[一] 资料来源：中国银行保险报网，详见 http://www.cbimc.cn/content/2023-06/14/content_487207.html.

[二] 资料来源：中国保险资产管理业协会发布的《中国保险资产管理业 ESG 尽责管理倡议书》，详见 https://www.iamac.org.cn/xhgz/202209/t20220906_7938.html .

[三] 资料来源：中国保险行业协会发布的《绿色保险分类指引（2023 年版）》，详见 https://www.iachina.cn/module/download/downfile.jsp?classid=0&filename=3de47857f029475daf29d81ce203d517.pdf.

从具体实践来看，保险资管机构主要通过以下几种方式参与 ESG 活动：一是积极探索参与 ESG 指数编制。2021 年 6 月，中国人寿资产管理有限公司和中债估值中心联合编制的“中债 – 国寿资产 ESG 信用债精选指数”（CBA22601.CS）发布，成为国内第一只由保险资管机构编制的 ESG 债券指数。同年 12 月，国寿资产又推出保险资管行业首只 ESG 权益指数“中证国寿资产 ESG 绿色低碳 100 指数”（931799.CSI），旨在结合国寿资产 ESG 评价体系，为国内外投资者提供可信赖的 ESG 权益指数。二是发行 ESG 相关主题基金。泰康资产管理有限公司 2021 年发行了两只与低碳主题相关的交易型开放式指数证券投资基金，分别为泰康中证智能电动汽车 ETF（159720.OF）和泰康中证内地低碳经济主题 ETF（560560.OF）。两只基金均在 2021 年下半年发行，虽然整体规模较小，但也是保险资管机构探索建立 ESG 主题基金的有效尝试。三是推出 ESG 主题保险资管产品。2021 年 6 月，中国太保旗下长江养老发行首只 ESG 保险资管产品——金色增盈 6 号，填补了养老保险资管领域在 ESG 产品发行方面的空白。该产品为固定收益型组合类保险资管产品，优先选择在 ESG 方面表现优异的债券主体进行投资。2021 年 11 月，中国人寿资产管理有限公司推出“国寿资产—ESG 碳中和增强保险资产管理产品”，该产品主要投资于权益资产。此外，2022 年 6 月，国寿资产在民生银行渠道代销的 ESG 保险资管产品——“国寿资产—稳利 ESG 主题精选 2209 保险资产管理产品”上线，也是行业内首只由渠道代销的 ESG 保险资管产品。[1]

从国际保险业 ESG 投资实践来看，随着国际 ESG 投资相关标准进一步完善，全球 ESG 投资整体规模不断扩大，欧美国家仍占据主导地位。机构投资者是 ESG 投资主力，其中保险公司在后疫情时代对 ESG 投资的关注度显著提升。

8.3 ESG REITs

不动产投资信托基金（REITs）是一种以发行收益凭证的方式募集资金、

[1] 资料来源：中国银行保险报网，详见 http://www.cbimc.cn/content/2023-08/15/content_492173.html.

持有并管理标的，将综合收益分配给投资者的信托机制。随着对构建现代化基础设施体系提出的要求愈加明确，培育中国特色基础设施 REITs 的重要性大大提升。相较于传统资产，REITs 是践行 ESG 理念的优良标的，ESG 理念可以引导 REITs 市场高质量发展，REITs 可以为 ESG 投资提供优良标的（余世鹏，2023）。ESG REITs 指的是考虑了 ESG 因素的房地产投资信托，将可持续发展和社会责任因素融入其投资和运营策略中，同时也是一种允许投资者通过购买信托份额来间接投资房地产的投资工具。

ESG REITs 具有一些明显的特点，这些特点反映了其对可持续性和社会责任的关注。首先，ESG REITs 具备环境友好性，ESG REITs 注重减少其房地产投资对环境的负面影响。这可能包括采用能源效率较高的建筑、推动绿色建筑认证、使用可再生能源以及实施其他环境保护措施；ESG REITs 积极履行社会责任，ESG REITs 关注其在社区中的作用，致力于社会责任。这可能包括支持社区项目、投资社会发展、提高居住标准，以及与租户建立积极关系。在治理标准方面，ESG REITs 强调公司治理的重要性，包括建立透明度、确保董事会独立性、采取道德商业实践，以及建立有效的治理结构。其次，ESG REITs 透明度高，ESG REITs 通常致力于向投资者提供关于其 ESG 实践的透明度信息。这可能包括定期发布 ESG 报告，详细说明其在环境、社会和治理方面的表现，并向投资者传达可持续性目标。最后，投资者互动频繁。ESG REITs 积极与投资者互动，倾听其意见，回应 ESG 问题，并与利益相关者合作以推动更可持续的实践。这些特点使得 ESG REITs 与传统的房地产投资信托有所区别，它强调了对可持续性和社会责任的承诺。投资者越来越关注这些特点，并将 ESG 因素融入其投资组合以塑造更全面的价值观。

除此之外，相较于股票，REITs 不仅有优秀的二级市场流动性，还有明确对应的项目，其扩募资金能够直达实体。相较于私募股权，公募的 REITs 不仅对于标的资产有较强的影响力甚至是控制力，而且透明度高、流通性强，能够主动进行 ESG 方面的优化，更能对 ESG 表现进行评估与定价。相较于公司债券，REITs 不仅同样具有稳健的交易结构，成熟期的标的资产可以较好抵御下行风险，而且具有权益属性，能够凭借优秀的 ESG 表现给投资者带来盈利。

相较于绿色债券，REITs 不仅涵盖环境方面的绿色项目，如绿色能源 REITs 和水务 REITs 等，而且能够涉及社会方面的项目，如保障房 REITs、交通基础设施 REITs 等。不过，REITs 采用“项目公司 + 资产支持证券（ABS）+ 公募基金”的三级架构，较长的管理链条对治理能力提出了更高的要求。相较于现金和存款，REITs 一方面凭借其资金端的二级市场较好满足投资者对资产流动性的需求，另一方面凭借资产端匹配的存续期较长的底层项目，提供了实现长期价值的投资机会。相较于大宗商品，REITs 实现了追求 ESG 表现的非标准化与金融产品标准化之间的完美平衡。REITs 资产底层的项目公司可以根据基础设施的不同业态因地制宜，进行相应的 ESG 探索。ABS+ 公募基金的双重标准化，则提高了基础设施 REITs 作为金融资产的认可程度。相较于对冲基金可能因实施 ESG 方面的策略而引致道德谴责，将 ESG 策略应用于 REITs 则不会有此担忧，能够实现声誉和收益双丰收。

据 Bloomberg 数据统计，截至 2022 年底，全球 REITs 数量已达 898 只，规模合计 1.9 万亿美元。其中，美国 REITs 数量和规模皆位居全球首位（数量 232 只、占比 26%，规模 1.28 万亿美元、占比 67%）；日本和新加坡作为亚洲较早引入 REITs 的国家，成为亚洲 REITs 规模和数量排名前二的国家；澳大利亚、英国、加拿大等发达国家的 REITs 市场相对成熟，REITs 的数量和规模也位居前列。从我国的 REITs 市场来看，香港较早推行 REITs，目前 REITs 达到 10 只，规模达 240 亿美元；内地 REITs 市场于 2021 年正式扬帆起航，截至 2022 年底 REITs 已有 24 只，规模达 118 亿美元，但占全球比重仅为 1%，我国 REITs 市场仍处于起步阶段，未来仍有较大发展空间。㊀

美股 REITs 发展快，收益率高，流动性风险小，且基础设施类 REITs 市值占比高。截至 2020 年第一季度，美股中 REITs 有 219 只，市值规模达到创纪录的 1.33 万亿美元。美国《REITs 行业 ESG 报告 2023》显示，房地产投资信托基金在 2022 年通过公开市场发行筹集了 520 亿美元，其中绿色债券部分

㊀ 资料来源：未来智库，详见 https://www.vzkoo.com/read/20230210c22a5d7111e3fcedcde7578c.html.

达 50 亿美元。截至 2022 年末，在美国上市的房地产投资信托基金拥有超过 1.3 万亿美元的股票市值，涉及 14 个房地产行业，代表了超过 575000 个物业，且公共房地产投资信托基金拥有约 2.5 万亿美元的资产。此外，美国的 ESG REITs 收益高，为标准普尔 500 指数的两倍多。㊀

截至 2023 年 7 月 31 日，我国内地有 28 只 REITs 上市，总发行额约 924 亿元，其中 16 只为不动产产权类产品，12 只为特许经营权类产品，底层资产涵盖产业园区、仓储物流、工业厂房、保障性租赁住房、清洁能源、高速公路和生态环保七大类型。其中有 5 只 REITs 发布 ESG 报告，分别是华夏越秀高速公路 REIT、建信中关村产业园 REIT、中航首钢绿能 REIT、中金普洛斯 REIT、中航京能光伏 REIT，底层资产分别为高速公路、产业园区、生态环保、仓储物流和清洁能源。5 份 ESG 报告在披露标准和关键议题方面表现出 ESG 理念的普适性和基于行业和项目特点的差异性。㊁

8.4　绿色贷款

绿色贷款是一种融资形式，它使借款人能够为具有积极环境影响的项目筹集资金，因而在引导资金投向绿色发展领域方面发挥着积极作用。与绿色债券一样，绿色贷款也取决于计划的 UoP（收益使用）的环境或气候标准。然而，绿色贷款与绿色债券不同，因为它们通常规模较小，而且是通过私人运营完成的。特别是在可持续金融市场中，贷款通常具有更不透明的披露，因为它们往往是私人（通常是双边）安排的。这意味着通常很难发现相关交易，以及找到有关交易的基本信息，包括贷款金额和期限以及 UoP 等详细信息。㊂

绿色贷款将环境指标纳入贷款投放考量框架，由此引导相关主体绿色转型，推动经济社会绿色低碳发展，有助于引导相关主体积极开展绿色技术创

㊀ 资料来源：《REIT Industry ESG Report2023》，详见 https://www.nareitphotolibrary.com/m/6c6ce61d6f6b915a/original/Nareit-REIT-Industry-ESG-Report-2023.pdf?e=1.

㊁ 资料来源：发现报告官网，详见 https://www.fxbaogao.com/view?id=3865201.

㊂ 资料来源：《2023 中国 ESG 发展白皮书》，详见 https://index.caixin.com/2023-11-11/102137478.html.

新，加强研发，采用更先进的节能环保技术（余幼婷，2023）。作为推出 ESG 贷款产品的主力军，银行在推动 ESG 实践改善方面发挥着重要作用，具体来看，银行将绿色、低碳等融入产品体系建设当中，并通过贷款、债券、融资赋能 ESG 实践。绿色贷款涉及的范围广泛，主要用于支持生态保护、能源节约、减少排放、清洁交通和污染防治等领域。例如，中国农业银行推出了乡村人居环境贷、绿水青山贷和生态共富贷等产品，以支持绿色企业和项目发展，特别关注于清洁能源和基础设施升级等重要领域。[一] 此外，一些银行也积极研发综合性产品和服务。在 2022 年，中国银行率先牵头组织了境内银团贷款市场中首笔与 ESG 可持续发展挂钩的银团贷款。[二] 另外，光大银行也迅速跟进政策热点，推出了“碳易通场景金融”模式，该模式以全国碳交易所为依托，为参与碳排放交易的电力企业提供碳排放权质押融资、绿色债券、支付结算和账户管理等全方位金融服务。[三]

全球绿色贷款市场在 2014—2021 年得到快速发展。根据日本环境省绿色金融门户网站的数据，全球绿色贷款余额在这期间从 3 亿美元增长到 3000 亿美元，欧洲和亚太地区的国家成为推动绿色贷款市场发展的主力。然而，难以找到公开的其他国家层面的绿色贷款统计数据。[四] 2022 年，绿色贷款占市场的 2%，其中 70% 来自亚太地区和欧洲（各占 35%）。[五] 2022 年，气候债券市场实现了显著增长，绿色贷款工具数量和资金规模均有增加，亚太和欧洲是主要的资金来源地区。在中国，绿色贷款余额大幅增长，重点支持了碳减排和节能环保项目，并维持了较低的不良贷款率。中国人民银行推出的“碳减排支持

㊀ 资料来源：中国农业银行官网，详见 https://www.abchina.com/cn/AboutABC/CSR/SRPractice/202310/t20231010_2340679.htm.

㊁ 资料来源：新华网，详见 https://app.xinhuanet.com/news/article.html?articleId=c4a81d0d0c92d40799139fdcf97a7d9c.

㊂ 资料来源：中国光大银行官网，详见 https://www.cebbank.com/site/ceb/gddt/mtgz/218894274/index.html.

㊃ 资料来源：《绿色金融蓝皮书：全球绿色金融发展报告（2022）》，详见 https://www.pishu.com.cn/skwx_ps/bookdetail?SiteID=14&ID=14203718#.

㊄ 资料来源：《2023 中国 ESG 发展白皮书》，详见 https://index.caixin.com/2023-11-11/102137478.html.

工具”进一步促进了对碳减排项目的融资支持，有效带动了年度碳减排量的增加。截至 2023 年三季度末，我国本外币绿色贷款余额 28.58 万亿元，同比增长 36.8%，比年初增加 6.98 万亿元。其中，投向具有直接和间接碳减排效益项目的贷款分别为 9.96 万亿元和 9.14 万亿元，合计占绿色贷款的 66.8%（见图 8–3）。基础设施绿色升级产业、清洁能源产业和节能环保产业贷款余额分别为 12.45 万亿元、7.27 万亿元和 4.13 万亿元。此外，绿色贷款不良率维持较低水平，2013 年至今基本维持在 0.7% 以下，资产质量优于其他类型对公贷款。

此外，为加大对碳减排重点领域企业和项目的融资支持，中国人民银行于 2021 年 11 月推出“碳减排支持工具”，向金融机构以“先贷后借”的直达机制提供资金。2023 年 1 月，央行宣布延长该货币工具实施期限至 2024 年末，同时将部分地方法人金融机构和外资金融机构纳入工具适用范围。截至 2023 年 6 月末，我国碳减排支持工具余额达到 4530 亿元，较上年末增加 1433 亿元；支持金融机构发放贷款约 7500 亿元，带动年度碳减排量超 1.5 亿吨二氧化碳当量。[㊀]

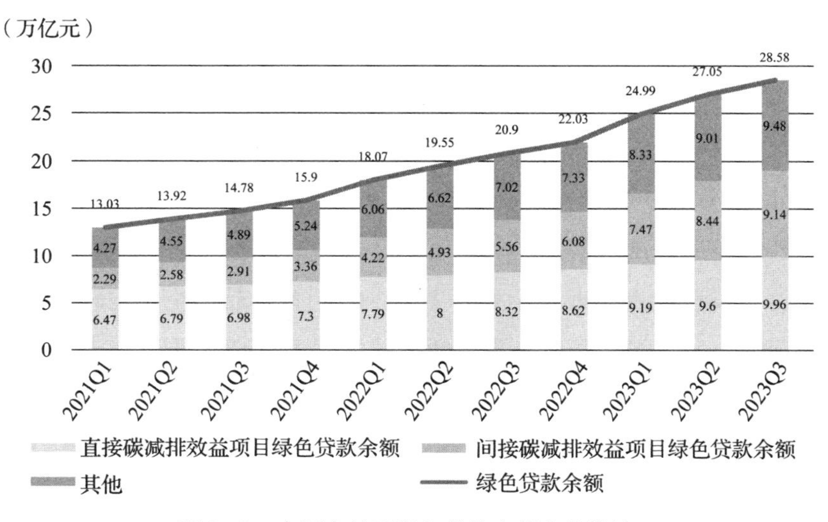

图 8–3 中国本外币绿色贷款余额变化统计

注：资料来源于《2023 中国 ESG 发展白皮书》。

㊀ 资料来源：新华网，详见 http://www.news.cn/fortune/2023-11/07/c_1129949800.htm.

8.5 ESG 理财产品

ESG 主题理财产品的名称中通常带有“ESG”，或者一些与环境保护和社会责任等相关的特色字样；产品一般以固定收益类资产为主要投资标的，且会对投资标的按照 ESG 标准或者环保和社会责任等标准进行筛选评估，比如绿色债券、绿色 ABS（绿色资产证券化产品）和 ESG 表现良好的企业债权类资产等都可能会是其主要投资方向。[㊀] 实际上，ESG 理财产品可以被视为一类投资工具，其投资策略整合了环境、社会和治理（ESG）因素，并以此为基础选择和管理资产。这些产品可以包括 ESG 债券、ESG 基金、ESG REITs、ESG 保险等。

作为理财产品，ESG 属性特征决定了 ESG 理财产品将环境、社会和治理因素纳入投资决策的考量范围之内，且这些产品致力于支持可持续发展和社会责任，投资符合 ESG 标准的公司和项目，以促进长期的可持续性。ESG 理财产品追求财务回报和社会影响的平衡。ESG 理财产品旨在实现财务回报的同时，注重社会影响和可持续性发展。而购买 ESG 理财产品的投资者希望通过这些理财产品实现良好的财务表现，同时为社会和环境做出积极贡献。

当前中国 ESG 主题理财产品具备以下两大特征：①产品以固定收益类为主，且收益较好。从 ESG 主题理财产品的收益情况来看，固定收益类、偏债混合类的理财产品收益率较高。相比之下，权益类理财产品受市场环境影响大，目前收益率并不理想。整体来看，ESG 主题理财产品以偏向于投资固定收益产品，发行数量在近几年不断上升，但相关产品仍集中在较早布局 ESG 领域的理财公司，可以预见未来后续公司的跟进将继续推动 ESG 主题理财产品数量的上升。②中低风险产品占据主导地位。当前国内存续的 ESG 主题理财产品以固定收益类为主，风险等级集中在中低风险，这体现出追求稳健收益的投资理念，与 ESG 固定收益端投资十分契合。在 2023 年发行的 ESG 主题理财产品中，中低风险产品数量占比最大，达到 59.78%。[㊁]

㊀ 资料来源：新华网，详见 http://www.news.cn/fortune/2023-11/07/c_1129949800.htm.

㊁ 资料来源：英为财情，详见 https://cn.investing.com/news/economy/article-2291893.

2019年4月23日，国内首支ESG主题理财产品“华夏理财龙盈固定收益类ESG理念01号”成立运行。同年末，农银理财也发布了其首支ESG理财产品。此后，ESG理财产品队伍逐渐扩大。银行业理财登记托管中心有限公司（下称“理财中心”）发布的《中国银行业理财市场半年报告（2023年上）》显示，截至2023年6月末，ESG主题理财产品存续规模达1586亿元，同比增长51.29%。2023年上半年，理财市场累计发行ESG主题理财产品67只，合计募集资金超260亿元。从发行机构来看，截至8月2日，至少26家机构（包括银行、理财子公司）发行了ESG理财产品。其中，农银理财存续产品62只，数量领跑同业；渣打银行存续产品12只，数量在外资行中居于领先地位。㊀

中国ESG主题理财产品市场迅速发展。近三年来，国内ESG主题理财产品发行活跃，且在数量方面呈上升趋势。截至2023年12月31日，在发售与存续的理财产品中，名称中带有“ESG”的超过280只，其中固定收益类数量最多，且有30余家机构（含外资机构）参与ESG理财产品的发行。根据中国负责任投资论坛统计，目前大部分理财产品重点投资于绿色项目或乡村振兴、民生三农产业。绿色债券、绿色资产支持证券等带有绿色标签的产品是ESG理财产品投资的主要方向。

8.6 ESG投资产品未来展望

虽然ESG投资理念较早进入国内，但是早期主要集中在上市公司社会责任报告和环境信息披露以及权益投资市场。直到2018年中国基金业协会出台相关绿色投资指引，第一只真正意义上的绿色固定收益基金产品才成立，ESG产品正走向多元化。

我国ESG产品崭露头角，发展潜力大，未来预计能够获得不断增长的市

㊀ 资料来源：新浪财经，详见 https://finance.sina.cn/bank/yhgd/2023-08-04/detail-imzezwwt5516271.d.html?vt=4&cid=76654&node_id=76654.

场。随着投资者对可持续性和社会责任的关注不断提升，预计 ESG 产品市场将继续扩大。越来越多的投资者将 ESG 因素视为投资决策的重要考量，这将推动 ESG 产品的需求增长。与此同时，也会涌现更多创新的 ESG 产品，包括 ESG 信托投资、期权期货等。金融机构和投资公司可能会推出更多满足不同投资目标和风险偏好的 ESG 产品，并且预计更多的公司和资产管理机构会将 ESG 因素整合到其日常运营和投资决策中。这种整合将不仅仅局限于产品层面，还包括公司治理结构、雇佣实践和业务流程的 ESG 整合。此外，随着 ESG 投资的全球化，预计会看到更多的全球性标准和框架的制定，以促进行业形成更一致的 ESG 报告和评估。这将有助于提高透明度，减少不一致性，并帮助投资者更好地理解 ESG 风险和机会。随着对可持续性的重视，预计监管机构将提供更多的支持和指导，鼓励企业和投资者更积极地采用 ESG 实践。可能会有更多的法规要求企业报告其 ESG 绩效，并鼓励金融机构将 ESG 理念融入其风险管理和投资决策中。

总体而言，未来 ESG 产品的发展趋势将在于更广泛的市场认可、更一致的标准和法规支持。ESG 投资已经超越了趋势，成为金融行业长期发展的不可或缺的一部分。

第 9 章　ESG 投资结果

本章在第 6、第 7 和第 8 章对 ESG 投资产品进行梳理的基础之上，结合投资收益的相关数据和理论展示并分析 ESG 的投资结果。首先，基于数据可得性，介绍我国 ESG 债券与 ESG 基金的市场规模、投资收益与风险指数，包括历年存续数量与余额、平均年化收益率、平均年化波动率、最大回撤等指标。其次，本章对 ESG 投资获得超额收益与负收益的原因进行了理论上的分析。最后，简要介绍 ESG 投资的社会影响。

9.1　我国 ESG 市场投资收益

本节在第 6 章、第 7 章和第 8 章对 ESG 投资产品进行梳理的基础之上，结合数据可得性，首先对 ESG 投资的市场规模进行整体介绍，包括 ESG 债券、ESG 公募基金、ESG 私募基金和 ESG 银行理财产品等的历年存续数量和余额，其次对 ESG 投资的收益表现进行分析，包括年化收益率、年化波动率等指标，以期整体展示 ESG 投资产品的表现。

9.1.1　ESG 投资的市场规模

自 2020 年 9 月我国明确提出 2030 年实现碳达峰，2060 年实现碳中和的目标以来，可持续发展需求与理念进一步深入人心，减碳降碳、绿色发展与转型成了经济和社会生活中的主旋律，ESG 实践的影响力不断提高，ESG 投资也开始呈现高速增长态势。同时，随着 ESG 在我国的飞速发展，越来越多的资管机构、资产所有者加入联合国责任投资原则组织，签署投资者协议，致力于在投资战略和决策中帮助投资者理解环境、社会和公司治理等要素对投资价值的影响，ESG 投资的影响力得到进一步增强。截至 2023 年末，我国内地签署 PRI 的机构数量已达 138 家，自 2021 年以来一直呈现大幅上升趋势（见图 9–1）。

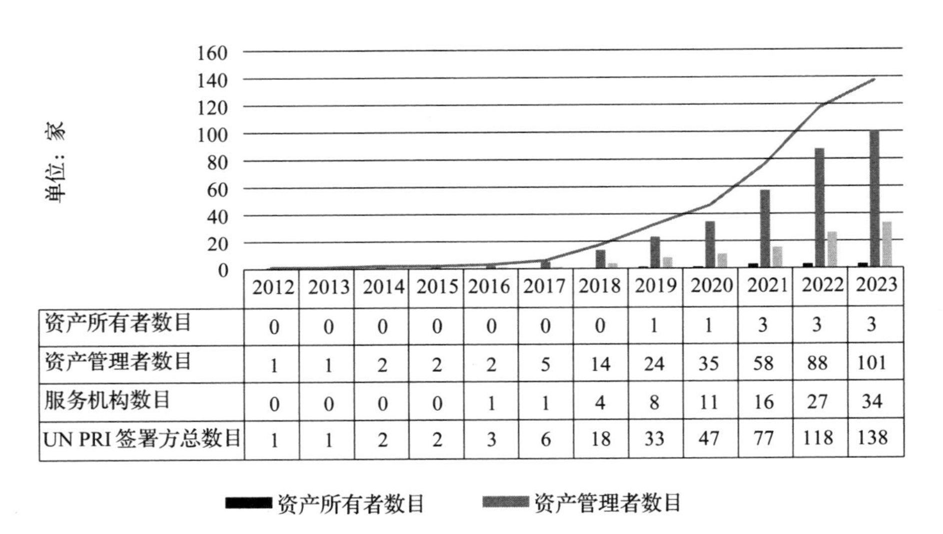

	2012	2013	2014	2015	2016	2017	2018	2019	2020	2021	2022	2023
资产所有者数目	0	0	0	0	0	0	0	1	1	3	3	3
资产管理者数目	1	1	2	2	2	5	14	24	35	58	88	101
服务机构数目	0	0	0	0	1	1	4	8	11	16	27	34
UN PRI 签署方总数目	1	1	2	2	3	6	18	33	47	77	118	138

图 9–1　我国内地签署 UN PRI 的累计数量

注：资料来源于 Wind，并由作者整理。

随着人们对 ESG 投资的重视程度增加，我国 ESG 投资的市场规模也有了很大发展。本小节结合第 6 章、第 7 章和第 8 章的 ESG 投资产品介绍，根据从 WIND 数据库中搜集的各类型产品历年存续数量及余额的相关统计数据，首先对各类型 ESG 投资产品的市场规模进行整体介绍，然后对各类 ESG 投资产品下细分类型的 ESG 投资产品的规模展开分析。

ESG 投资产品包含 ESG 债券、ESG 基金、ESG 衍生品等类型，其中，

ESG 基金又包括 ESG 公募基金和 ESG 私募基金，图 9–2[㊀] 和图 9–3[㊁] 分别展示了 ESG 各类型投资产品的历年存续数量和余额。

从各类型 ESG 投资产品的历年存续数量来看（见图 9–2），ESG 债券是占主要类型的 ESG 投资产品，其存续数量由 2019 年的 329 只增长至 2023 年的 3779 只，在过去 5 年间增长迅猛。相比之下，ESG 公募基金、ESG 私募基金与 ESG 银行理财三种类型的产品存续数量在过去 5 年间增长平缓。其中，ESG 私募基金的存续数量较少（2023 年末为 60 只），ESG 公募基金与 ESG 银行理财的存续数量在过去五年间的发展趋势较为一致，ESG 公募基金的数量略高于 ESG 银行理财产品。

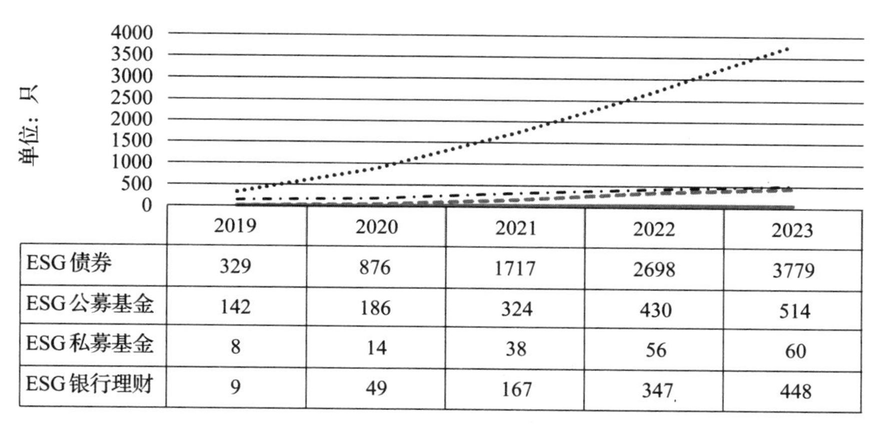

	2019	2020	2021	2022	2023
ESG债券	329	876	1717	2698	3779
ESG公募基金	142	186	324	430	514
ESG私募基金	8	14	38	56	60
ESG银行理财	9	49	167	347	448

图 9–2 ESG 各类型投资产品的历年存续数量

注：资料来源于 Wind，并由作者整理。

从各类型 ESG 投资产品的历年余额来看（见图 9–3），ESG 债券是占主要规模的 ESG 投资产品，在过去 5 年间增长迅猛，已由 2019 年末的 3158.77 亿元增长至 2023 年末的 58054.38 亿元。ESG 公募基金的余额在 2019—2021

㊀ 对应 ESG 债券、ESG 基金、ESG 衍生品等 ESG 投资产品类型，绘制如图 9-2 的 ESG 各类型投资产品的历年存续数量图，基于数据可得性，ESG 衍生品这一类型仅展示 ESG 银行理财产品的相关数据。

㊁ 基于数据可得性，仅展示 ESG 债券和 ESG 公募基金的相关余额数据并展开分析。

年持续增长，发展至2021年末已达7612.05亿元，但在2021年后有所下降，2023年末的余额为5391.92亿元。

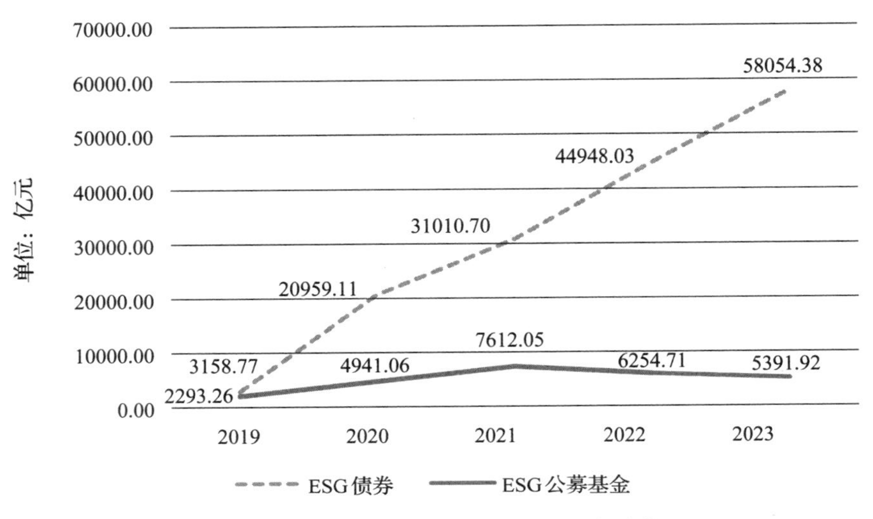

图9-3　各类型ESG投资产品的历年余额

注：资料来源于Wind，并由作者整理。

1. ESG债券的市场规模

整体来看，自2016年末至2023年末，ESG债券的存续数量已从10只增长至3779只，余额从127.00亿元增长至58054.38亿元。分ESG债券类型来看，ESG债券包括绿色债券、社会债券、可持续发展债券、可持续发展挂钩债券，这四类ESG债券的市场规模均呈逐年上升趋势，其历年存续数量及余额自2021年起有较大增幅（见图9-4和图9-5）。绿色债券和社会债券是ESG债券中占主要规模的债券，自2016年末发展至2023年末，绿色债券的存续数量已从9只增长至2596只，市场余额从122.00亿元增长至33629.60亿元，社会债券的存续数量已从1只增长至1040只，市场余额从5.00亿元增长至23057.36亿元。可持续发展债券与可持续发展挂钩债券的市场规模相对较小，分别从2021年末的1只和23只发展至2023年末的8只和135只，余额分别从2.40亿元和265.50亿元增长至101.90亿元和1265.52亿元。

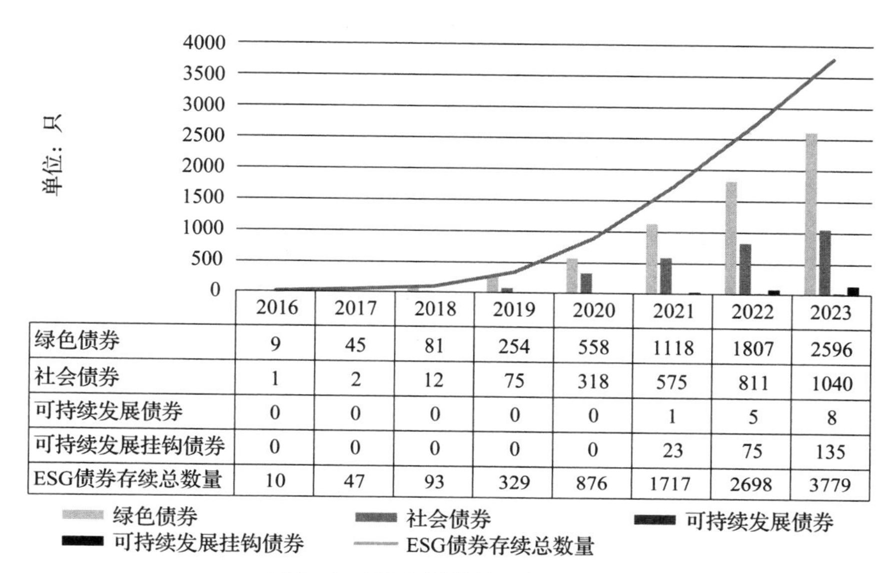

	2016	2017	2018	2019	2020	2021	2022	2023
绿色债券	9	45	81	254	558	1118	1807	2596
社会债券	1	2	12	75	318	575	811	1040
可持续发展债券	0	0	0	0	0	1	5	8
可持续发展挂钩债券	0	0	0	0	0	23	75	135
ESG债券存续总数量	10	47	93	329	876	1717	2698	3779

图 9-4　ESG 债券的历年存续数量

注：资料来源于 Wind，并由作者整理。

	2016	2017	2018	2019	2020	2021	2022	2023
绿色债券	122.00	412.80	782.67	2515.85	6807.95	12373.55	22636.65	33629.60
社会债券	5.00	10.00	77.85	642.92	14151.16	18369.25	21414.80	23057.36
可持续发展债券	0.00	0.00	0.00	0.00	0.00	2.40	26.90	101.90
可持续发展挂钩债券	0.00	0.00	0.00	0.00	0.00	265.50	869.68	1265.52
ESG债券总余额	127.00	422.80	860.52	3158.77	20959.11	31010.70	44948.03	58054.88

图 9-5　ESG 债券的历年余额

注：资料来源于 Wind，并由作者整理。

2. ESG 基金的市场规模

ESG 基金包括 ESG 公募基金与 ESG 私募基金两大类。

ESG 公募基金方面，其存续总量已从 2016 年末的 97 只增长至 2023 年末的 514 只，纯 ESG 公募基金和泛 ESG 公募基金的存续数量均呈增长趋势（见图 9-6）。[㊀] 截至 2023 年末，纯 ESG 公募基金的存续数量达 205 只，泛 ESG 公募基金存续数量达 309 只。从二者存续数量的发展趋势来看，泛 ESG 公募基金的数量逐年稳步增长，纯 ESG 公募基金的快速发展到来较晚，在 2021 年后有较大增长。

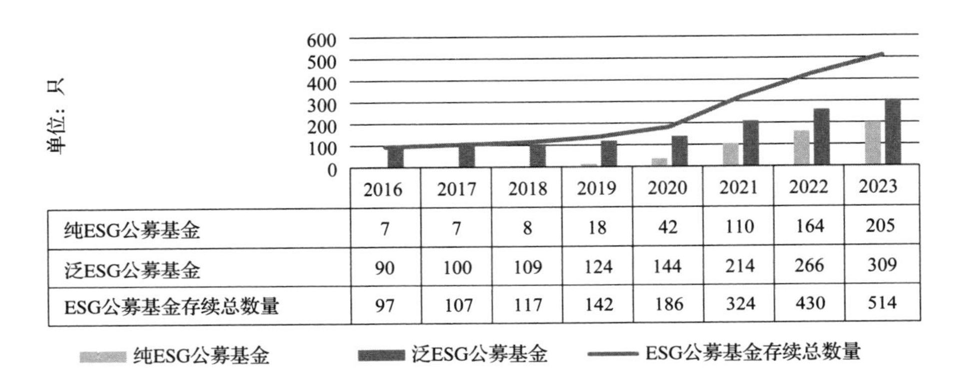

	2016	2017	2018	2019	2020	2021	2022	2023
纯ESG公募基金	7	7	8	18	42	110	164	205
泛ESG公募基金	90	100	109	124	144	214	266	309
ESG公募基金存续总数量	97	107	117	142	186	324	430	514

图 9-6　ESG 公募基金存续数量

注：资料来源于 Wind，并由作者整理。

从 ESG 公募基金的规模来看（见图 9-7），ESG 公募基金的整体规模自 2019 年起有较大增长。2018 年末至 2021 年末，ESG 公募基金的规模增长迅猛，在 2021 年达到 7612.05 亿元的峰值，但在 2021 年之后有所下降，2023 年末 ESG 公募基金的总规模为 5391.92 亿元。分类型来看，泛 ESG 公募基金的规模高于纯 ESG 公募基金，从历年规模来看，前者的市场规模往往比后者高出一倍以上（2020 年例外），两类基金的规模增减趋势与 ESG 公募基金总规模的变化趋势基本一致。

ESG 私募基金方面，其历年存续数量见图 9-8。[㊁] 截至 2023 年末，ESG

㊀ 基于数据可得性，展示纯 ESG 公募基金和泛 ESG 公募基金的历年存续数量及余额、收益表现和相关风险指标。

㊁ 基于数据可得性，本部分仅展示 ESG 私募基金的历年存续数量，对其市场余额不做分析。

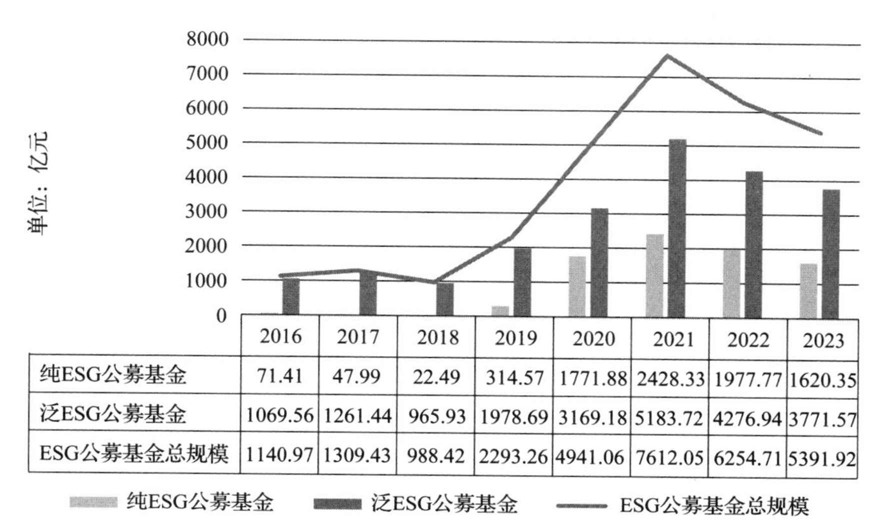

	2016	2017	2018	2019	2020	2021	2022	2023
纯ESG公募基金	71.41	47.99	22.49	314.57	1771.88	2428.33	1977.77	1620.35
泛ESG公募基金	1069.56	1261.44	965.93	1978.69	3169.18	5183.72	4276.94	3771.57
ESG公募基金总规模	1140.97	1309.43	988.42	2293.26	4941.06	7612.05	6254.71	5391.92

图 9-7　ESG 公募基金规模

注：资料来源于 Wind，并由作者整理。

私募基金的存续总量达 60 只，自 2020 年起有较大增长。分类型来看，泛 ESG 私募基金是 ESG 私募基金中的主要类别，其数量占 ESG 私募基金总数量的绝大多数。纯 ESG 私募基金自 2021 年起开始发展，由最初的 6 只增长至 2023 年末的 9 只。

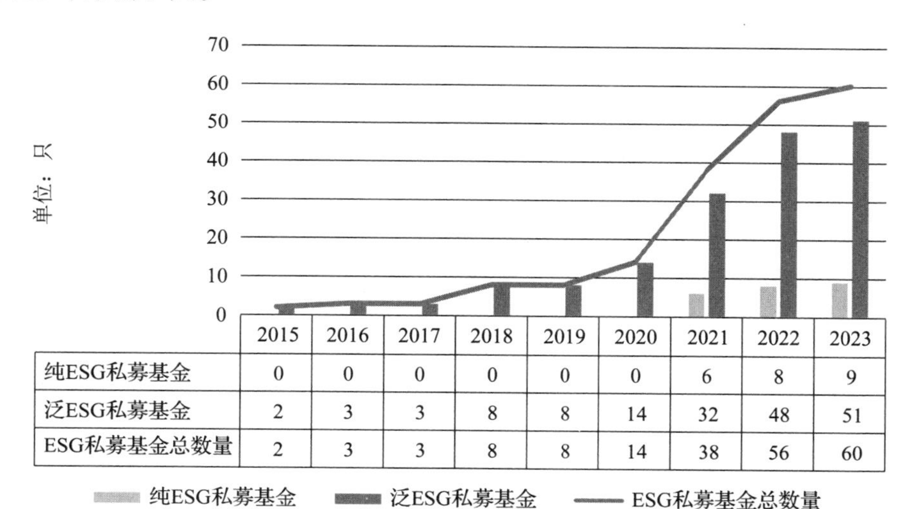

	2015	2016	2017	2018	2019	2020	2021	2022	2023
纯ESG私募基金	0	0	0	0	0	0	6	8	9
泛ESG私募基金	2	3	3	8	8	14	32	48	51
ESG私募基金总数量	2	3	3	8	8	14	38	56	60

图 9-8　ESG 私募基金的历年存续数量

注：资料来源于 Wind，并由作者整理。

3．ESG 银行理财产品的市场规模

ESG 银行理财产品的市场规模整体呈上升趋势，⊖纯 ESG 主题银行理财产品与泛 ESG 主题银行理财产品的存续数量逐年攀升（见图 9-9）。分类型来看，纯 ESG 主题银行理财产品的数量占比较多，可能是因为其开始发展的时间较泛 ESG 主题银行理财产品早，两类 ESG 银行理财产品均自 2021 年及之后有较快发展。

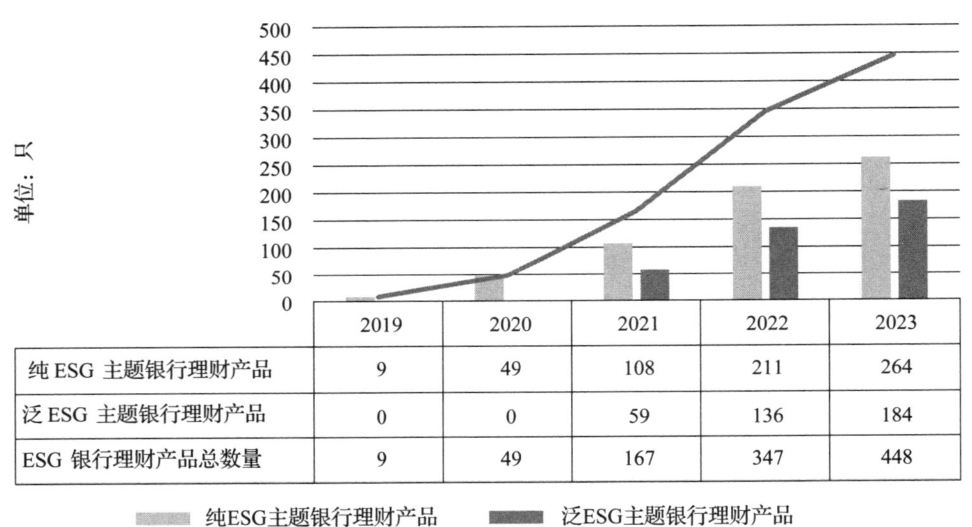

	2019	2020	2021	2022	2023
纯 ESG 主题银行理财产品	9	49	108	211	264
泛 ESG 主题银行理财产品	0	0	59	136	184
ESG 银行理财产品总数量	9	49	167	347	448

图 9-9　ESG 银行理财产品的历年存续数量

注：资料来源于 Wind，并由作者整理。

9.1.2　ESG 投资的收益表现

本小节基于 ESG 债券、ESG 基金、ESG 衍生品等的产品分类，对各类型 ESG 投资产品的收益表现与风险指标进行数据统计分析，以期展示 ESG 投资的整体收益表现。

⊖ 基于数据可得性，本部分仅对 ESG 银行理财产品的历年存续数量进行展示分析，对其市场余额不做介绍。

1．ESG 债券的收益表现

从整体收益表现来看，2016 年末至 2023 年末，ESG 债券的平均年化收益率大体呈跌宕趋势（见图 9-10）。社会债券、可持续发展挂钩债券及转型债券历年的平均年化收益率大致集中在 3%~6%，绿色债券的平均年化收益率在 2023 年末突增至 15.49%，这与我国进一步推动双碳战略实现、加快绿色转型等大环境的发展及绿色债券的规模发展有一定关系。

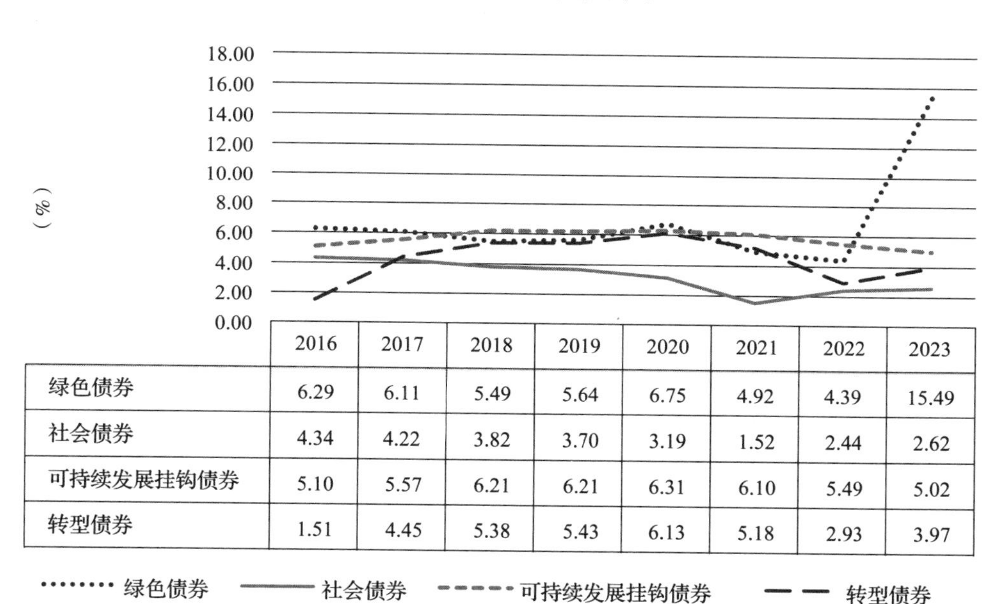

	2016	2017	2018	2019	2020	2021	2022	2023
绿色债券	6.29	6.11	5.49	5.64	6.75	4.92	4.39	15.49
社会债券	4.34	4.22	3.82	3.70	3.19	1.52	2.44	2.62
可持续发展挂钩债券	5.10	5.57	6.21	6.21	6.31	6.10	5.49	5.02
转型债券	1.51	4.45	5.38	5.43	6.13	5.18	2.93	3.97

图 9-10　ESG 债券的平均年化收益率

注：资料来源于 Wind，并由作者整理。

从整体波动表现来看，社会债券的平均年化波动率自 2016 年起至 2023 年持续走高，绿色债券虽有起伏，但自 2017 年起大体呈上升趋势（见图 9-11）。[1] 截至 2023 年末，绿色债券与社会债券的平均年化波动率已达 42.53% 与 25.42%，整体波动较大。

[1] 基于数据可得性，本部分仅展示绿色债券与社会债券的平均年化波动率。

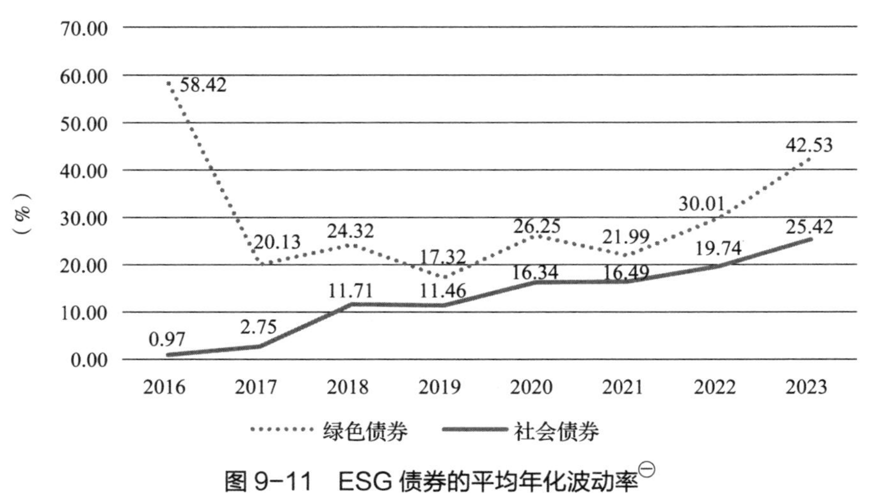

图 9-11 ESG 债券的平均年化波动率[㊀]

注：资料来源于 Wind，并由作者整理。

2．ESG 基金的收益表现

（1）ESG 公募基金的收益表现

从整体收益表现来看（见图 9-12），2012 年至 2023 年末，ESG 公募基金的平均年化收益率起伏较大。2016 年、2018 年以及近两年（2022 年和 2023 年），ESG 公募基金的平均年化收益率出现了 –22.37% 到 –8.65% 不等的收益亏损表现，其余年度的平均年化收益率均为正值。分类型来看，纯 ESG 公募基金与泛 ESG 公募基金历年收益的变化趋势基本一致。2018 年至 2022 年，纯 ESG 公募基金与泛 ESG 公募基金的平均年化收益率均先上升后下降，在 2020 年分别实现 52.41% 与 59.47% 的较大收益，但在 2020 年后持续下降为负收益。

从平均年化波动率与最大回撤等反映基金风险的指标来看（见图 9-13），纯 ESG 公募基金的表现要优于泛 ESG 公募基金，但二者的历年变化趋势基本一致。2015 年，纯 ESG 公募基金与泛 ESG 公募基金的平均年化波动率与最大回撤均达到近十年的极大值，这与 2015 年的"股灾"事件——二级市场先后经历狂热牛市与暴跌熊市的大环境有一定关系，两类基金的平均年化波动

㊀ 年化波动率的计算周期均为 52 周。

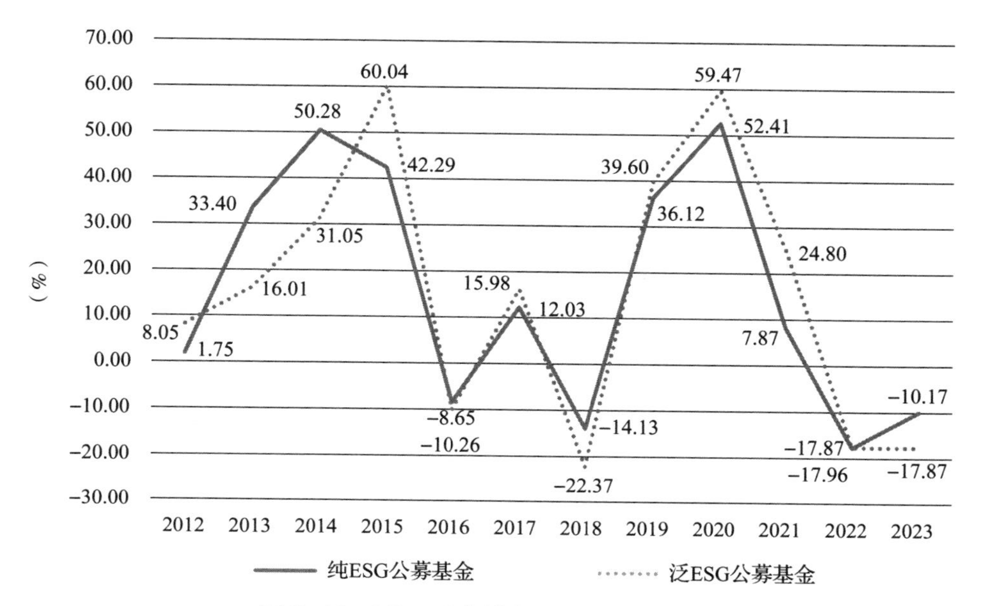

图 9-12　ESG 公募基金的平均年化收益率

注：资料来源于 Wind，并由作者整理。

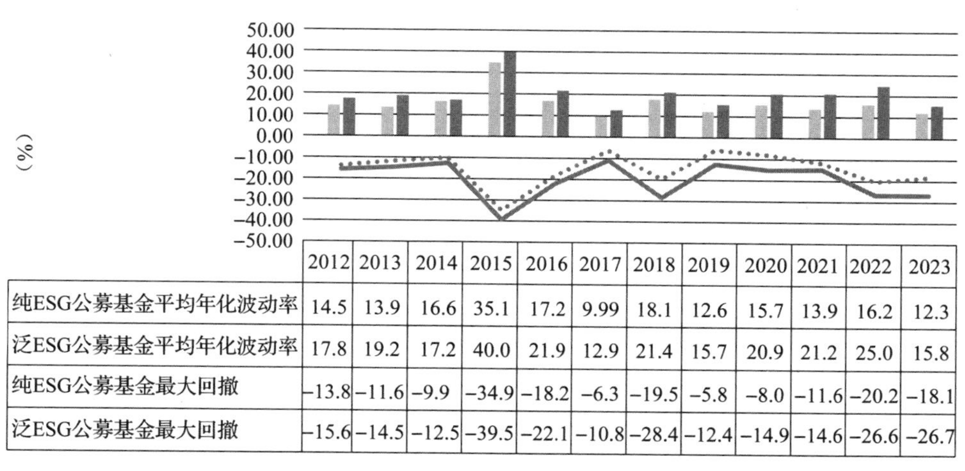

	2012	2013	2014	2015	2016	2017	2018	2019	2020	2021	2022	2023
纯ESG公募基金平均年化波动率	14.5	13.9	16.6	35.1	17.2	9.99	18.1	12.6	15.7	13.9	16.2	12.3
泛ESG公募基金平均年化波动率	17.8	19.2	17.2	40.0	21.9	12.9	21.4	15.7	20.9	21.2	25.0	15.8
纯ESG公募基金最大回撤	−13.8	−11.6	−9.9	−34.9	−18.2	−6.3	−19.5	−5.8	−8.0	−11.6	−20.2	−18.1
泛ESG公募基金最大回撤	−15.6	−14.5	−12.5	−39.5	−22.1	−10.8	−28.4	−12.4	−14.9	−14.6	−26.6	−26.7

图 9-13　ESG 公募基金的平均年化波动率与最大回撤

注：资料来源于 Wind，并由作者整理。

率分别达到 35.1% 和 40.0%，最大回撤的绝对值分别为 34.9% 和 39.5%。其他年份的平均年化波动率大体都在 25% 以内。2016 年、2018 年和近两年（2022 和 2023 年），纯 ESG 公募基金最大回撤的绝对值在 20% 左右，泛 ESG 公募基金均超过了 20%，居于 20% 和 30% 之间，两类基金其他年份最大回撤的绝对值都在 15% 以内。

（2）ESG 私募基金的收益表现

从 ESG 私募基金的收益表现来看（见图 9–14），[㊀] 过去三年，泛 ESG 私募基金的平均年化收益率先减后增，虽然在 2021 年实现 39.70% 的较高收益，但在 2022 年跌至 –21.53%，2023 年有所缓和，为 –1.48%。2022 年和 2023 年，纯 ESG 私募基金的平均年化收益率均为负，由 2022 年的 –11.48% 下降至 –24.21%。

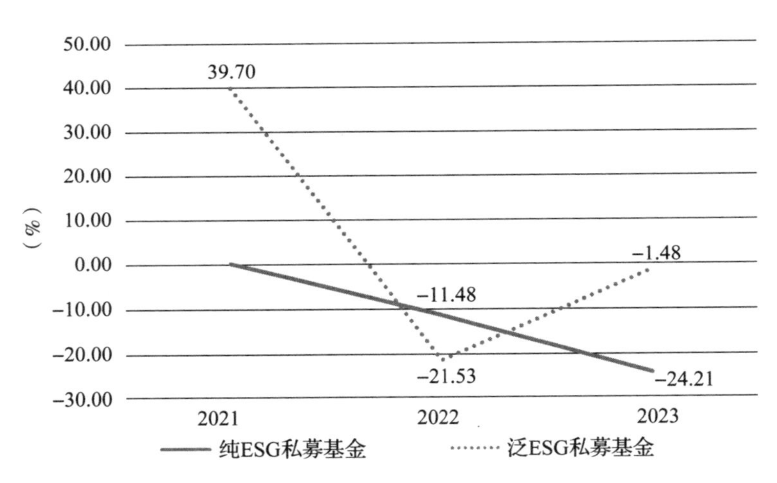

图 9–14　ESG 私募基金的平均年化收益率

注：资料来源于 Wind，并由作者整理。

过去三年，在平均年化波动率方面，泛 ESG 私募基金集中在 20%~25% 之间，纯 ESG 私募基金除 2021 年在 15% 以内（为 13.94%）之外，2022 年与 2023 年均超过了 20%，分别为 21.01% 和 21.98%，在 25% 以内，位于

㊀ 由于纯 ESG 私募基金在 2021 年才开始发展，基于数据可得性，本部分仅展示 2021—2023 年各类型 ESG 私募基金的收益表现及风险情况。

21%~22% 之间。从最大回撤的绝对值来看，2021 年两类基金的最大回撤相比其他两年较小（纯 ESG 私募基金和泛 ESG 私募基金分别为 2.26% 和 6.95%），2022 年和 2023 年，二者的最大回撤均在 20% 左右（见图 9-15）。

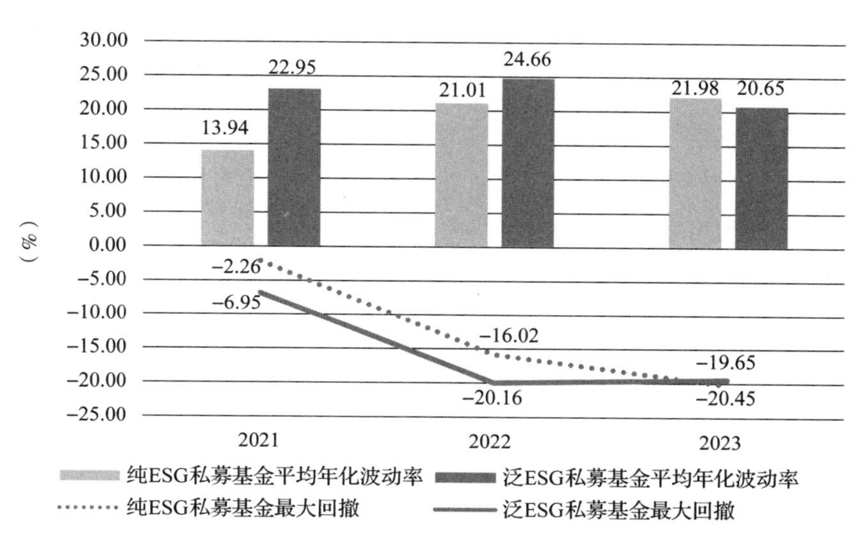

图 9-15　ESG 私募基金的平均年化波动率与最大回撤

注：资料来源于 Wind，并由作者整理。

9.2　基于理论的 ESG 投资收益分析

在市场层面，对于 ESG 投资机构和个人来说，ESG 投资本质上与传统投资具有共同之处，即以经济利益为目标，而两类投资的不同之处在于 ESG 投资更看重长期可持续的稳定回报，关注企业在环境、社会和治理方面的表现与贡献，关注员工、供应商、客户和社区等利益相关者的利益。上一节对 ESG 投资的收益数据进行了展示与分析介绍，本节基于理论，分别对 ESG 投资产生正收益与负收益的原因进行分析。

9.2.1　ESG 投资产生正收益的原因

投资者将 ESG 环境、社会和治理各维度纳入投资决策考量的因素，关系到投资标的是否有足够的抗风险能力，是否能够为投资者带来长久丰厚的稳定回报。因此，企业的 ESG 表现也是投资者合理规避投资风险的一种选择与参考，能够倒逼企业积极践行 ESG。一方面，企业积极践行 ESG 能够满足合规监管要求，提高社会声誉；另一方面，企业积极践行 ESG 能够反映其对经济、社会与环境等方面协调发展的负责与重视，同时也是管理、规避风险，谋取长期可持续经济收益的一种手段。对于投资者来说，企业在上述监管合规、社会责任等方面的良好表现，以及随之而来的社会声誉的提升能够为企业建立长久优势，进而为投资者带来超额回报。

ESG 投资能够为投资者带来正收益的原因固然是 ESG 有助于企业发展，企业得以发展，市场对企业有更高评价，投资企业的投资者便会赢得超额收益。综合考虑 ESG 助力企业发展的各方面因素，本小节主要从 ESG 提高信息披露、ESG 提升社会声誉、ESG 促进合规与风险管理、ESG 缓解融资问题等方面分析 ESG 投资产生超额收益的原因。

1. ESG 提高信息披露

投资者对 ESG 的关注能够促使企业提高 ESG 相关的信息透明度，提升企业 ESG 相关信息的披露质量，进而提升企业价值，为投资者带来超额收益。

ESG 能够提高企业信息披露的质量，降低信息不对称，提高信息透明度（盛明泉，2022），提升企业价值。ESG 作为一种投资理念和企业评价标准，强调企业在追求经济效益的同时，关注其在环境、社会和治理方面的表现。随着 ESG 投资理念的兴起，越来越多的投资者开始关注企业的 ESG 表现，推动了企业对信息披露的重视和提升。第一，ESG 信息披露有助于企业向投资者、消费者和其他利益相关者展示其在环境、社会和治理方面的努力和成果，从而提升企业的品牌形象和声誉，获得利益相关者的认可和支持，激励企业更加重视 ESG 信息披露的质量和透明度。第二，ESG 信息披露也是企业履行社会责任的体现，通过向公众披露 ESG 信息，企业可以展示其对环境、社会和治理问题的关注、应对与解决，从而增强公众对企业的信任和支持，这种信任和支持对企业的长期发展至关重要。第三，ESG 信息披露还有助于企业识别和评估潜在的环境、社会和治理风险，并采取相应的管理措施来降低这些风险对企业运营和声誉的影响，这有助于企业实现更加稳健和可持续的发展，投资者也能从企业的发展中获得收益。

2. ESG 提升社会声誉

投资者对 ESG 的关注能够促使企业增强在环境、社会、与治理方面的表现，帮助企业打造良好的“面貌”，进而提升企业声誉，提升企业价值，从而为投资者带来超额回报。

企业良好的 ESG 表现能够释放更多积极的信号，显著提高市场关注度（王波和杨茂佳，2022），提升企业声誉（Li et al.，2022）和企业价值。社会声誉、信誉高的企业更容易获得利益相关者的信任和支持，ESG 能够通过强化企业的社会责任感、满足利益相关者需求、塑造品牌形象、应对社会挑战、提升企业信息透明度等方面增强企业的社会声誉。第一，ESG 理念强调企业在追求经济效益的同时，关注其在环境、社会和治理方面的表现。企业通过实施 ESG 战略，展现了对社会责任的积极承担，从而赢得更多公众和利益相关者的认可与尊重，提升了企业的社会声誉。第二，ESG 强调关注员工、供应商、客户、社区与投资者等多个利益相关者群体的利益，企业通过实施 ESG 战略，满足利益相关者的期望和需求，增强其满意度与忠诚度，友好互利的积极关系进一步提升了企业的社会声誉。第三，ESG 表现优异、社会评价较好的企业，通常品牌形象也较为正面积极，这有助于为企业吸引更多消费者、客户，增强企业在市场中的竞争力，进一步提高企业社会声誉。第四，在面临环境、社会和治理方面的挑战时，ESG 表现优秀的企业往往能够积极应对，并展现出妥善解决问题的能力，这不仅有助于企业自身的可持续发展，还对环境、社会与经济的协调可持续发展有助力作用，能够帮助企业赢得社会与公众的尊重和认可。第五，ESG 信息披露要求企业公开透明地展示其在环境、社会和治理方面的绩效和成果，这有助于投资者和消费者了解企业的真实情况，大众也更倾向于选择信任那些坦诚、负责任的企业，企业社会声誉的提升能进一步促进企业价值的提升，从而为投资者带来超额回报。

3. ESG促进合规与风险管理

投资者对ESG的关注能够促使企业积极践行ESG，一方面，践行ESG能够使企业满足相关合规要求；另一方面，企业的ESG表现也能够成为投资者评估风险的一种手段，帮助投资者“避雷”“排雷”，有利于投资者选择能够为其带来长久稳定回报的投资标的。

ESG的良好表现能够抑制股价波动（王海军等，2023）、降低企业财务风险（王琳璘等，2022）、管理企业风险（席龙胜和赵辉，2022）与合规。明确合规标准、增强风险识别与评估、加强内部控制与治理、提升透明度与公信力以及促进可持续发展是ESG发挥企业合规与风险管理作用的有效路径。第一，ESG理念涵盖了环境、社会和治理多个方面，为企业提供了明确的合规标准。这些标准不仅包括环境与治理法规的遵守，还涉及企业道德和社会责任履行的诸多方面。通过践行ESG，遵循相关标准，企业可以确保自身业务的合规性，降低可能因违规行为而面临的风险。第二，ESG理念的践行能够帮助企业更全面地识别和评估其在环境、社会和治理层面存在的潜在风险，便于企业制定更加完善有效的风险管理策略，这有助于企业及时有效预防风险，减少损失。第三，ESG理念强调企业的治理结构和内部控制体系。通过完善公司治理结构，加强内部控制，企业可以增强对各项业务活动合规性与有效性的保证。同时，ESG还要求企业关注员工的权益和福利，提高员工的工作积极性、满意度和忠诚度，从而降低内部风险。第四，ESG信息披露要求企业公开透明地展示其在环境、社会和治理方面的绩效和成果，这有助于降低信息不对称程度，帮助投资者了解企业的真实情况，安抚投资者情绪，降低可能因信任危机而产生的企业股价崩盘风险（席龙胜和王岩，2022；帅正华，2022）。第五，ESG理念强调企业的可持续发展，要求企业在追求经济效益的同时，关注环境保护、社会责任履行与公司治理，ESG的战略有助于企业实现长期可持续发展，为自身和社会创造长期价值，为ESG投资者赢得超额收益。

4. ESG缓解融资问题

投资者对ESG的关注能够促使企业积极践行ESG，企业ESG方面的良好表现能够提振投资者信心，为企业争取更有利的融资条件，缓解企业融资问题。进一步地，融资问题的解决有利于企业积极进行生产发展，继而为投资者带来超额回报。

ESG 能够降低融资成本（王波和杨茂佳，2022），缓解融资约束（高杰英等，2021；王琳璘等，2022；席龙胜和赵辉，2022；盛明泉等，2022；王海军等，2023），进而提升企业价值。ESG 表现良好的企业往往能够获得更有利的融资条件，如更低的利率、更长的贷款期限等，第一，因为 ESG 能够有效管理企业风险，使得投资者更愿意为企业提供资金，甚至以更低的成本提供资金；第二，ESG 信息披露能够向外界传递企业在环境、社会和治理方面的努力和成果，降低投资者获取和处理信息的成本与难度，有利于企业赢得投资者偏好；第三，高质量的信息披露能够增强投资者信心，降低对企业要求的风险补偿溢价，进而降低企业融资成本（王翌秋和谢萌，2022），通过降低融资成本来缓解融资问题。

此外，提高投资者信心、拓宽融资渠道、增强企业信誉也是 ESG 帮助企业应对融资问题、实现可持续发展的有效路径。第一，企业良好的 ESG 表现体现了企业的长期价值和可持续发展能力，增强了投资者对企业的信心，ESG 表现良好的企业通常更受投资者的青睐。当投资者对企业的前景持乐观态度时，他们更愿意为企业提供资金支持，从而缓解企业的融资问题。第二，ESG 能够拓宽融资渠道，ESG 表现良好的企业更容易吸引多元化的投资者群体，包括那些关注 ESG 因素的机构投资者、个人投资者等。这些投资者可以为企业提供多种融资方式，如股权融资、债券融资、绿色债券等，可以通过拓宽融资渠道来缓解融资问题。第三，ESG 能够增强企业信誉，ESG 表现良好的企业通常具有良好的社会声誉和信誉，可以为企业赢得更多的商业机会和合作伙伴，从而增加企业的收入来源和现金流。当企业拥有足够的现金流时，它们更容易应对融资问题，例如偿还贷款、支付供应商款项等。ESG 理念强调企业的可持续发展能力，融资问题的解决有助于企业实现长期稳定的发展，并为投资者提供持续的投资回报。

9.2.2 ESG 投资产生负收益的原因

ESG 投资在实践中可能存在增加短期成本、通过“漂绿”增加代理成本等问题。企业在实施 ESG 战略的初期需要投入大量资源，这可能导致短期负收益、降低企业价值。成本增加则主要体现在环境投入、社会责任、治理改善和信息披露等方面。此外，一些企业为了吸引投资或满足利益相关者期望，可能会过度宣传或夸大其 ESG 绩效，产生“漂绿”现象。这增加了信息不对称和代理问题，导致投资者无法做出基于真实信息的决策。“漂绿”还可能增加企业的道德风险，损害企业声誉，反映企业内部存在的治理问题。

虽然 ESG 投资在初期可能会带来一些成本和挑战，但企业通过合理规划和执行，可以逐步实现可持续发展，同时避免“漂绿”等负面影响。例如，企业可以公开透明地披露 ESG 绩效，建立健全的 ESG 管理和监督体系，加强对管理层行为的监督，以杜绝“漂绿”行为，从而维护市场秩序和投资者利益。

1. ESG 增加短期运营成本

ESG 投资理念的深入发展能够促进企业积极进行 ESG，然而，企业在践行 ESG 的初期需要投入大量的资源、人力与物力，短期内可能会给投资者带来负收益。

ESG 实践初期可能会降低企业价值（伊凌雪等，2022），不利于企业成长（李思慧和郑素兰，2022）。这是因为 ESG 在实践初期可能会存在比较明显的“成本效应”，增加企业成本、降低利润、削弱其成长能力（李思慧和郑素兰，2022）。例如 ESG 前期的资源投入，可能会在短期内增加企业的经营成本和资源占用。第一，在环境投入方面，为了符合 ESG 的环境标准，企业可能需要投资减少污染、提高能源效率、推动绿色生产等方面的技术和设备。这些投资可能涉及高昂的初始成本，并可能在短期内影响企业的利润水平。第二，在社会责任方面，企业可能需要投入更多的资源来改善员工福利、支持社区发展、进行慈善捐赠等。这些活动可能需要额外的资金和时间，从而增加了企业的短期经营成本。第三，在治理改善方面，为了改善公司治理结构，企业可能需要聘请专业的 ESG 顾问、建立新的管理流程和制度、加强内部控制等。这些措施可能涉及额外的管理成本和人力资源投入。第四，在信息披露方面，ESG信息披露要求企业公开透明地披露其环境、社会和治理方面的信息。为了满足这一要求，企业可能需要投入额外的资源来收集、整理和分析相关数据，并编制相关报告。

因此，企业在实施 ESG 战略时，需要综合考虑短期成本和长期效益，制定合理的 ESG 投资计划和预算，确保 ESG 投入与企业的发展战略和业务目标相一致。同时，ESG 投资者在进行投资时，也需要关注企业 ESG 投入的效果和回报，及时评估和调整投资决策。

2.“漂绿”现象增加代理问题

随着 ESG 投资理念的深入发展，企业对 ESG 的践行越来越成为一种普遍现象。然而，当企业为了吸引投资者或满足其他利益相关者的期望，而选择过度宣传或夸大其 ESG 绩效时，就可能产生“漂绿”现象，“漂绿”现象可能会增加企业代理问题，给投资者带来负收益。

“漂绿”现象会增加信息不对称的代理问题，企业可能通过“漂绿”手段来掩盖其真实的环境、社会和治理状况，导致投资者和其他利益相关者无法准确了解企业的实际情况。这种信息不对称可能使得投资者无法做出基于真实信息的决策，增加了代理问题的风险。“漂绿”现象会增加企业道德风险，企业为了追求短期利益而进行“漂绿”行为，可能违背了其道德和社会责任。这种行为不仅损害了企业的声誉和信誉，还可能破坏企业与其利益相关者之间的信任关系。当企业的行为与其宣称的 ESG 价值观相悖时，投资者和其他利益相关者可能会对企业的管理层产生怀疑。此外，“漂绿”现象也反映了企业的治理问题，如果企业的管理层为了追求个人利益而参与“漂绿”行为，那么这种行为本身就反映了公司治理的缺陷。管理层可能会忽视企业的长期发展目标和利益，而去追求短期的利益最大化，进而损害相关投资者的利益，给投资者带来负收益。

对此，企业应公开透明地披露其环境、社会和治理绩效，确保投资者和其他利益相关者能够准确了解企业的实际情况；建立健全的 ESG 管理和监督体系，确保企业的ESG战略得到有效执行；加强对管理层行为的监督，防止其为了个人利益而参与“漂绿”行为。这有助于维护市场秩序和公平竞争环境，减少代理问题的风险，保障投资者与其他利益相关者的利益。

9.3 ESG投资的社会影响

ESG投资的动机与目的主要包括以下几个方面，即履行社会责任并反映价值观、规避并管理投资风险、谋取更高的投资收益、致力对社会产生积极影响、实现可持续发展等。除了经济价值，社会价值同等重要，且具有深远的影响，ESG投资者关注其投资对社会的影响。

9.3.1 改善公司治理，促进公司合规

ESG投资对改善公司治理，促进公司合规具有重要作用。在公司治理方面，ESG投资强调企业的合规性和透明度。它要求企业建立健全的治理结构，通过优化公司治理结构，ESG投资有助于提升企业的运营效率，降低经营风险，增强企业的稳定性和可持续发展能力。ESG投资关注治理结构的完备完善、治理机制的合规有效与治理效能的发展，强调合规管理、风险管理、监督管理、信息披露、创新与可持续发展等。此外，ESG也是投资者考察投资标的、评估其风险的一种工具，ESG投资者往往会在投资前进行负向筛选，排除掉ESG表现较差或存在某些争议性的企业，以免日后出现爆雷的风险，影响投资收益。在此背景下，投资者对ESG的关注能够反向促使企业改善其公司治理，例如将环境、社会等的相关议题融入公司治理的结构机制中，将其提升至企业战略的层面，放到企业的各种制度和组织体系当中，以此保证企业在ESG各层面有更优异的表现，保证企业为社会等各利益相关方做出更多有益贡献。对于企业自身来说，ESG本身就是一种风险管理工具，将ESG内化于公司治理中，不仅有利于企业开展各项风险排查，进行自身的风险管理，而且还对企业通过ESG方面的优异表现提高其自身声誉、降低融资成本、吸引更多外部投资等具有重要的促进作用。

9.3.2 营造良好环境，促进市场发展

ESG投资对防范公司腐败，营造良好市场环境，促进资本市场健康可持续发展具有重要作用。ESG投资关注治理维度，尤其关注反商业贿赂与反贪污、反不正当竞争等因素，从防范公司腐败和舞弊等治理层面维护资本市场的公平与正义。从反商业贿赂与反贪污的方面来看，ESG投资对企业行为进行了严格的审视。ESG投资强调企业在运营过程中必须遵守法律法规，诚实守信，不得通过不正当手段获取商业利益，这有助于推动企业建立完善的内部控制体系，加强内部审计和监督，从而有效预防和打击商业贿赂和贪污行为，维护市场竞争的公平性，保护消费者和投资者的利益。从反不正当竞争的方面来看，ESG投资倡导企业遵守市场竞争规则，通过技术创新、产品升级和服务提升等正当手段提升市场竞争力，这有助于维护市场秩序，营造公平、透明、有序的市场环境，促进资本市场的健康可持续发展。更进一步地，企业与市场的良好形象有助于推动资本市场吸引更多国际投资者的关注，这对提升我国资本市场的国际影响力与竞争力，增强国际话语权具有重要意义。

9.3.3 减少能源消耗，促进循环经济

ESG投资对于减少能源消耗，促进循环经济，实现经济与环境的高质量可持续发展具有重大意义。循环经济是一种新型的经济模式，其核心特征是低开采、高利用、低排放，旨在通过优化资源利用方式，降低企业生产活动对环境的影响，实现经济与环境的和谐共生。在政府部门的监督与投资者对ESG的关注下，企业愈加注重自身生产经营活动对环境的影响，在意企业如何在经营发展的过程中将其对环境的负面影响降到最低。能源消耗、排放控制、污染防治与资源循环利用是环境方面的重要关注点，水资源、能源的使用与管理，污染物的排放与控制等都是外界评价企业ESG表现的重要指标。ESG投资鼓励企业采用更加环保的生产方式，推动产业结构的优化升级，加大企业在循环经济领域的投入，进而减少能源消耗与废弃物等排放，提高资源的利用效率，改善环境质量，降低生产活动对环境的负面影响。有效推动能源管理与环境污

染防治，对推动清洁能源的高效利用，壮大节能环保、清洁生产、清洁能源、绿色服务等产业方面有重要作用，这不仅能够降低企业的生产成本，还有助于推动绿色产业与循环经济的发展，为企业与经济的高质量可持续发展奠定坚实基础。

9.3.4 助力乡村振兴，带动社会贡献

ESG 投资能够助力乡村振兴，并带动相关产业的社会贡献。ESG 投资强调企业在投资决策过程中需要全面考虑其对社会和环境的影响，以及公司治理的质量。在乡村振兴的背景下，ESG 投资可以发挥重要作用。第一，ESG 投资可以促进乡村环境的改善。通过投资环保项目，如清洁能源、生态农业等，可以减少对环境的污染和破坏，提高乡村的生态环境质量。这不仅有利于当地居民的身心健康，也有助于提升乡村的整体形象，吸引更多的游客和投资。第二，ESG 投资可以推动乡村经济的发展。通过投资乡村产业，如农产品加工、乡村旅游等，可以创造更多的就业机会，提高当地居民的收入水平。同时，这些产业也有助于提高乡村的经济发展水平，增强乡村的自身造血功能，实现可持续发展。第三，ESG 投资还可以促进乡村社会的和谐稳定。通过投资乡村基础设施建设和公共服务项目，如道路、桥梁、学校、医院等，可以改善当地居民的生活条件，提高他们的生活质量。同时，这些项目也有助于增强乡村的凝聚力和向心力，促进乡村社会的和谐稳定。

9.3.5 推进生态文明建设，助力双碳目标实现

ESG 投资对于推进生态文明建设，响应“双碳”战略，促进可持续发展目标实现具有重要意义。当今社会面临诸多可持续发展的问题和挑战，例如环境与气候变化、全球变暖等问题。对于发达国家来说，其经济发展水平较高，ESG 的发展开始较早，ESG 的发展也更为成熟，其 ESG 投资的重点往往聚焦在环境方面，尤其强调减碳环保与碳成本计算，重点是要将碳足迹进行量化。在我国，将 ESG 融入投资决策是一种新兴的投资理念，符合可持续发展

的价值观与大国责任担当的意识。2020 年，我国明确提出 2030 年实现“碳达峰”与 2060 年实现“碳中和”的战略目标，随即便受到了社会各界的共同响应，“双碳”战略目标的提出为减碳降碳、绿色低碳发展以及 ESG 投资的快速发展提供了强大动力。在此背景下，企业在降碳减碳、降低温室气体排放等方面需投入更多资源与精力，做出更多减碳降碳的成绩，以实际行动缓解气候变化，助力“双碳”战略目标的实现。此外，ESG 投资理念强调“绿水青山就是金山银山”，坚持推动低碳发展与绿色转型，坚持尊重自然、保护生物多样性，提高生态系统的自我修复能力和稳定性。在政策引领与投资者关注的驱动下，ESG 投资能够推动企业进行生态系统和生物多样性保护与绿色低碳转型，这对应对气候环境变化、遏制全球变暖、实现可持续发展等均有一定的助力作用。

第 10 章　中国 ESG 投资现状及展望

ESG 投资理念与中国新发展理念、“碳达峰、碳中和”目标要求、乡村振兴和共同富裕等国家发展战略均高度契合，ESG 投资也是绿色金融的重要抓手。但我国 ESG 投资发展历程不长，尚处在起步阶段，内外部环境不成熟，发展面临着诸如数据不足、监管体系不完善、人才紧缺等重重挑战。促进 ESG 投资的发展和进步，加强 ESG 投资生态系统各参与方间的协同性和耦合性至关重要，ESG 生态系统由政府及监管部门、企业实体、中介机构、产品发行方和投资者等组成。在此基础上，结合我国实际情况，从多个角度出发，不仅能够增强我国企业的市场竞争力，优化资本市场的功能，丰富投资组合，还能够促进国际经贸合作与投资，推动构建更加完善的可持续发展环境。

10.1　中国 ESG 投资发展挑战

在实现可持续发展的过程中，中国 ESG 投资正以前所未有的速度蓬勃发展，然而，这一进程并非坦途。本节将深入剖析政府及监管、企业、中介机构、产品发行方以及投资者层面所面临的挑战。从政策框架的完善性、企业披露的透明度，到市场中介的能力构建、金融产品的创新与普及，直至投资者教育与市场认知的深化，每一环节都不可或缺，同时也存在着层层考验。

10.1.1　政府及监管层面

ESG投资发展至今，政府已经成为生态体系中不可或缺的一部分，政府起到了提供政策法规并维护良好营商环境的重要作用。政府对于ESG投资的推动作用体现在各个阶段，在ESG投资发展的初期阶段，需要借助政府的配合才能推动市场机制正常运行；在ESG快速发展的阶段，更是需要政府的干预和助力才能规范国内ESG投资的市场和相关标准。政府相关部门应该积极发挥规范者和引领者的作用，出台相关政策和标准，鼓励ESG基金产品的开发，引导绿色投资，推动ESG投资发展。

国际市场中很多国家（地区）着手建立监管政策体系，推动企业和金融机构参与可持续发展、自觉践行ESG投资理念。纵观全球，ESG的发展成熟度依然存在区域间的显著差异。其中欧盟、英国、美国、日本和中国香港地区这五个地区对于上市公司的ESG披露监管已经具备较为成熟的实践经验，且都发展出了具有自身特点的ESG监管路线。欧盟的监管政策“自上而下”，发展起步较早，注重ESG理念共识，强调ESG披露；英国以政策性资金的市场化机制引导ESG发展，相对于日本和美国更早制定了养老金的投资指引；美国以环境信息披露起步，结合市场化ESG引导，发展ESG共同基金产品；日本通过养老基金作为资金引导，投资ESG绩效较高的上市公司，激励上市公司积极披露自己的ESG信息，提升ESG绩效；中国香港注重信息披露，采用强制性、整合型的ESG监管。

为保证ESG投资的顺利发展，我国陆续出台了ESG相关政策。早在2005年，原国家环境保护总局就发布了《关于加快推进企业环境行为评价工作的意见》，明确提出推进环境行为评价工作并在全国开展试点工作经验，同时出台企业环境行为评价技术指南。同年，国务院也发布了《关于落实科学发展观加强环境保护的决定》，鼓励社会资本参与环保产业发展，同时加快发展环保服务业，推进环境咨询市场化，要求各类行业协会和中介组织发挥带头自律监管作用。2022年4月中国证监会发布修订版的《上市公司投资者关系管理工作指引》，首次将公司的环境、社会及治理信息纳入投资者关系管理中上市公司与投资者沟通的内容。这些政策均对 ESG 投资提供了规范和参考。2024 年 4 月，上海证券交易所、深圳证券交易所和北京证券交易所分别发布了《可持续发展报告（试行）指引》（以下简称《指引》）的最终版本，按照《指引》要求，上证 180 指数、科创 50 指数、深证 100 指数、创业板指数样本公司以及境内外同时上市的公司必须在 2026 年开始披露 2025 年度的可持续发展报告或 ESG 报告。但目前国内现有监管政策体系既存在不健全的问题，也存在部分领域监管缺失的问题，很多监管政策仍在不断探索和尝试中，在实际执行过程中，也存在界定模糊或者执行难度较大等问题，未来有必要进一步完善。

ESG 信息披露标准是 ESG 投资的基石。国际财务报告准则（IFRS）和全球报告倡议（GRI）制定了一系列标准和指引，帮助企业规范化地披露 ESG 信息。但海内外主要市场对于上市公司 ESG 信息强制性披露的规则尚未普及。目前开展 ESG 投资的一大痛点在于 ESG 量化数据匮乏，阻碍投资者将 ESG 表现纳入投资估值框架的最重要原因是 ESG 信息的获取难度，上市公司披露信息无法做到可信、可比、可验证，导致投资者无法准确评价投资标的 ESG 表现。已出台的大部分政策法规还主要着眼于提倡和鼓励 ESG 披露，缺乏对于披露的强制要求，披露框架仍缺乏统一性和规范性，从全球发展趋势来看，从自愿披露向强制披露转变是大势所趋，且强制披露一定伴随着披露标准的确立。

具体来说，在政府和监管层面，目前尚存在以下几个主要问题：第一，ESG 投资的监管框架并不清晰，尽管 ESG 相关政策的强制性逐渐加强、覆盖范围逐渐拓宽，但并未提供统一具体的操作细则和条例，可操作空间较大；第二，权责分配不清，不同部门之间协作沟通不足、监管措施落地不实，难以实现全面的监督达成协同效应；第三，对于企业和投资者违规行为的处罚条例不完善，更可能产生短视心理，出现投机行为，破坏市场；第四，监管无力也是“漂绿”行为产生的重要原因，管理者在面临外部资本市场盈利压力时会产生自利行为，更多考虑自身短期利益而不是股东价值最大化，为了维持短期股价以迎合市场短期需求而采取一些环保成本低廉或违反环境法规的行为来提高利润表现，这种“漂绿”行为在监管力度弱的地区更为普遍（Liu et al., 2021）。第五，全球的监管政策差异较大，这将加大跨国企业的合规成本，也会形成监管套利现象，不利于国家之间的比较和协同。

10.1.2　企业层面

企业是ESG生态系统中的重要组成部分，企业进行ESG管理实践是ESG价值传导中的重要环节，也是ESG投资实践在企业层面的具体落实。大多ESG投资基于企业的ESG实践，企业本身的ESG决策、实践、披露等，都会影响ESG投资的实践与发展。在中国ESG投资发展的企业层面，挑战是多方面的，且相互交织，构成了企业向可持续发展目标迈进时必须跨越的门槛。

从内部管理体系构建方面来看，企业在自身ESG管理体系构建上面临一定挑战。构建有效的ESG管理体系是一项系统工程，涉及战略规划、组织架构、流程制度、人力资源等多个方面。第一，将ESG理念与企业现有的战略规划深度融合是一个复杂过程。企业需要明确ESG目标如何支撑总体业务目标，如何在保持竞争力的同时，实现环境保护、社会责任和治理结构的优化。这要求企业高层有深刻的理解和坚定的承诺，确保ESG成为企业长期战略的一部分，而非仅仅作为公关或合规的附加项。第二，构建ESG管理体系往往需要企业调整现有的组织架构，设立专门的ESG管理部门或指定责任人，明确各部门和岗位在ESG管理中的角色和责任。这可能导致组织内部的权力和职责重置，处理不当可能会引发内部摩擦，甚至影响日常运营效率，这也成了企业所面临的挑战之一。第三，为了确保ESG管理的有效性，企业需要建立一套涵盖目标设定、数据收集、绩效评估、风险管理、持续改进等环节的完整流程和制度。这需要对现有管理体系进行补充或改造，确保ESG因素融入每一个决策和业务流程中，而制度设计的科学性与可操作性本身就是一个挑战。第四，ESG管理需要专业的知识和技能，企业可能面临ESG专业人才短缺的问题，同时，要将ESG理念内化为企业文化和员工行为，需要持续的培训、激励机制和企业文化建设，这一过程耗时且需持续投入。综上所述，企业在构建内部 ESG 管理体系时面临的挑战是全方位的，需要企业运用魄力与智慧来积极应对。

从外部市场环境适应方面来看，在中国 ESG 投资发展的企业层面的挑战是也是多方面的。首先，企业面临国际标准接轨与合规压力，企业需要不断提升其 ESG 报告和管理实践的标准化、国际化水平，以满足海外投资者和合作伙伴的要求。这要求企业不仅要遵循国内政策法规，还要适应国际规则，增加了合规成本和复杂性。其次，随着大数据、人工智能等技术的发展，企业需采用新技术手段来收集、分析 ESG 数据，以提高透明度和效率。然而，技术应用的成本、数据隐私保护，以及如何有效利用数据指导决策，都是企业在技术适应过程中面临的具体挑战。最后，国内外政策环境的变化对 ESG 投资产生直接影响。中国虽然在推动 ESG 相关政策和标准制定上取得进展，但政策的更新速度、不同地区政策的差异性以及国际政治经济形势的波动，都给企业带来了不确定性和适应难度，要求企业具备高度的政策敏感性和灵活性。

10.1.3 中介机构层面

ESG 投资规模的扩张驱动了 ESG 评级机构的快速发展。目前国内外的 ESG 评级机构数量超 600 家，不同 ESG 评级机构在机构使命、机构特性、评级目标、评级框架、评级方法、打分机制、评级结果，乃至于产品与服务方面存在差异。

ESG 投资既有鲜明的时代特征，也有显著的地域特点。全球市场虽然在 ESG 投资理解的基本内涵和原则框架一致，但由于投资者需求偏好、经济体社会文化差异、资本市场特性不同，在具体指标的设计上应因地制宜（李研妮，2022）。相比国内 ESG 评价体系的发展，海外在 20 世纪 90 年代就出现了一些评价体系，发展至今形成了不少较为成熟的指标体系，例如：KLD 通过 0、1 打分赋值，企业的优势与劣势一目了然；MSCI 按照 0 ~ 10 分，根据企业在每个关键指标上的表现打分，权重根据指标对行业的影响程度和影响时间确定；富时罗素通过 FTSE 罗素绿色收入低碳经济数据模型对公司从绿色产品中产生的收入进行界定与评测，并作为对公司 ESG 中环境（E）维度的打分依据之一。国外评级机构虽然有成熟的评价指标体系，但中国在这些体系中的参与度和影响力相对较低，指标构建未考虑到具有中国本土化特色的实践情况，难以准确反映中国企业的特点和实际情况。对于本土投资的指引程度比较有限。

与国外相比，国内 ESG 评级体系起步较晚，但近几年发展迅速。目前国内主流 ESG 评级体系有华证、中证、商道融绿、社会价值投资联盟、万得等 20 多家机构在提供，但指标之间仍存在差异，不同机构的评级体系在全面性、可量化、准确性等方面有不同的侧重。在设置 ESG 评级体系时，评级机构会考虑各议题对公司和行业的影响，若影响程度高，会给予该议题更高的评级权重，但不同机构对各种议题不同权重的分配导致评级结果关联性低、分歧大。近几年 ESG 评级机构的快速发展和 ESG 评级体系百花齐放的趋势将会进一步延续，但评级机构的评级体系目前存在衡量指标偏主观性、缺乏统一标准、指标评价方法尚未统一、数据透明性不高、评级结果公信力低等问题。

此外，ESG 信息披露缺乏规范完善的第三方鉴证，外部鉴证约束不严，导致公司披露存在侥幸心理和短视主义，披露信息参差不齐、选择性披露、数据夸大或造假等情况造成 ESG 报告缺乏可信度，增加了 ESG 投资的迷障。报告独立鉴证也尚未成为各方共识，近年来虽然各部门出台了不少鼓励企业披露 ESG 报告的措施，但并未强制企业对 ESG 报告进行独立鉴证，仍然以自愿披露和寻求独立鉴证为主。在上市公司披露的 ESG 报告中，仅有少数经过了第三方审计。根据国务院国资委办公厅相关统计，截止到 2023 年 8 月，不同行业之间的差距较为明显，基础材料、电信、金融、能源及工业领域鉴证百分比超过 50%，但房地产行业仅为 37%。同时，统一的鉴证准则体系尚未建立，鉴证主体自行选择所依据的鉴证标准，不同鉴证标准对于程序和结论的规定不一致，所以鉴证对象差异较大，鉴证保证程度偏低，无法给投资者提供有效参考。

10.1.4 产品发行方层面

随着ESG理念的发展和普及，诸多相关主体开始发布与ESG有关的投资产品，如：ESG债券、ESG基金、ESG保险等，但是这些产品的真实内涵和命名的合理性尚缺乏评估，ESG产品的界定不清晰导致投资者利益难以得到保护，并有可能诱发“漂绿”行为。冠以绿色、ESG、可持续发展等名称的产品，存在较为普遍的名不副实现象，产品名称与投资策略关系并不显著，或产品并未遵循设定的投资目标和策略，导致“漂绿”问题突出。从全球范围来看，“漂绿”是目前ESG投资发展面临的重要问题之一。ESG理念促使投资者可持续发展意识不断提高，不符合可持续发展要求的产品会遭受抵制，受利益和短视主义影响，部分企业采取的ESG措施可能只是包装宣传，言胜于行，缺乏实际有效举措。

在ESG领域，产品需要不断创新以满足市场和企业的需求。然而如何开发出具有差异化竞争优势的产品，是一个重要的挑战，创新产品需要有效的市场推广策略来提高市场接受度，如何做好市场定位和推广也是挑战之一。国内市场的ESG产品种类正在逐渐增加，但各类型的投资产品增长趋势不一致，股票领域发展领先，绿色债券和环境主题基金的规模增长较快，其他投资产品种类还有待丰富。以股票指数为例，基于不同的ESG投资策略和筛选标准，可以设计出更丰富的产品。针对我国ESG投资市场，当前ESG投资产品偏向于特定主题，对于赛道的追求较强，产品的风险暴露可能无法满足部分长线资金的需求，ESG投资产品的丰富程度和创新性不足。

随着全球对可持续发展和企业社会责任的关注日益增加以及投资策略的个性化趋势，传统投资工具已经难以满足市场的需求，拥抱数字化技术成为企业发展竞争力、立足时代的要求，越来越多的产品发行方开始采用ESG量化策略及AI投顾等工具。但目前智能化变革和数字化转型仍处在早期阶段，AI技术的应用存在数据可靠性及可访问性、话术内容合规性、金融信息真实性等问题。首先，ESG数据的可获得性和质量对量化分析的准确性有重要影响。其次，AI技术的发展和应用需要专业知识，以及对ESG投资的深入理解。此外，AI 无法完全预测和解决 ESG 投资中的复杂问题，因此需要与人类专家相结合，以实现更全面的分析和决策。总的来说，数字化技术在 ESG 投资领域的发展前景广阔，但需要在数据、技术和专业知识方面进一步完善和发展。

10.1.5　投资者层面

在可持续发展背景下，投资者越来越关注可持续发展投资。随着 ESG 投资实践的不断深入和投资策略的丰富优化，大量研究表明，ESG 投资的收益并不低于传统投资，ESG 投资也不意味着企业为了追求可持续发展而牺牲财务绩效，更多的是降低企业内外部风险，从而增加投资效益。

联合国环境署金融行动机构（UNEP FI）和联合国责任投资原则组织（UN PRI）提出了“普遍所有者”（universal owner）的概念，它们通常拥有涵盖全球资本市场，高度多元化的投资组合，即俗称的机构投资者。从资金总额来看，机构投资者是 ESG 投资市场中的主要参与方。在 ESG 投资中，机构投资者拥有更广泛的选择权和组合方式。机构投资者通过选择 ESG 实践更加优秀的企业收获稳定而长期的财务回报，同时有效规避风险。像贝莱德（BlackRock）、先锋（Vanguard）和富国（State Street）这样的大型资产管理公司，它们管理的资产规模巨大，对市场有着重大的影响。它们通过推出 ESG 投资基金和倡议，推动了 ESG 投资的普及。自 2012 年中国开始有机构签署 UN PRI 以来，国内企业签署 UN PRI 的数目一直呈现增长趋势，各大机构逐渐认可 UN PRI 的 6 项原则，并主动成为践行该投资理念的一员。截至 2023 年底，中国已有 139 家机构自愿签署了 UN PRI，国内机构投资者主动参与 ESG 投资的意愿逐渐加强（见图 10-1）。我国 ESG 投资理念在国际社会中起步较晚，尚在发展初期。各类内地机构投资者与国际接轨有利于投资者对 ESG 投资概念的学习交流以及应用，并进行本土化实践和修改。但机构投资者能否秉承长期投资价值理念直到 ESG 投资收益兑现还尚未可知。

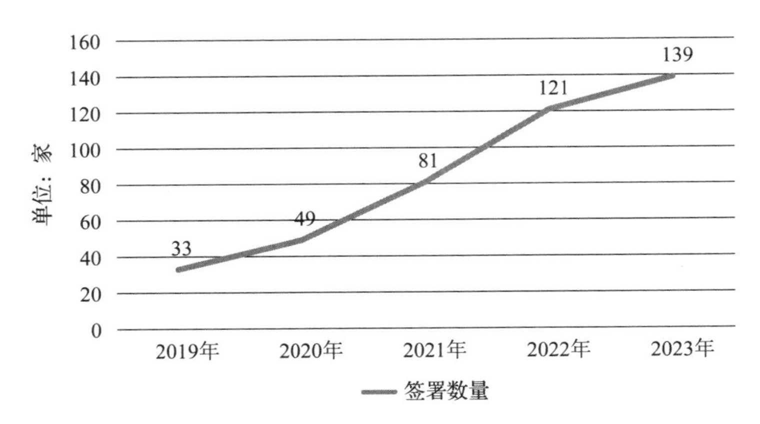

图 10-1　2019—2023 年中国内地签署 UN PRI 的机构数量

注：资料来源于 UN PRI 官网，并由作者整理。

个人投资者主要指在投资市场中资金量较小、投资周期较短，同时偏好通过 ESG 概念筛选金融产品的独立投资者。个人投资者进行投资决策时不仅关注风险和收益，也会考虑自身价值观、社会规范等。他们会出于对自我道德价值的认同选择符合自己价值观的投资理念。从而在做出投资决策时，将企业的 ESG 实践绩效加入考虑因素中。但是个人投资者对 ESG 投资了解不足，市场上 ESG 投资定义不统一，各评级机构存在分歧，个人信息收集能力存在局限，信息渠道和决策制定会依赖公开渠道的信息披露报告与机构调研，对权威机构存在一定的依赖性。再加之相关金融教育较少，导致个人投资者对于 ESG 投资认知不足，难以做出准确投资决策。

除此之外，ESG 投资涉及战略管理、ESG 研究和分析、ESG 报告编制等方面，对人员专业能力要求较高。企业加入可持续发展行列，相关的人才需求不断升高。根据猎聘大数据显示，2022 年 5 月至 2023 年 5 月 ESG 新增职位需求同比增长了 64.46%。ESG 招聘平均年薪为 31.49 万元，同比增长了 11.58%。但与急速增长的人才需求不同，教育体系还没有很好地开展相关专业建设，ESG 投资培训也不完善，领域人才短缺。[一]

[一] 资料来源：《投资蓝皮书：中国 ESG 投资发展报告（2023）》。

10.2　中国 ESG 投资发展建议

针对前文提到的政府及监管、企业、中介机构、产品发行方以及投资者层面 ESG 投资发展挑战，本节将给出相应的发展建议。积极应对 ESG 投资挑战不仅需要企业自身的积极作为，还需政府监管的有效引导、市场机制的有力驱动以及社会各界的广泛参与，共同构建一个良性循环的 ESG 生态系统。

10.2.1　政府及监管层面

中国式现代化要求我国发展 ESG 要以自身为主，讲好中国故事，建设具有中国特色的 ESG 投资体系。中国上市公司协会潘春副会长提出“构建中国特色 ESG 投资体系，首先要从中国实践出发，明确构建 ESG 投资体系的中国价值。宏观层面 ESG 体系应符合新发展理念和实现高质量发展的战略价值，微观层面应符合企业可持续发展的增长价值。社会层面应符合履行社会责任的民生价值，着力践行以人民为中心的发展思想，推动经济社会环境综合价值提升。”为此，我们需要进行多方面的思考，要从思想观念、行动指南、理念塑造、标杆引导等方面积极推进 ESG 投资的中国化。

OECD《亚太地区环境、社会和治理（ESG）投资发展趋势》分析表明，成熟市场 ESG 投资的快速发展主要得益于完善的 ESG 评价体系、标准化的框架和系统的整合流程。我国应积极借鉴国际先进经验，多措并举扎实推进国内 ESG 投资高质量发展（杨菲，2022）。但在具体的 ESG 指标和投资策略方面结合本国实际加以选择和改造，以满足当前国家设定的可持续发展目标和双碳目标。

总体上，ESG 投资发展的关键仍是健全完善现有监管政策体系，不论是从覆盖范围、内容要求、执行标准，还是惩罚措施上，全球有关 ESG 投资的监管政策和法律法规都呈现不断加强的趋势，对 ESG 投资提出了更为严格的要求。ESG 投资全流程主体多元，对应中国证监会、中国人民银行、国资委、生态环境部等权力部门，需要建立协同高效的跨部门监管制度，理顺各部门监管职责与地位，明确权责分配，避免权力缺失及滥用。在政府的指引下，各监管部门发挥自身所长，最小化监管成本，最大化监管效益。推动建立完善的法律规章制度，构建行为法律责任制度，制定明确的环境法规和处罚措施，正确引导和监管市场，为绿色经济走向规模化发展提供良好的基础。

2024 年 4 月，上海、深圳和北京证券交易所正式发布《上市公司可持续发展报告指引（试行）》（以下简称《指引》），引导和规范上市公司发布可持续发展报告或者 ESG 报告（以下统称 ESG 报告）。三大交易所均指出，《指引》的目的是要深入贯彻新发展理念，推动高质量发展，引导上市公司践行可持续发展理念，规范可持续发展相关信息披露。《指引》强调强制披露与自愿披露相结合，按《指引》要求，上证 180 指数、科创 50 指数、深证 100 指数、创业板指数样本公司及境内外同时上市的公司要求强制披露。交易所鼓励其他公司自愿披露；但上市公司若自愿披露，则须遵循《指引》的相关要求。《指引》自 2024 年 5 月 1 日起施行，强制披露的上市公司应在 2026 年 4 月 30 日前发布 2025 年度的 ESG 报告，但交易所也鼓励上市公司提前适用《指引》。《指引》将在推动更多企业发布 ESG 报告的同时，推动企业提升 ESG 信息披露质量。但需要注意的是，相关部门要切实做好《指引》的落实工作，确保 ESG 报告的质量与实效，避免其仅仅成为形式上的合规动作，监管机构应持续跟进《指引》实施情况，通过定期审查、现场检查、反馈机制等手段，监督上市公司 ESG 报告的质量与合规性。适时发布补充指引或案例分析，为企业提供更具体的指导，帮助其理解并执行《指引》的要求。

10.2.2 企业层面

企业需内外兼修，既要强化内部管理体系的构建与优化，又要提升对外部环境的适应与响应能力，以此来有效应对中国 ESG 投资发展中的挑战，推动企业向可持续发展目标稳步前进。要以企业层面的努力应对中国 ESG 投资发展中的挑战，具体建议如下。

从企业内部层面而言，首先，企业要积极强化高层管理者的承诺与企业战略融合。企业高层应将 ESG 视为长期战略的核心，而非短期任务。通过高层公开声明、定期审查ESG绩效，并将其融入企业愿景和战略规划，确保ESG目标与业务目标相辅相成，以此推动企业ESG责任的切实履行，从而有利于ESG投资者避免因企业“漂绿”行为而承担投资性风险。其次，企业应设立专门的ESG部门或指定跨部门协调小组，明确各级管理人员的ESG责任，确保ESG管理贯穿整个组织。通过内部沟通和培训，减少变革阻力，促进部门间的协作与支持。最后，企业应积极投资于ESG专业人才的培养和引进，通过内部培训、外部认证、职业发展路径等方式，提升员工的ESG意识和能力。同时，将ESG融入企业文化，通过表彰ESG成就、建立ESG激励机制，鼓励全员参与。

从企业外部适应来说，企业应密切关注国际ESG标准动态，积极参与国际交流与认证，提升企业ESG报告的透明度和可比性。建立专门团队负责国际合规，确保国内外标准的统一和高效遵循。同时，建立政策监测机制，及时跟踪国内外政策变动，特别是ESG相关的法律法规、标准和指南。培养内部政策分析师，参与政策讨论，提高政策解读和适应能力，灵活调整ESG战略以应对政策变化。此外，企业还应利用大数据、AI、区块链等技术优化ESG数据的收集、分析和报告流程，提高数据质量与效率。同时，确保数据安全与隐私保护，通过建立数据治理框架，明确数据权责，合理使用技术工具辅助决策。

10.2.3　中介机构层面

ESG评级机构是ESG生态系统的重要组成部分，是推动国际组织和监管机构落实的重要力量，也能有效缓解投资者与上市公司之间的信息不对称问题，降低投资者决策成本，并提升被评价方ESG意识和实践落地。我国需要聚焦于环境（E）、社会（S）和治理（G）三大因素，加快设计科学合理、适应我国制度背景和国情的ESG评价体系，细化并统一各因素的构架及指标标准，形成“国内统一，国际接轨”的ESG评价体系。

首先，ESG评级机构需要衔接成熟的国际化评价体系，结合中国的五年规划和行业发展规划，将ESG标准与新发展理念、高质量发展的要求紧密融合，体现中国的经济社会发展需要。丰富具有中国特色的环境、社会与治理评价维度，关注低碳发展、全面节约、反食品浪费、生物多样性保护、共同富裕、乡村振兴、安全生产、绿色出行等特色议题，构建符合国际国内投资人需求的ESG评级指标体系。

其次，评级机构需要提升专业能力、评级质量，确保独立性、专业性和公正性；通过研讨会、工作坊等形式加强专业培训，提升评级分析师的专业知识和评估技能；吸引和培养具有ESG评估经验和专业知识的人才，建立高效的评级团队。一方面，国内各评级机构可以建立联盟，与企业、学者、不同领域专家等建立联系，发挥自身优势，兼收并蓄，实现协同效应。另一方面，国内机构需要与国际ESG评级机构建立合作关系，共同开发评价标准和工具，推动国际互认。通过国际组织和多边机构，推动中国ESG评级结果的国际互认，增加其国际影响力。

最后，ESG评级需要更加多元的数据源，国内现有评级机构数据源主要来源于两部分：一部分来源于企业自主披露，另一部分来源于政府监管部门公告、新闻媒体等。数据来源有限制约了ESG评级的有效性，评级机构需要增加与公司内部的沟通，形成获取企业内部有效信息的有效渠道。利用人工智能、机器学习等前沿方法，更加高效科学地处理和分析数据，提升评价过程的透明性和实时更新改进性。

欧盟计划在2024年完成可持续发展报告准则（ESRS）制定工作，并将要求欧盟企业的可持续发展报告接受独立鉴证，这将会有助于抑制“漂绿”行为，提高ESG报告的可信度和公信力。目前我国内地企业均是自愿性进行ESG鉴证，必须加快鉴证准则的制定步伐。欧盟及中国香港地区通过立法方式引入独立鉴证机制，2023年8月，方维致远ESG报告鉴证研究国际联合工作小组发布了《ESG报告鉴证方法学指引》，为中国企业在ESG报告鉴证领域提供了更明确的指导。引入独立鉴证机制能够抑制企业和金融机构的“漂绿”行为（陈晓艳和洪峰，2022），增强ESG信息披露的可信度。第三方鉴证机构需要参考独立审计制度，保持独立性，做出相关承诺，提高规范性及统一性，增强鉴证报告的权威性和可读性，作为一种外部监督机制督促企业 ESG 披露与实践，积极参与中国特色的 ESG 报告和鉴证准则体系建设，重视自身社会责任，当好引导员，促进 ESG 鉴证业务的良性发展。㊀

10.2.4 产品发行方层面

全世界关于绿色金融的界定标准超过 200 个，导致名不副实的金融机构和金融产品混迹于绿色金融之中。如果不尽快统一绿色的界定标准，金融市场将充斥假冒伪劣的绿色金融产品，最终导致劣币驱逐良币的局面。根据美国可持续与责任投资论坛（US SIF）的统计，2022 年初美国基于 ESG 原则管理的资产总额为 8.4 万亿美元，这个数字与 2020 年报告的 17.1 万亿美元相比，削减了一半不止，而这背后的原因是对 ESG 资产的认定设置了更为严格的条件。欧洲市场也有类似的情况，在 ESG 归类法规生效后，有总额超过 1000 亿美元的基金不再被认为是 ESG 基金。这些界定 ESG 投资和金融产品的经验和实践对于中国 ESG 投资市场具有启示作用。

加快 ESG 应用场景拓展，推进 ESG 数字化产品创新。加大对绿色科技的研发投入，鼓励企业开发和应用低碳、环保的技术和产品。建立绿色技术交易市场，促进绿色技术的转移和扩散。金融机构应开发更多符合 ESG 标准的金融产品和服务，满足企业和个人投资者对绿色金融的需求。推动绿色债券、绿色基金等金融工具的发展，为绿色项目提供资金支持。将 ESG 社会贡献效率评价体系纳入绿色金融产品对融资企业的评价中，结合 ESG 社会贡献度进行绿色金融产品或 ESG 金融产品的开发与服务，推动产融精准对接，提升金融要素的流转效率。

在产品的设计上，我国主动型产品占比较高，被动型产品发展空间较大。主动型的 ESG 产品的设计应当更注重研究深度，对 ESG 投资属性进行深度的挖掘和融合；对于被动型的产品，国内当前产品较为集中，多数头部产品有跟

㊀ 资料来源：北京注册会计师协会行业发展战略委员会发布的《中国 ESG 可持续信息鉴证的现状与建议（2023）》。详见 https://www.bicpa.org.cn/u/cms/www/202312/04145119k209.pdf.

踪多个相同的指数，同质化较为严重，可以多关注产品的广度，将 ESG 投资策略与不同市场需求相结合，提升指数产品的多样性。

当前中国 ESG 基金市场机构投资者占比整体低于全市场同类基金，远低于海外 ESG 基金水平，机构投资者的进一步引入有望为 ESG 基金市场带来更广阔的发展空间，随着我国 ESG 产品线的不断完善、ESG 产品的研究深度的逐步提升，未来将有更多机构投资者布局 ESG 投资。同时，可以关注个人投资者的投资需求，积极布局相关产品。有效的 ESG 投资整合可以为基金收益带来积极影响，同时避免出现较高的尾部风险。这需要资产管理人认真考虑 ESG 数据的质量、投资策略的调整，以及保持产品与可持续性目标的一致性，在权衡短期与长期业绩目标的同时，也应做好投资者的教育工作。[一]

数字化技术和智能化变革为投资带来了革命性的变化。它们不仅提高了投资的效率和准确性，还为投资者提供了更深入的洞察和个性化的投资建议。随着这些技术的不断进步，投资者可以更好地管理风险，实现财务目标，并在不断变化的市场环境中保持竞争力。其中，AI 技术正在以一种全新的方式颠覆传统投顾业务。ChatGPT 与美国散户大本营 Robinhood 结合，Magnifi 是首批使用 ChatGPT 和计算机程序来提供个性化、数据驱动的投资建议的投资平台之一，目前其 AI 投资助理功能已经面向公众开放。九方财富联合科大讯飞、华为云垂直探索“AI+ 投顾”新方向，推出了业内首款 AI 数字人投资顾问产品——九方智能投顾数字人“九哥”，为用户投资决策提供各类数据支持。[二]要实现 AI 投顾的健康发展，产品发行方需要持续投入资金资源，力争在合规操作和符合监管要求的基础上，提供更具温度、人性化、多场景的 AI 投顾服务体验。同时，国内机构应当加强与国际组织的合作交流，兼收并蓄，学习先进经验；机构间共同努力，发挥协同效应，打造一个合规、安全、高效、透明的投资环境。

[一] 资料来源：中金 ESG 基金研究（3）：中国 ESG 基金产品的演进、实践与展望，详见 https://mp.weixin.qq.com/s/z14ZwhGjryIfVLTbAKwv5g.

[二] 资料来源：第一财经公众号。九方智能投顾数字人：颠覆行业，全周期陪伴客户解决“千人千面”需求，详见 https://mp.weixin.qq.com/s/YZwM0CI7bzjb_VzdNw6j4Q.

ESG量化投资在中国的发展相对较晚，但近年来随着中国金融市场的对外开放和投资者意识的提升，这一领域正在迅速发展，在ESG量化投资中，应关注中国特有的社会和文化因素，确保投资的本土适应性和社会影响力。例如，中金构建了系统化的量化配置框架。具体来说，首先在战略和战术两个层次构建量化配置方案，战略配置解决约束性问题，战术配置解决预测性问题；其次，对于每个层次，从收益、波动、相关性三个变量展开对配置标的的分析，收益是组合增值之源，波动决定组合风险中枢，相关性反映组合风险缓释效果；最后，从外生环境、内生结构、趋势动量三个角度对每个变量进行预测。从结果来看，量化战略配置在实际中有较为显著的应用效果，在不依赖复杂模型和参数优化的情况下，可以有效提升组合长期的年化收益和夏普比率。[㊀]

10.2.5 投资者层面

机构投资者应当通过教育和培训提高投资团队对ESG投资的认识和理解，确保投资决策符合可持续发展的目标；建立一套适合自己的ESG投资框架；提升投研能力，精准把握投资发展趋势，加强投研内外部资源的整合和协调，打通产学研一体化。将ESG纳入投资策略中，充分利用已有资源，全面评估企业ESG表现，在降低投资风险的同时提升潜在收益，注重长期收益，培养长期主义，践行绿色金融理念，助力推动经济高质量发展。

从ESG投资生态体系来看，对ESG专业人才的需求是广泛和多元的，每类主体都有对ESG人才的不同需求。基金、资管等机构投资者需要组建ESG投研团队，负责制定ESG投资方法、流程及标准，研究ESG投资策略等。作为ESG实践主体，很多企业已把ESG和可持续发展上升为核心发展战略，并增设专职岗位负责碳中和与ESG实践。英国的研究机构和投资者组织，如The Investment Association，提供ESG投资研究和最佳实践指导；美国推动影

㊀ 资料来源：中金量化及ESG公众号。中金：量化配置框架及其在战略配置中的应用，详见https://mp.weixin.qq.com/s/iVvRen0e7K90BdXvfGHYNA.

响力投资（Impact Investing）的发展，鼓励投资者投资于能够产生社会和环境积极影响的项目；日本可持续投资论坛（JSIF）作为一个自律组织，推动ESG投资在日本的普及和发展。国际主要ESG投资市场在普及投资者教育方面采取了多种措施，以促进ESG投资的普及和增长。

高校需要加强专业建设，推行绿色低碳教育，培养急需紧缺人才，加强师资队伍建设，推进国际交流合作，2022年4月教育部印发《加强碳达峰碳中和高等教育人才培养体系建设工作方案》具体分析了我国高校在ESG生态中作为人才的提供者所肩负的责任，同时也标志着ESG理念需要落实在高等教育人才培养体系全过程和各方面。其中，上海市将绿色金融人才纳入紧缺人才目录，香港特区政府将ESG专才列入香港人才清单；市场需要增设技能认定，健全人才评价标准，提供专业培训渠道，推动专业转型升级；社会需要宣传绿色教育，提升大众专业认知，引导绿色生活方式，营造低碳社会氛围。多方携手，深化产教融合协同育人，提升人才培养和科技攻关能力，为实现碳达峰碳中和等ESG相关目标提供有力的人才保障和智力支持。

10.3 中国ESG投资发展未来展望

在“双碳”目标的战略引领下，中国ESG投资政策体系正不断得到深化与完善，其中，转型金融在绿色金融领域扮演了重要的衔接角色。政策上对转型金融的重视明显增强，中国人民银行牵头的G20可持续金融工作组提出转型金融框架，旨在为全球金融体系向可持续模式转型提供指导和支持，从而更好地应对气候变化和环境挑战。此外，碳减排支持工具的研发与转型金融标准的深入研究，也已成为政策创新的重点方向，共同推动着中国ESG投资领域的稳健发展。

ESG投资通过优化企业在环境、社会和治理方面的可持续性，重塑企业发展，不仅促进宏观经济增长，还降低投资风险。目前，ESG的影响力正逐步从资本市场扩展至城市发展。2024年3月1日，上海市商务委印发了《加快提升本市涉外企业环境、社会和治理（ESG）能力三年行动方案（2024—

2026 年）》，是全国首个 ESG 区域行动方案。3 月 19 日，苏州工业园区发布了《苏州工业园区 ESG 产业发展行动计划》。北京市发展和改革委员会于 2024 年 6 月 14 日印发了《北京市促进环境社会治理（ESG）体系高质量发展实施方案（2024—2027 年）》。三个城市的文件将会产生较好的示范效应，预计将会有更多的政府部门跟进，将 ESG 理念嵌入城市高质量发展的政策框架之中。

展望未来，ESG 投资规模将不断增长。共同富裕、乡村振兴、高质量发展等战略的提出和相关制度的落地，促使社会将可持续发展因素纳入投资考量，为 ESG 投资带来更大的发展机遇和增长空间。《中国责任投资年度报告 2023》调查显示，ESG 指数和 ESG 基金的长期表现超过市场平均水平，且 ESG 基金在 ESG 评分和碳管理等方面均胜于所有基金的平均水平，验证了 ESG 投资的长期有效性。[一] 2024 年 4 月 12 日，国务院印发《国务院关于加强监管防范风险推动资本市场高质量发展的若干意见》明确指出，大力推动中长期资金入市，大力发展权益类公募基金。而以社保基金、保险资金为代表的稳健性资产对长期表现偏好，将为 ESG 投资市场带来更大的需求。

从投资者层面来看，投资者对责任投资的重视程度不断加强，并将 ESG 投资作为应对当下诸多挑战的解决方案之一。据全球可持续投资联盟（GSIA）统计，2022 年企业参与和股东行动策略投资规模占比达 39.3%，较 2020 年提升约 20.7 个百分点，正在逐渐成为 ESG 投资的主流策略。[二]《资产所有者责任投资调查报告（2023）》显示，八成受访机构表示已开展股东参与和尽责管理，多数机构认为监管要求是推动投资者在沟通 / 参与中纳入 ESG 的重要因素。未来，企业参与和股东行动策略预计将成为 ESG 投资的主流。随着投资者对 ESG 因素的认识加深，以及对企业社会责任的期待提高，可以预见，ESG 投资将更加深入人心，成为投资决策中不可或缺的一部分。

㊀ 资料来源：商道融绿《中国责任投资年度报告 2023》。

㊁ 资料来源：证券时报增速超 30%！中国 ESG 投资前景广阔，详见 https://baijiahao.baidu.com/s?id=1787845674550786884&wfr=spider&for=pc.

参考文献

[1] ANNE-MARIE N，牟牧，ISKANDAIR 等．可持续性挂钩衍生品——你需要知道的事．[R/OL]．(2023-06-29)[2023-11-23]．https://www.kwm.com/cn/zh/insights/latest-thinking/considering-sustainability-linked-derivatives-what-you-need-to-know.html.

[2] 安国俊．绿色基金 ESG 投资策略探讨[J]．中国金融，2023(20)：71-72.

[3] 边卫红，张珏．全球 ESG 债券市场发展前景[J]．中国金融，2021(22)：89-91.

[4] 布兰登·布拉德利．ESG 简单投资[M]．李淼，译．北京：中国财政经济出版社，2023.

[5] 陈骁，张明．通过 ESG 投资助推经济结构转型：国际经验与中国实践[J]．学术研究，2022(8)：92-98.

[6] 陈晓艳，洪峰．企业 ESG 鉴证：进展、问题与思考[J]．中国注册会计师，2022(9)：79-83，3.

[7] 高杰英，褚冬晓，廉永辉，等．ESG 表现能改善企业投资效率吗？[J]．证券市场导报，2021(11)：24-34，72.

[8] 匡继雄．ESG 基金大起底：五大特征凸显三大隐忧待解[N]．证券时报，2023-11-17(A05)．

[9] 拉里·斯威德罗，塞缪尔·亚当．可持续投资[M]．兴证全球基金管理有限公司，译．北京：中信出版集团股份有限公司，2023.

[10] 李瑾．我国 A 股市场 ESG 风险溢价与额外收益研究[J]．证券市场导报，2021(6)：24-33.

[11] 李思慧，郑素兰．ESG 的实施抑制了企业成长吗？[J]．经济问题，2022(12)：81-89.

[12] 李研妮．国内外 ESG 投资评级服务的发展现状、问题与政策建议[J]．清华金融评论，2022(8)：103-106.

［13］任晴，杨健健 .ESG 固定收益投资的境内外实践［J］. 中国金融，2022（5）：69–70.

［14］盛明泉，余璐，王文兵 .ESG 与家族企业全要素生产率［J］. 财务研究，2022（2）：58–67.

［15］帅正华 . 中国上市公司 ESG 表现与资本市场稳定［J］. 南方金融，2022（10）：47–62.

［16］王波，杨茂佳 .ESG 表现对企业价值的影响机制研究——来自我国 A 股上市公司的经验证据［J］. 软科学，2022，36（6）：78–84.

［17］王超群，张超，曹敬晨 . ESG 在固定收益投资领域的应用研究［J］. 金融纵横，2020（11）：27–33.

［18］王大地，孙忠娟，王凯，等 . 中国 ESG 发展报告 2022［M］. 北京：首都经济贸易大学出版社，2023.

［19］王海军，陈波，何玉 .ESG 责任履行提高了企业估值吗？——来自 MSCI 评级的准自然试验［J］. 经济学报，2023，10（2）：62–90.

［20］王军，孟则 . 国际 ESG 投资的实践经验及启示［R］. 上海：中国首席经济学家论坛，2023.10.

［21］王凯，李婷婷 . ESG 基金发展现状、问题与展望［J］. 财会月刊，2022（6）：147–154.

［22］王琳璘，廉永辉，董捷 .ESG 表现对企业价值的影响机制研究［J］. 证券市场导报，2022（5）：23–34.

［23］王笑 . 多家上市险企将 ESG 融入发展战略［N］. 金融时报，2023–09–13（11）.

［24］王翌秋，谢萌 .ESG 信息披露对企业融资成本的影响——基于中国 A 股上市公司的经验证据［J］. 南开经济研究，2022（11）：75–94.

［25］吴卫良 . 全球 ESG 投资发展及衍生品创新［J］. 金融纵横，2021（4）：34–41.

［26］席龙胜，王岩 . 企业 ESG 信息披露与股价崩盘风险［J］. 经济问题，2022（8）：57–64.

［27］席龙胜，赵辉 . 企业 ESG 表现影响盈余持续性的作用机理和数据检验［J］. 管理评论，2022，34（9）：313–326.

［28］薛俊，蒋晨龙 . ESG 专题研究：ESG 投资的起源、现状及监管［R］. 东方证券，2022.03.

［29］杨菲 . 借鉴 OECD 报告多措并举推进我国 ESG 发展［J］. 中国财政，2022（11）：80–81.

［30］杨坤，赵晓玲，高尧 . 银行投行视角下的 ESG 债券发展与实践研究［J］. 债券，2023（6）：12–16.

［31］伊凌雪，蒋艺翅，姚树洁．企业 ESG 实践的价值创造效应研究——基于外部压力视角的检验［J］．南方经济，2022（10）：93–110.

［32］殷子涵，王艺熹．全球 ESG 责任投资发展现状与启示［J］. 清华金融评论，2022（2）：107–112.

［33］余世鹏．公募 REITs 继续“添丁”有望逐步践行 ESG 理念［N］．证券时报，2023-09-21（A06）.

［34］余幼婷．实现绿色贷款可持续健康发展［J］．中国金融，2023（21）：50–51.

［35］郑裕耕，方微，吴俣霖．ESG 债券的价格特征及商业银行相关业务建议［J］．债券，2022（6）：32–39.

［36］周心仪．绿色金融模式下 ESG 指数助推经济可持续发展的研究［J］．中国商论，2020（18）：62–63.

［37］AAROSHI R. The Top 3 Visible Benefits of ESG Investing［R/OL］.（2023-3-22）［2023-11-23］.https：//www.knowESG.com/featured-article/the-top-3-visible-benefits-of-ESG-investing.

［38］BERG F，KOELBEL J. F. Rigobon R. Aggregate confusion：The divergence of ESG ratings［J］. Review of Finance 2022，26（6）：1315–1344.

［39］ECCLES R G，IOANNOU I，SERAFEIM G. The impact of corporate sustainability on organizational processes and performance［J］. Management Science，2014，60（11）：2835–2857.

［40］FAMA E F，FRENCH K R. Common Risk Factors in the Returns on Stocks and Bonds［J］. Journal of Financial Economics，1993，33（1）：3–56.

［41］FLAMMER C. Corporate green bonds［J］. Journal of Financial Economics，2021，142（2）：499–516.

［42］GIESE G，LEE L E，MELAS D，et al. Foundations of ESG investing：How ESG affects equity valuation，risk，and performance［J］. The Journal of Portfolio Management，2019，45（5）：69–83.

［43］GODFREY PC，MERRILL CB，HANSEN JM. The Relationship between Corporate Social Responsibility and Share-holder Value：An Empirical Test of the Risk Management Hypothesis［J］.Strategic Management Journal，2009，30（4）：127–138.

［44］GREGORY A R. THARYAN，WHITTAKER J. Corporate social responsibility and firm value：Disaggregating the effects on cash flow，risk and growth［J］. Journal of Business Ethics，2014，124（4）：633–657.

［45］HALES J.Everything changes：A look at sustainable investing and disclosure over time and a discussion of "Institutional investors, climate disclosure, and carbonemissions" [J/OL] . Journal of Accounting and Economics, 2023, 76 (2–3) [2024–06–09] .doi.org/10.1016/j.jacceco.2023.101645.

[46] JO H, NA H. Does CSR reduce firm risk? Evidence from controversial industry sectors [J]. Journal of Business Ethics, 2012, 110: 441–456.

[47] LI Z, FENG L, PAN Z, et al. ESG performance and stock prices: evidence from the COVID-19 outbreak in China [J] . Humanities and Social Sciences Communications, 2022, 9 (1): 1–10.

[48] LINTNER J. The Valuation of Risk Assets and Selection of Risky Investment in Portfolio and Capital Budgets [J] . Review of Economics and Statistics, 1965 (47): 587–616.

[49] LIU Z, SHEN H, WELKER M, et al. Gone with the wind: An externality of earnings pressure [J/OL] . Journal of Accounting and Economics, 2021, 72 (1) [2024–06–08] . doi.org/10.1016/j.jacceco.2021.101403.

[50] MARKOWITZ H M. Portfolio Selection [J] . The Journal of Finance, 1952, 7 (1): 77.

[51] MIKE C, MUSSALLI G. An integrated approach to quantitative ESG investing [J] .The Journal of Portfolio Management 2020, 46 (3): 65–74.

[52] MOTLEY F. What Are ESG Bonds? [R/OL] . (2023–11–10) [2023–11–22] . https: //www.fool.com/investing/stock-market/types-of-stocks/ESG-investing/ESG-bonds/

[53] OIKONOMOU I, BROOKS C, PAVELIN S.The Impact of Corporate Social Performance on Financial Risk and Utility: A Longitudinal Analysis [J] .Financial Management, 2012, 41 (2): 483–515.

[54] ROSS S. The arbitrage pricing theory [J] . Journal of Economic Theory, 1976, 13 (3): 341–360.

[55] SHARPE W F. Capital Asset Prices: A Theory of Market Equilibrium under Conditions of Risks [J] . The Journal of Finance, 1964, 19 (3): 425–442.